高等职业教育食品类专业教材

中国轻工业“十三五”规划教材

食品应用化学

主 编

聂小伟 王 磊

中国轻工业出版社

图书在版编目（CIP）数据

食品应用化学/聂小伟，王磊主编. —北京：中国轻工业出版社，2023.1
ISBN 978-7-5184-3353-7

Ⅰ.①食… Ⅱ.①聂… ②王… Ⅲ.①食品化学 Ⅳ.①TS201.2

中国版本图书馆 CIP 数据核字（2020）第 258886 号

责任编辑：张　靓
文字编辑：王庆霖　　责任终审：李建华　　封面设计：锋尚设计
版式设计：砚祥志远　　责任校对：吴大朋　　责任监印：张　可

出版发行：中国轻工业出版社（北京东长安街 6 号，邮编：100740）
印　　刷：北京君升印刷有限公司
经　　销：各地新华书店
版　　次：2023 年 1 月第 1 版第 1 次印刷
开　　本：720×1000　1/16　印张：17
字　　数：337 千字
书　　号：ISBN 978-7-5184-3353-7　定价：46.00 元
邮购电话：010-65241695
发行电话：010-85119835　传真：85113293
网　　址：http://www.chlip.com.cn
Email：club@chlip.com.cn
如发现图书残缺请与我社邮购联系调换
201327J2X101ZBW

本书编写人员

主　　编　聂小伟　威海海洋职业学院

王　磊　威海海洋职业学院

副 主 编　王　琢　山东药品食品职业学院

崔晓娜　山东畜牧兽医职业学院

刘　飞　济南护理职业学院

李兴霞　烟台工程职业技术学院

参　　编　丛懿洁　威海海洋职业学院

耿　建　威海海洋职业学院

盛　杰　威海海洋职业学院

于佳弘　威海海洋职业学院

王艺颖　山东药品食品职业学院

肖立军　济南护理职业学院

陈泽芳　烟台工程职业技术学院

姜华军　威海市食品药品检验检测研究院

禹长海　潍坊职业学院

蒋水星　日照金禾生化集团股份有限公司

刘志敏　山东时进检测服务有限公司

前　言

食品应用化学为食品类专业基础课程，依据食品质量检验、营养膳食和食品加工的岗位职业能力形成过程开发课程，即“工作领域→具体工作任务分析→职业能力→开设课程”，主要培养学生初步具备根据任务要求进行食品成分分析、营养配餐设计与食品开发设计的能力，并且可以作为学生备考“1+X”运动营养咨询与指导职业技能等级证书以及健康管理师、农产品食品检验员等资格证书的参考书。本课程由行业企业专家和技术人员共同参与开发，通过分析食品类专业毕业生职业方向、就业岗位、职业资格证书等要求研发教学内容。

本课程根据不同的工作领域，以“食品质量检验”“食品营养膳食”和“食品加工与开发”为课程背景项目，按工作项目分为水的性能与控制、糖类的性能与控制、脂类的性能与控制、蛋白质的性能与控制、维生素的性能与控制、矿物质的性能与控制、酶类的性能与控制、食品的色香味、食品添加剂的性能应用和食品质量安全与控制 10 个结构化课程的教学项目。每个教学项目下设置 1~2 个工作任务，共 17 个任务，涵盖了食品 6 大类营养成分和食品添加剂及有毒有害物质。设计的项目贯穿整个课程教学过程，工作任务引领教学任务的有效实施。

本教材主要内容包括静态、动态、功能与应用四个方面内容。静态部分主要学习生物体内的化学物质种类、食品生产原料的化学成分、原料特征等；动态部分主要学习化学物质在生物体细胞内外的代谢过程，在食品原料收获、运输、预处理、加工、贮藏中的化学变化；功能部分主要学习化学物质在生物体内的作用、它们在食品中的营养价值与功能；应用部分主要学习食品生产原料的选用原则和加工原理，以及酶制剂的生产与应用等。在观察的角度上主要是从食品生产原料的化学成分、加工原理与方法、食品安全与法规、食品功能与品质、实用性等方面来描述。更强调实用性、科普性，接近日常生活。

学习食品应用化学的基本目的主要是培养学生熟悉食品的基本化学成分、原料特征、加工特性、食品的营养功能；了解食品中的化学成分在食品加工过程中的物理、化学、生物学性质的变化及它们对食品品质的影响；在生产实践中掌握食品生产原料的预处理、生产过程品质控制原理与方法，保证食品质量；并能将有关知识融会贯通，具备一定的创新能力。

本教材由聂小伟、王磊任主编，王琢、崔晓娜、刘飞、李兴霞任副主编。编写分工如下：聂小伟（项目一、项目十）；王磊（项目四、项目八）；王琢、王艺颖（项目五）；崔晓娜（项目一）；刘飞、肖立军（项目三　任务一、项目六）；李兴霞、陈泽芳（项目七）；丛懿洁（项目九　任务一）；耿建（项目八　任务一）；盛杰（项目十　任务一）；于佳弘（项目九　任务一）；姜华军（项目四　任务一、项目八）；禹长海（项目二　任务一）、将水星（项目二　任务一、项目四　任务二）；刘志敏（项目十）。

由于编者水平有限，书中难免存在不妥和疏漏之处，恳请广大读者和专家批评指正，以便后续修订完善。

聂小伟　王　磊

课程简介——教学视频

目 录 CONTENTS

项目一

水的性能与控制

学习目标

【知识目标】

1. 熟悉食品中水的分布及结构。

2. 理解水分活度及其与食品品质的关系。

【技能目标】

1. 能够测定食品水分含量及水分活度。

2. 能够正确选择实施控制食品水分的途径，确保食品品质。

【素质目标】

1. 在项目任务完成过程中，实施6S质量管理，培养安全意识，并形成规范的操作习惯。

2. 根据食品中水分含量与食品稳定性关系，分小组设计小麦面粉中水分含量的控制方案，培养团队合作精神和协作意识。

3. 根据评价标准对项目进行评价，找出实施过程中存在的问题，修改完善任务单，培养严谨的科学素养和精益求精的工匠精神。

4. 以水果罐头、干酪、蛋糕的水分活度为例，总结水分活度与食品稳定性之间的关系，培养精益求精的工匠精神。

项目导入

水普遍存在于生物体内，是食品的重要组成成分，也是主要的营养物质。食品中的水分是引起食物化学性质及生物性质改变的重要因素之一，还直接关系到食品的贮藏特性；食品中水的含量、分布和存在状态是影响食品结构、外观、质构、风味、新鲜程度和腐败变质速率的重要因素；食品加工用水的水质还直接影响食品品质和加工工艺。

熟悉食品中水的特性及其对食品品质和保藏性的影响，测定食品中水的含量及水分活度，有利于生产工艺控制、指导食品加工及安全贮藏。

任务一 苹果干的制作

任务要求

1. 了解食品中水的性质。
2. 熟悉水的生理功能。
3. 掌握控制食品中水分含量的方法。

知识贮备

1. 任务原理

苹果干（苹果脆片），是在真空状态或负压状态下，通过油炸或其他方法，将苹果内的水分蒸发掉，外形及颜色不发生变化，从而得到含水在5%左右的制品。它不含色素，无防腐剂，富含纤维，是纯天然的休闲食品。

食品水分含量测定是在一定温度（101~105℃）和压力下，样品中的水分汽化逸失，干燥前后质量之差即为样品的水分量。以此进行食品水分含量计算。

2. 苹果干的保藏

苹果干需贮藏在光线较暗、干燥和低温的地方。贮藏温度越低，保存期越长，以0~2℃最好，但一般不要超过4~10℃。空气越干燥越好，相对湿度最好在65%以下。采用真空包装，可延长产品的保质期。此外，要注意防潮防雨，防止虫鼠咬啮。这些都是保证苹果干品质的重要保藏措施。

面粉水分含量测定——教学视频

任务实施

1. 任务分组

学生依据任务工作要求和任务具体内容，并结合自身兴趣爱好和对任务了解的基本情况自由组合，2~3人为一组，开展任务实施。

2. 材料准备

（1）仪器　削皮刀、水果刀、案板、去核器、真空干燥箱、带盖铝盒（ϕ 60mm）或扁形称量瓶（ϕ 50mm）（3个）、干燥器（1个）、恒温干燥箱等。

（2）材料　新鲜苹果。

（3）试剂　4g/L亚硫酸氢钠溶液、4g/L抗坏血酸溶液。

3. 实施步骤

原料→水洗→去皮→切片→护色→真空干燥→选片→包装

4. 实施要点

(1) 原料　苹果新鲜饱满，品质良好，八成熟以上，种子呈褐色，组织不萎缩，无霉烂、畸形、冻伤、病虫害及严重机械损伤。

(2) 水洗　用流动的水冲洗原料，将苹果上的残留物及杂质冲洗干净。

(3) 去皮　原料经机械（或人工）均匀地削去苹果表皮，剔除有裂缝、有斑点的部位。

(4) 切片　将已经去皮的苹果，再经打核机沿果核中心打成圆形孔，然后用切片机沿果实横向切成环形片。

(5) 护色　果片置入 4g/L 亚硫酸氢钠溶液或抗坏血酸溶液中浸泡 20~40min。浸泡时溶液液面要高于果片面，为防止果片漂浮在药水上面，应在果片上面用盖帘加重物压住，以确保果片完全浸泡在药水中。

(6) 真空干燥　真空度控制在-0.09MPa，干燥室温度为 65℃，时间为 8h，在干燥过程中要始终进行排湿，并保持温度稳定。

(7) 选片　已干燥好的苹果干要经过人工挑选，将果片中的水片（不干燥片）、糊片、碎片、脏片剔除，并除去杂质；经过整形，将果片上带有残留籽巢、果皮、机械损伤、斑点、病虫害的修整掉。

(8) 包装　经检验合格的脱水苹果片，装入复合包装袋，进行包装。若采用真空包装，可延长产品保质期。

(9) 产品水分含量测定　参考 GB 5009.3—2016《食品安全国家标准　食品中水分的测定》中第一法直接干燥法和 GB/T 23352—2009《苹果干　技术规格和实验方法》中附录 B。

5. 苹果干水分含量测定

(1) 数据记录（表 1-1）

表 1-1　苹果干水分含量测定数据记录表

铝盒质量/g	铝盒与苹果干质量/g	干燥后铝盒与苹果干质量/g	样品水分含量/%

(2) 结果计算

$$x = (m_2 - m_3) / (m_2 - m_1) \times 100\%$$

式中　x——样品水分含量，%；

m_1——铝盒质量，g；

m_2——铝盒与苹果干质量，g；

m_3——干燥后铝盒与苹果干质量，g。

6. 相关提示

（1）采用维生素 C 或亚硫酸氢钠溶液对苹果护色处理，抑制酶促褐变的发生。

（2）采用减压干燥，在较低温度下除去苹果中水分，降低营养成分的损耗。

考核要点

（扫二维码可获得详细考核信息）

1. 果蔬护色处理。
2. 真空干燥箱的使用。
3. 电子分析天平的使用。

苹果干的制作
考核要点

思考题

1. 苹果切块形状对干燥效果有哪些影响？
2. 如何采用物理或化学方法处理果蔬原料才能有效抑制酶促褐变？
3. 如何有效控制样品干燥后吸潮的问题？

相关知识

水是食品的重要组成成分，是生命之源，它普遍存在于生物体内。水在机体内虽然不能提供生命活动所需的能量，却是维持人体正常生理机能的基本营养成分。

一、 水的性质与结构

水的性质与
结构——教学视频

食品中水是构成食用品质的一项重要指标，是食品加工工艺考虑的重要因素，食品因品种不同，含水量有较大的差别（表1-2）。

表 1-2　　一些食品中水分的含量

类别	食品	水分含量/%	类别	食品	水分含量/%
水果、蔬菜	新鲜水果	82~91.1	乳制品	奶油	15
	果汁	85~93		奶酪（切达）	40
	番石榴	81		鲜奶油	60~70
	甜瓜	92~94		奶粉	4
	成熟橄榄	72~75		液体乳制品	87~91
	鳄梨	65		冰淇淋等	65
	浆果	81~90	谷物及其制品	全粒谷物	10~12

续表

类别	食品	水分含量/%	类别	食品	水分含量/%
水果、蔬菜	柑橘	86~89	谷物及其制品	燕麦片等早餐食品	<4
	干水果	25		通心粉	9
	豆类（青）	67		面粉	10~13
	豆类（干）	10~12		饼干等	5~8
	黄瓜	96		面包	35~45
	马铃薯	78		馅饼	43~59
	红薯	69		面包卷	28
	小萝卜	78	高脂肪食品	人造奶油	15
	芹菜	79		蛋黄酱	15
畜禽肉、水产品	动物肉和水产品	50~85		食用油	0
	新鲜蛋	74	糖类	沙拉酱	40
	干蛋粉	4		果酱	35
	鹅肉	50		白糖及其制品	1
	鸡肉	75		蜂蜜及其他糖浆	20~40

1. 水的性质

水与元素周期表中同周期或同主族、具有相近相对分子质量和相似原子组成的分子（CH_4、NH_3、HF、H_2S、H_2Se 及 H_2Te）相比，物理性质均有显著差异（除黏度外）。有关水的物理常数如表 1-3 所示。

表 1-3　水的物理常数

性　质	数　值
相对分子质量	18.0153
熔点（0.1MPa）	0.000℃
沸点（0.1MPa）	100.000℃
临界温度	373.99℃
临界压力	22.064MPa
三相点	0.01℃和 611.73Pa
熔化焓（0℃）	6.012kJ/mol
蒸发焓（100℃）	40.657kJ/mol
升华焓（0℃）	50.91kJ/mol

续表

其他性质	温度			
	20℃	0℃	0℃（冰）	-20℃
密度/（g/cm^3）	0.99821	0.99984	0.9168	0.9193
黏度/（Pa·s）	1.002×10^{-3}	1.793×10^{-3}	—	—
表面张力（空气-水界面）/（N/m）	72.75×10^{-3}	75.64×10^{-3}	—	—
蒸汽压/kPa	2.3388	0.6113	0.6113	0.103
比热容/［J/（g·K）］	4.1818	4.2176	2.1009	1.9544
热导率（液体）/［W/（m·K）］	0.5984	0.5610	2.240	2.433
热扩散率/（m^2/s）	1.4×10^{-7}	1.3×10^{-7}	11.7×10^{-7}	1.8×10^{-7}
介电常数	80.20	87.90	~90	~98

由表1-3可以看出，冰的熔点、水的沸点比较高，介电常数、表面张力、比热容和相变热（熔化热、蒸发热和升华热）等物理常数也都异常高，水特异的性质极大地影响了食品加工中冷冻和干燥的过程。

（1）密度　水在4℃时密度最大，为1g/cm^3。0℃时冰的密度为0.917g/cm^3。水冻结为冰时体积增大，表现出异常的膨胀特性，这种性质易对冷冻食品的结构造成机械损伤，是冷冻食品行业中值得关注的问题；家庭多水食品冷冻保藏时，不宜反复冻融也基于此。

思考：为什么新鲜食品冻结后在解冻时会流出汁液，自身萎蔫、体积变小？

（2）沸点　水的沸点与气压成正相关，减小压力可使沸点降低，增大压力可使沸点增高，这一性质在食品加工中有重要作用。例如，热敏性的食品如牛乳、肉汁、果汁等的浓缩通常采用减压或真空方式来保护食品的营养物质；不易煮烂的食物，如动物的筋和骨可采用高压蒸煮方式提高蒸汽温度，缩短蒸煮时间等。

（3）水的介电常数　促使电解质电离的能力在化学上可以用介电常数来量化。某种物质的介电常数越高，其促进电解质电离的能力也越强。在20℃时水的介电常数为80.36，而大多数生物体干物质的介电常数为2.2~4.0，物质中含水量增加时，其介电常数将明显增大。由于水的介电常数大，因此水能促进电解质的电离。

（4）水的比热容　水的比热容大，除水分子运动需要吸收热量外，当其温度升高时，缔合的水分子要转化为单个水分子也要吸收热量。这一特点使水具有一定的保温作用，水温不易随气温的变化而改变。例如，沿海地区的日温差与四季温差都比同纬度的内陆地区小。

（5）水的溶解能力　水的介电常数大，不仅能溶解离子型化合物，即使非离子型的化合物，如醇类、糖类、醛类、酮类等有机化合物，也可与水形成氢键溶于水，甚至不溶于水的脂肪和某些蛋白质等，也能在适当的条件下分散在水中形成乳浊液或胶体溶液。例如，牛乳中的乳脂经均质后形成稳定的乳浊液，不易离析且容易被人体吸收；冰淇淋就是以脂分散于水中形成的乳化态为主体的食品。

（6）热导率与热扩散率　水的热导率大于其他液态物质，冰的热导率略大于非金属固体。由表1-3可知，0℃时冰的热导率约为同一温度下水的4倍，说明冰的热能传导速率比生物组织中非流动的水快得多；0℃时冰的热扩散率约为水热扩散率的9倍，这表明在一定的环境条件下，冰的温度变化速率比水大得多。

2. 水的结构

水特殊的物理性质，由其自身的特殊结构所决定。水分子之间存在着特殊的吸引力与不寻常的结构状态。

（1）水分子的结构　一个水分子由两个氢原子分别和一个氧原子键合而成。水分子的三个原子形成104.5°。每个氢原子和氧原子之间形成共价键，由于参与形成共价键的电子主要在负电的氧原子周围运动，因此，水分子为非线性、呈角分布（图1-1）。

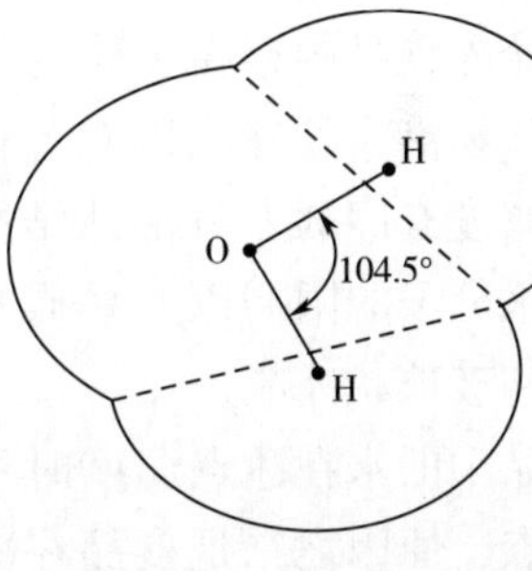

图1-1　水分子的结构

共价键氧的一侧带负电（-），氢的一侧带正电（+），从整个分子来看，电荷的分布是不均匀、不对称的，因此，水分子为极性分子。水分子的极性产生了分子间吸引力，因而水分子具有强烈的缔合倾向，常温下，液态水中若干个水分子缔合成为$(H_2O)_n$的水分子簇。水分子中的氢原子带有部分正电荷，非常容易与另一个水分子中的氧原子形成氢键，即水分子之间通过形成氢键发生缔合，并且在三维空间中水分子能形成多重氢键，每个水分子最多能与其他4个水分子形成氢键，形成四面体结构（图1-2）。水分子间多重氢键的缔合作用，极大地增强了水分子之间的作用力。尽管氢键（键能为2~40kJ/moL）和共价键（平均键能约为335kJ/moL）比较，氢键的键能很微弱，但是每个水分子都能与其他4个水分子形成三维空间的多

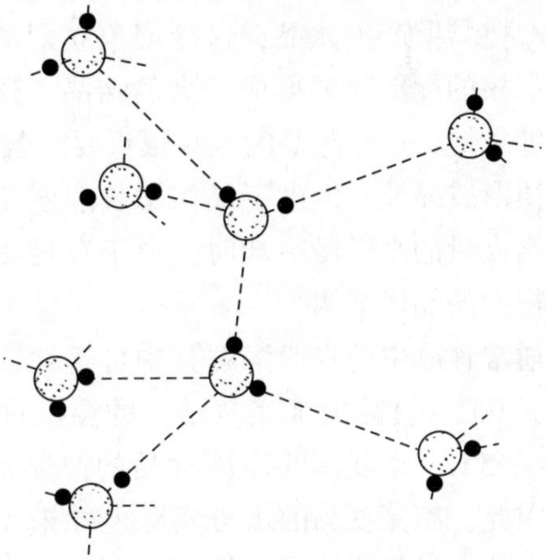
图1-2　水分子缔合的四面体构型虚线为氢键

重氢键键合，使水分子之间作用力相对较大。与同样能形成氢键的分子（例如NH_3、HF）相比较，水分子中的吸引力异乎寻常地高。

水分子形成三维氢键的能力使水具有高沸点、高比热容、高相变热（蒸发热、熔化热、升华热）等特殊的物理性质，也有很高的介电常数。因为改变水的存在状态时，除需要给水提供一定热量增加水分子的运动速度外，还需要足够的额外能量来破坏分子之间的氢键；通过氢键所产生的水分子簇，导致多分子偶极，也有效地提高了水分子的介电常数。

（2）冰的结构　冰是由水分子有序排列形成的晶体。水结冰时分子之间通过氢键相互结合连接在一起，形成刚性的、六方形晶体结构。

当水溶液结冰时，其所含溶质的种类和数量能直接影响冰晶的数量、大小、结构、位置和取向。冰有11种结构，但是在常压和温度为0℃时，只有普通正六方的冰晶体是稳定的。另外还有9种同质多晶和一种非结晶或玻璃态的无定形结构。在冷冻食品中存在4种主要的冰晶体的结构，即六方形、不规则树枝状、粗糙的球形和易消失的球晶以及各种中间状态的冰晶体。大多数冷冻食品中的冰晶体总是以高度有序的六方形冰结晶形式存在，但在含有大量明胶的水溶液中，由于明胶对水分子的限制以及妨碍水分子形成高度有序的正六方结晶，冰晶体主要是立方体和玻璃状冰晶。

食品中的水在冰点温度时不一定结冰。原因之一是食品成分为溶质，降低了水的冰点，原因之二是食品在冻结时会产生过冷现象。所谓过冷是由于无晶核存在，液体水温度降到冰点以下仍然不能析出固体。但是若向过冷水中投入一粒冰晶或摩擦器壁产生冰晶，过冷现象立即消失。当在过冷溶液中加入晶核，则会在这些晶核的周围逐渐形成长大的结晶，这种现象称为异相成核。过冷度越高，结晶速度越慢，这对冰晶的大小很重要。若冷却速度很快就会发生较强的过冷现象，则很快形成晶核，但由于晶核增长速度相对较慢，因而就形成大量微细的晶体结构。当大量的水慢慢冷却时，由于有足够的时间在冰点温度产生异相成核，因而形成粗大的晶体结构。

通常食品中的水能溶解其中可溶性成分而形成溶液，因此，食品结冰的温度均低于0℃。食品中水完全结冰的温度称为低共熔点，大多数食品的低共熔点在-65～-55℃，而我国的冷冻食品的温度常为-18℃，这个温度离低共熔点相差甚远，因此，冷藏食品的水分实际上并未完全凝结固化。尽管如此，在这种温度下绝大多数水已经冻结了，并且是在-4～-1℃完成了大部分冰的形成过程。速冻工艺下形成的冰晶体呈针状，比较细小，冻结时间缩短且微生物活动受到更大限制，有利于保持食品良好品质。

思考：为什么现代食品冷冻工艺更提倡速冻？

二、 水的生物功能及代谢平衡

食品冻结保藏——动画视频

1. 水的生物功能

（1）生物体的重要组成成分　水是生命的源泉，一般生物体中含水量在60%~95%，植物体的80%~90%也是水。

（2）生物体内化学反应的媒介　水的溶解能力很强，多种无机、有机物质都能溶于水中或分散于水中，成为真溶液、浊液或胶体溶液。水的介电常数大，也能促进电解质的电离。生物体内各种化学反应几乎都离不开水。

（3）生物体内物质运输的渠道　水是生物体内营养物质、代谢废物的载体，通过在生物体内的流动，将营养物质和氧气运送到各个细胞，同时也把各个细胞在新陈代谢中产生的废物和二氧化碳运送到排泄器官和肺或直接排出体外。

（4）直接参与化学反应　生物体内淀粉、脂肪和蛋白质在消化道内的水解必须有水的参与，氨基酸、核苷酸和单糖的脱水缩合又有水的生成；在植物的呼吸作用和光合作用中，水既是反应物又是产物。

（5）维持生物体温恒定　水的比热容大，人体吸收或放出一定的热量不致引起体温太大的波动，易保持体温的相对稳定。

（6）生物体内的润滑剂　水的黏度小，能够滑润摩擦面，减少损伤。人体关节之间需要有润滑液，避免骨头之间的损坏性摩擦，水是关节润滑剂的主要来源。吞咽食物时也需要水的润滑。

（7）免费美容　之所以婴幼儿的皮肤细腻薄嫩、青年人的皮肤丰润饱满、老年人皱纹满面，与人体皮肤的含水量随着年龄的增加而降低有关。护肤品一般都有保湿功能。

思考：在一定时间内，禁止水的摄入会严重危害到人体生命健康，为什么机体严重缺水会给人的健康带来严重危害？

（8）稳定蛋白质等生物大分子的构象，使之表现出特异的生物活性　水对自然界所有的生命形式都是非常重要的。实践证明，人类对水的需求重于其他营养素。

2. 水代谢平衡

（1）水分的来源　食物和饮料是机体水分来源的主要方式，健康成年人一般每天需补充2200mL，其中1200mL来自固态食物（如饭、菜和水果等），1000mL来自液态食物（如饮用水、饮料和汤汁等）。碳水化合物、脂肪和蛋白质在体内氧化产生的水，也称为代谢水，每天约为300mL。

吸收水的器官主要是小肠，大肠每日仅吸收300~400mL的水分；吸收水的方式一般是渗透作用，渗透压的大小是影响水分吸收的因素。

（2）水分的排出　体内水分的排出有4个途径：排汗、呼气、排粪便和排尿液，健康成年人每天通过上述途径分别排出 350mL、500mL、150mL 和 1500mL 的水分。

（3）水代谢平衡　成年人体内日水平衡如表 1-4 所示。

表 1-4　成年人体内日水平衡　　单位：mL

来源	吸收与生成量	排出途径	排出量
液态食物	1000	尿	1500
固态食物	1200	呼气	500
生物氧化	300	汗	350
		粪便	150
合计	2500	合计	2500

（4）水分代谢紊乱　人体处于营养不良或异常的生理状态时，可发生水肿或脱水。例如，食物中蛋白质不足或患肾炎在尿中排出大量蛋白质时，会造成血浆中蛋白质减少，渗透压降低，减弱了水向血液中流动的趋势，导致细胞间液增多，水在组织中潴留而使机体发生水肿。此类病人应注意蛋白质的补充。

出汗过多（如高温工作、剧烈运动）、强烈呕吐或腹泻会造成体内强烈脱水。强度脱水过程中体内大量盐类也随之排出，所以脱水病人不能只简单的补水，还要适当补充盐类。

（5）食品成分与水平衡的关系　机体内水的平衡与食品成分有密切关系，通常认为，每同化 1g 碳水化合物时，可在体内蓄积 3g 水。因此，摄取富含碳水化合物膳食的幼儿，体重虽明显增加，但因蓄积了大量的水分，因而体质松软。脂肪不能促进水的蓄积，还会迅速引起水的负平衡。

思考：如何通过膳食调整，实现机体水代谢平衡？

膳食中蛋白质与盐分过多，也会促进排尿。因为盐类和蛋白质的代谢产物尿素都会增加体内的渗透压，身体为了排出这些物质，必然多排尿。有的离子能促进水在组织内的蓄积，有的则可促进排尿。例如，钠离子可促进水在体内的蓄积，水肿病人不宜多进食盐；钾离子和钙离子能促进水分由体内排出，多吃水果、马铃薯和甘薯等富含钾钙的食物能够利尿。

三、食品干制

水不仅是食品中丰富的组分，也是食品腐败变质的主要影响因素，食品企业运用一定的手段，实现对食品水分的控制，获得低水分活度的干制食品或浓缩食品。常用的控制手段有干燥、浓缩、冷冻等。

食品加工中的水分控制——教学视频

1. 食品干制分类

食品干制也称干燥。广义上是指采用加热的方法，使物料中所含的水分向气相转移，从而使物料成为固体制品的操作；而狭义上所指的干燥通常是指对固形物料的处理。如果干燥过程是利用自然的风能和太阳能把食物晒干或风干，称为自然干燥；在工业生产中，更多的是使用热风、蒸汽、热水、红外线、微波等热源对物料进行加热，通过人为控制的手段去除食品的水分，称为人工干燥，也称为脱水。

2. 人工干燥

食品放置在一定的环境中，如果食品表面的水蒸气压高于周围空气中的水蒸气压，食品表面的水分就会汽化蒸发向空气中转移，食品表面的水分逐渐降低，造成食品内部水分与表面水分的差异，称为水分梯度；依此水分梯度，食品内部的水分也会逐渐向表面扩散，进而汽化进入空气，结果是食品中的水分在不断减少。食品的人工干燥过程，就是利用一定的手段（如减压、热风、微波等），制造有利于水分不断蒸发、汽化的环境，使食品水分的表面蒸发与内部扩散加速的过程。

真空冷冻干燥是人工干燥领域的先进技术代表，是现代比较理想的食品干燥方法。它是将冻结的食品原料在近乎完全真空的状态下，以冰晶直接升华水蒸气的形式使食品干燥。该方法中排除了高温和空气中氧的影响，食品表面不硬化，避免出现较大的变形，且其内部形成多孔的海绵状，具有优异的复水性，可在短时间内恢复干燥前的状态；很好地保持了原料的色泽和食品营养成分的生物效能。因此，非常适合于蔬菜、肉类及汤料等食品的干燥。

当然，干制后的食品含水量低，水分活度小，应进行适度的封闭包装，防止贮藏过程中与环境空气进行水分交换。

任务二　小麦面粉水分活度的测定

任务要求

1. 了解康威氏微量扩散皿的使用。
2. 掌握扩散法测定水分活度（A_W）技术。

知识贮备

面粉水分活度测定——教学视频

食品中的水分，随环境条件的变动而变化。当环境空气的相对湿度低于食品的水分活度时，食品中的水分向空气中蒸发，食品的质量减小；相反，当空气质量的相对湿度高于食品中的水分活度时，食品就会从空气中吸收水分，使质量增加。不管是蒸发水分还是吸收水分，最终是食品和环境的水分达到平衡为止。

依此原理，用试样在康威氏微量扩散皿的密封和恒温条件下，分别在 A_W 较高和较低的标准饱和溶液中扩散平衡后，根据样品质量的增加（即在较高 A_W 标准溶液中平衡后）和减少（即在较低 A_W 标准溶液平衡后）的量，求出样品的水分活度。标准水分活度试剂如表 1-5 所示。

表 1-5　　标准水分活度试剂及其 A_W 值（25℃）

试剂名称	水分活度	试剂名称	水分活度
重铬酸钾	0.986	溴化钠	0.577
硝酸钾	0.924	硝酸镁	0.528
氯化钡	0.901	硝酸锂	0.476
氯化钾	0.842	碳酸钾	0.427
溴化钾	0.807	氯化镁	0.300
氯化钠	0.752	醋酸钾	0.224
硝酸钠	0.737	氯化锂	0.110
氯化锶	0.708	氢氧化钠	0.070

以选用的不同标准的试剂的水分活度作为横坐标，以测定后的试样质量的增量或减量为纵坐标，制成坐标图。将 3 个点连接成一条直线，此线与横坐标交叉的点即为被测试样的水分活度（图 1-3）。

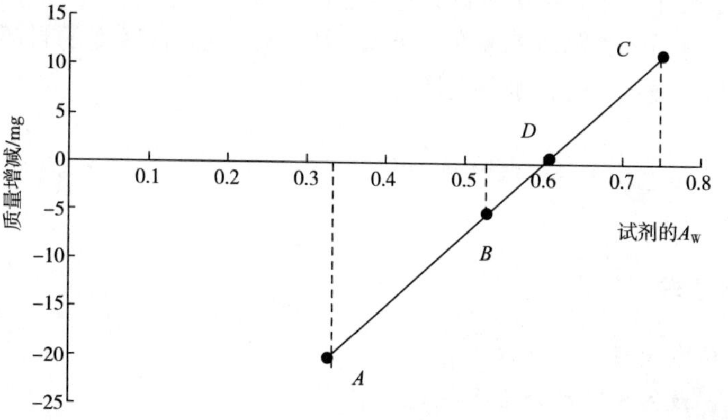

图 1-3　A_W 值测定图解

以图 1-3 为例，测定样品在氯化镁、硝酸镁、氯化钠三种标准饱和溶液中的质量变化。A 点表示某食品试样与氯化镁标准饱和溶液平衡后质量减少 20.2mg，B 点表示式样与硝酸镁标准饱和溶液平衡后质量减少 5.2mg，C 点表示试样与

小麦面粉中水分活度测定原理——动画视频

氯化钠标准饱和溶液平衡后质量增加 11.1mg。3 种标准饱和溶液的 A_W 分别为 0.330、0.528、0.752。将 A、B、C 三点连成一线与横坐标相交于 D，D 点即为该试样的 A_W 值，为 0.60。

任务实施

1. 任务分组

学生依据任务工作要求和任务具体内容，并结合自身兴趣爱好和对任务了解的基本情况自由组合，2~3 人为一组，开展任务实施。

2. 材料准备

(1) 仪器　康威氏微量扩散皿、分析天平、小铝皿或小玻璃皿（放样品用，直径 25~28mm、深度 7mm 的圆形小皿）、坐标纸、恒温箱。

(2) 试剂　小麦面粉，凡士林，至少选取 3 种标准饱和盐溶液。

小麦面粉中水分活度测定实验演示——操作视频

3. 实施步骤

选取使用标准饱和溶液→配制标准饱和溶液→康威氏微量扩散皿准备→铝盒制作→称取样品→记录质量→计算质量增减值→绘制坐标图→计算水分活度

4. 实施要点

(1) 康威氏微量扩散皿的准备　在 3 个康威氏微量扩散皿（图 1-4）的外室中分别加入 A_W 高、中、低的 3 种标准饱和盐溶液 5.0mL，并在磨口处涂一层凡士林。提示：一般进行操作时选择 2~4 份标准饱和试剂（每只皿装一种），其中 1~2 份的 A_W 大于或小于试样的 A_W。

小麦面粉中水分活度测定方法——动画视频

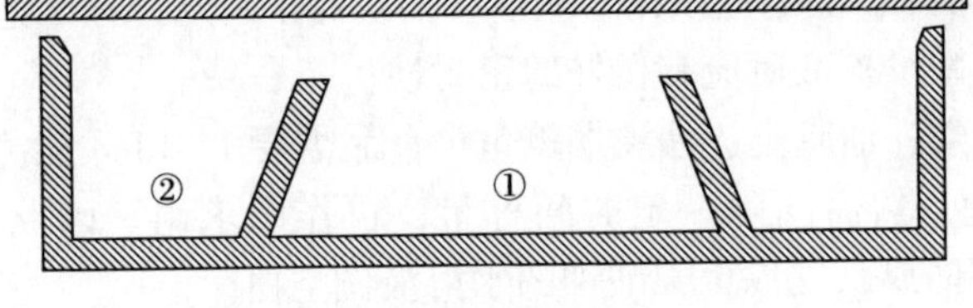

图 1-4　康威氏微量扩散皿示意图
①—内室；②—外室

(2) 准确称重　准确称重 3 个小铝皿，然后分别准确称取约 1g 的试样于小铝皿内（准确至毫克，每个铝皿称量的试样质量应相近）。迅速依次放入上述 3 个康威氏微量扩散皿的内室中，马上加盖密封，记录每个扩散皿中小铝皿和试样的总质量。

(3) 扩散与称重　将 3 个康威氏微量扩散皿放入 (25±1)℃恒温箱中静置 2~

3h 后，取出小铝皿准备称重，以后每隔 30min 称重一次，至恒重为止。记录每个扩散皿中小铝皿和试样的总质量。

5. 记录与制图

（1）数据记录（表 1-6）

表 1-6　水分活度测量数据记录表

称重	A 标准饱和盐溶液 A_W		B 标准饱和盐溶液 A_W		C 标准饱和盐溶液 A_W	
	铝皿质量/g	试样质量/g	铝皿质量/g	试样质量/g	铝皿质量/g	试样质量/g
首次称重						
恒温（2±0.5）h 后称重						
30min 后再称重						
恒重后质量						
每克试样质量的增量或减量值						

（2）计算　分别计算每个康威氏微量扩散皿中每克试样质量的增量或减量值，填于表 1-6 中。

（3）绘制 A_W 值测定图　以 A、B、C 三种标准饱和盐溶液在 25℃时的 A_W 值为横坐标值，被测对应试样的每克增减质量（mg）为纵坐标值作图。

面粉水分活度数据处理——教学视频

6. 相关提示

（1）每个样品测定时应做平行实验。其测定值的平行误差不得超过 0. 02g。

（2）取样时应迅速，各份样品都要在同一条件下精确称量；精确度必须符合要求，否则会造成测定误差。

（3）对试样的 A_W 值范围预先有一估计，以便正确选择标准饱和盐溶液。

（4）康威氏微量扩散皿应有良好的密封性。

（5）对米饭类、油脂类、油浸烟熏鱼类食品需要 1~4d 才能测定时，应先测定 2h 后的样品质量，然后间隔一定时间称量，再作图求出。因此，需加入样品量 0. 2%的山梨酸钾防腐，并以山梨酸钾的水溶液做空白。

（6）样品中含有水溶性挥发物时不可能准确测定其水分活度。

考核要点

（扫二维码可获得详细考核信息）

1. 准确快速使用电子分析天平。
2. 康威氏微量扩散皿的使用。
3. 数据记录、作图及结果表述。

小麦面粉水分活度的测定考核要点

思考题

1. 含有水溶性挥发性成分的试样会影响水分活度的准确测定吗?
2. 增加平行实验对完成本任务有何帮助?
3. 在扩散皿磨口处涂一层凡士林的作用是什么?

相关知识

食品中水的存在形式——教学视频

食品中含有大量的水，这些水并不是独立存在，也会与食品中其他成分发生化学或物理作用，改变自身的性质。例如，水与离子和离子基团易形成双电层结构；水与具有氢键结合能力的中性基团形成氢键；水在大分子之间可形成有几个水分子构成的“水桥”，水分子被“截留”。按照水与其他成分之间相互作用的强弱，将食品中的水分为自由水和结合水两类。自由水也称体相水，结合水也称束缚水、固定水。

一、 结合水

结合水又称束缚水、化学结合水、固定水，是指通过氢键与食品中的非水成分结合的水。食品中结合水的产生除毛细管作用外，大多数结合水是由食品中的水分与食品中的蛋白质、淀粉、果胶等物质的羧基、羰基、氨基、亚氨基、羟基、巯基等亲水性基团或水中的无机离子的键合或偶极作用产生的。与一般水不一样，结合水在食品中的含量不容易发生增减变化，不易结冰，不能作为溶质的溶剂，也不能被微生物利用，在-40℃时不结冰。

根据结合水被结合的牢固程度的差异，可将结合水细分为构成水、邻近水、多层水三种结合形式。

1. 构成水

构成水是指与食品中其他亲水物质或亲水基团结合最紧密的那部分水，其与非水物质构成一个整体。在高水分食品的总水分含量中只占小部分。例如，作为化学水合物中的水。

2. 邻近水

邻近水是指与食品中非水成分的强极性基团（如羧基、氨基、羟基等）直接以氢键结合的第一个单层水分子膜。在食品的水分子中，邻近水与非水之间的结合能力最强，很难蒸发，与纯水相比其蒸发热大为增加，而不能被微生物所利用。一般来说，食品干燥后安全贮藏的水分含量要求即为该食品的单分子层水。

3. 多层水

多层水是单层水分子膜外围绕亲水基团形成的另外几个水层，主要依靠水-水氢键和水-溶质间氢键键合在一起，它们的结合不太牢固，且呈多分子层结合。尽管多层水不像邻近水那样牢固地结合，但仍然与非水组分结合得紧密，且性质与纯水的也不相同。

二、 自由水

自由水又称为体相水、游离水、吸湿水，是指食品中没有与非水物质化学结合的水。自由水是以毛细管凝聚状态存在于细胞间的水分。与一般水一样，在食品中会因蒸发而失散，因吸潮而增加，容易发生增减变化，容易结冰，也能溶解物质，能够被微生物所利用。自由水又可分为三类：不移动水或滞化水、毛细管水和自由流动水。

1. 不移动水或滞化水

滞化水是指被组织中的显微和亚显微结构与膜所阻留住的水，由于这些水不能自由流动，所以称为不流动水或滞化水。例如，一块100g的肉，总含水量为50~70g，含蛋白质20g，除去近10g的结合水外，还有40~60g水，这部分水极大部分是滞化水。

2. 毛细管水

毛细管水是指在生物组织的细胞间隙和制成食品的结构组织中，还存在着一种由于天然形成的毛细管而保留的水分，称为毛细管水，是存在于生物体的水。毛细管的直径越小，持水能力越强；当毛细管直径小于0.1μm时，毛细管水已经成为结合水，而当毛细管直径大于0.1μm时，毛细管水则为自由水，大部分毛细管水为自由水。

毛细管水能结冰，但冰点有所下降；溶解溶质的能力强，干燥时易被除去；很适于微生物生长和大多数化学反应，易引起食物的腐败变质，也与食品的风味及功能紧密相关。

3. 自由流动水

由于动物的血浆、淋巴、尿液、植物的导管等中的水，可以自由流动，因此称为自由流动水。

三、 水与非水组分的相互作用

水与非水组分（溶质）混合时两者的性质均会发生变化，这种变化与溶质的性质有关。亲水性溶质可以改变溶质周围邻近水的结构和流动程度，同时水也会引起亲水性溶质反应性改变，有时甚至导致结构变化；添加疏水性物质到水中，溶质的疏水基团仅与邻近水发生微弱的相互作用，而且优先在非水环境中发生。水在溶液中的存在状态，与溶质的性质及溶质同水分子的相互作用有关。

1. 水与离子和离子基团的相互作用

离子和有机分子的离子基团在阻碍水分子流动程度上超过其他任何类型的溶质。离子或离子基团（Na^+、Cl^-、CH_3COO^-、NH_4^+ 等）通过自身的电荷与水分子的偶极产生静电相互作用，这种作用成为离子水合作用。与离子和离子基团相互作用的水，是食品中结合最紧密的一部分水。

由于水中添加可解离的溶质，使纯水靠氢键键合形成的四面体结构遭到破坏。以 Na^+ 为例，其所带电荷与水分子产生静电相互作用的结合能力（83.68kJ/mol）大约是水分子间氢键键能（20.9kJ/mol）的4倍。因此离子或离子基团加入到水中，会破坏水分子之间的氢键，改变水的流动性（图1-5）。

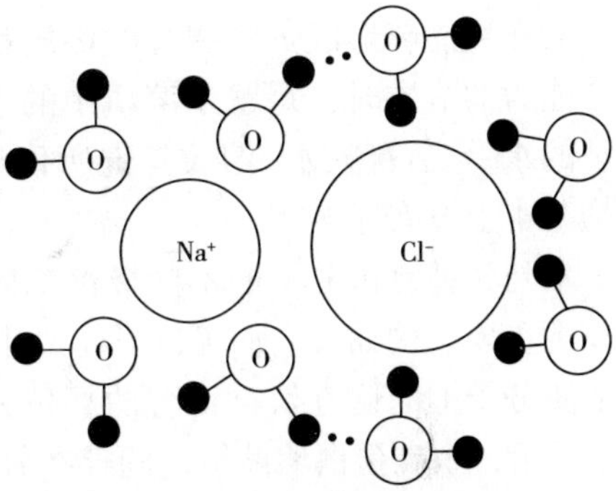

图1-5　NaCl 邻近的水分子可能存在的相互作用方式

在稀盐水溶液中，离子对水分子结构的影响是不同的。离子半径大、电场强度弱的一些离子，如 K^+、Rb^+、Cs^+、NH_4^+、Cl^-、Br^- 等，能阻碍水形成网状结构，这类盐的溶液比纯水的流动性更大；另一些电场强度大、离子半径小的离子或多价离子，例如，Li^+、Na^+、Ca^{2+}、Ba^{2+}、Mg^{2+}、Al^{3+}、Fe^{2+}、OH^- 等有助于水形成网状结构。因此，这类离子的水溶液比纯水的流动性小。实际上，从水的正常结构来看，所有的离子对水的结构都起破坏作用，因为离子的存在均能阻止水在0℃时结冰。

离子通过自身不同的水合能力，还能改变水的结构，影响水的介电常数和胶体粒子的双电层厚度，同时离子还显著地影响水对其他非水溶质和原介质中悬浮物物质的相容程度。因而，离子的种类和数量对蛋白质的构象和胶体的稳定性也有很大的影响。

2. 水与中性基团的相互作用

水能与溶质的中性基团（极性基团）通过氢键相互作用。在食品中，水能与蛋白质、淀粉、果胶物质、纤维素等成分通过氢键而结合。水与溶质之间的氢键键合比水与离子之间的相互作用弱，氢键作用的强度与水分子之间的氢键的强度相近。

各种有机分子的不同极性基团与水形成氢键的牢固程度有所不同。蛋白质多肽链中赖氨酸和精氨酸侧链上的氨基，天冬氨酸和谷氨酸侧链上的羧基，肽链两端的羧基和氨基，以及果胶物质中的未酯化的羧基，无论是晶体还是溶液状态时，都是呈电离或离子态的基团；这些基团与水形成氢键，键能大，结合得牢固。蛋白质结构中的酰胺基，淀粉、果胶质、纤维素等分子中的羟基与水也能形成氢键，但键能较小，牢固程度差一些。

通过氢键而被结合的水流动性极小。一般来说，凡能够产生氢键键合的溶质可以强化纯水的结构，至少不会破坏这种结构。然而在某些情况下，一些溶质在形成氢键时，缔合的部位以及取向在几何构型上与正常水的氢键部位不同。因此这些溶质通常对水的正常结构也会产生破坏作用。例如，尿素这种小分子溶质因几何结构的特殊性，与水形成的氢键能明显地破坏水的正常结构。

大多数能够形成氢键键合的溶质都会阻碍水结冰，但当体系中添加具有氢键键合能力的溶质时，每摩尔溶质中的氢键总数不会明显地改变，这可能是由于所断裂的水-水氢键被水-溶质氢键所代替，因此，具有这种性质的溶质对水的网状结构基本上没有影响。

水与各种有机分子的不同极性基团形成的氢键虽然数量有限，但其作用和性质非常重要。例如，它们可以形成“水桥”，此时一个水分子与一个溶质分子或几个溶质分子上的适宜氢键键合的部位相互作用，可维持大分子的特定构象。如图1-6所示，木瓜蛋白酶肽链之间存在着一个3个水分子构成的水桥，这3个水分子显然成了该酶的整体构成部分。

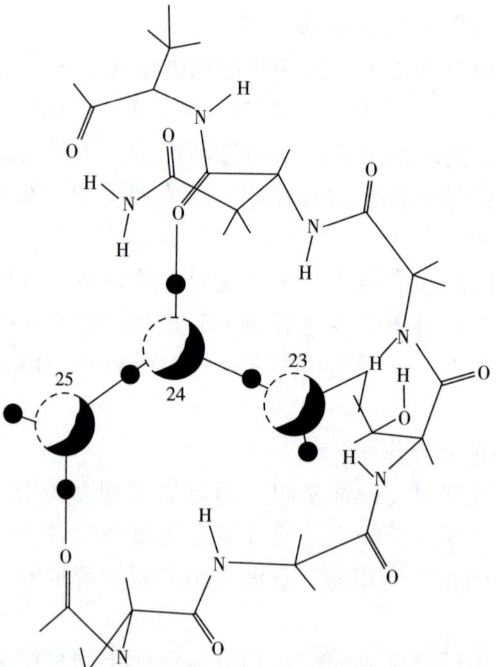

图1-6　木瓜蛋白酶分子中的水桥

3. 水与非极性物质的相互作用

向水中加入疏水性物质，如烃类、稀有气体、脂肪酸、氨基酸以及蛋白质的非极性基团等，由于疏水基团与水分子产生斥力，从而使疏水基团附近的水分子之间的氢键键合增强，结构更为有序，使得疏水基邻近的水形成了特殊的结构，水分子在疏水基外围定向排列，导致熵减少，此过程称为疏水水合。由于疏水水合在热力学上是不利的，因此水倾向于尽可能地减少与存在的疏水基团的缔合。如果存在两个分离的疏水基团，不相溶的水环境将促进其相互聚集，从而使它们与水的接触面积减小，结果导致自由水分子增多，此过程被称为疏水相互作用。疏水基团还具有两种特殊性质，即可以和水形成笼形水合物，以及与蛋白质分子产生疏水相互作用。

笼形水合物是一种冰状包合物，其中水为“主体”物质，通过氢键形成了笼状结构，通过物理作用方式将非极性物质截留在笼中，被截留的物质称为客体的物质。笼形水合物的客体物质是低分子质量化合物，它们是低分子质量的烃类及卤代烃、稀有气体、二氧化硫、二氧化碳、环氧乙烷、乙醇以及短链的伯胺、仲胺、叔胺和烷基铵盐等。“主体”水分子与“客体”分子之间的相互作用往往涉及弱的范德华力，有些情况下也存在静电相互作用。此外，分子质量大的“客体”如蛋白质糖类、脂类和生物细胞内的其他物质也能与水形成笼形水合物，使水合物的凝固点降低。一些笼形水合物具有较高的稳定性。

笼形水合物的微结晶与冰的结晶很相似，但当形成大的晶体时，原来的四面体结构逐渐变成多面体结构，在外表上与冰的结构存在很大差异。笼形水合物晶体在0℃以上和适当压力下仍能保持稳定的晶体结构。已证明生物物质中天然存在类似晶体的笼形水合物结构，它们很可能对蛋白质等生物大分子的构象、反应性和稳定性有影响。笼形水合物晶体目前尚未开发利用，在海水脱盐、溶液浓缩和防止氧化等方面可能具有应用前景。

在水溶液中，溶质的疏水基团间的缔合是很重要的。因为在大多数食品的蛋白质分子中非极性氨基酸侧链约占总氨基酸的40%。因此，疏水基团相互聚集的程度很高，从而影响蛋白质的功能性蛋白质分子中的非极性基团，包括丙氨酸的甲基、苯丙氨酸的苄基、缬氨酸的异丙基、半胱氨酸的巯基、亮氨酸的异丁基和异亮氨酸的仲丁基。其他化合物（例如醇类、脂肪酸和游离氨基酸）的非极性基团也参与疏水相互作用。疏水基团缔合或发生“疏水相互作用”，为蛋白质的折叠提供了主要推动力，在维持蛋白质三级结构上起着重要的作用。在蛋白质分子内部的疏水基团相互作用如图 1-7 所示。

蛋白质在水溶液环境中尽管产生疏水相互作用，但仍有 1/3 左右的疏水基团占据在蛋白质的表面，如果蛋白质暴露的疏水基团过多，易聚集并产生沉淀。

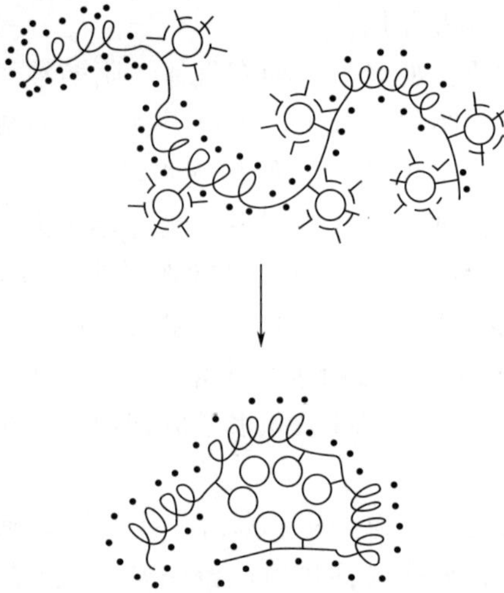

图 1-7　球状蛋白的疏水基团相互作用

空心圆代表疏水基团，围绕空心圆的 L 状分子是疏水基团表面定向的水分子，黑点代表与极性基团缔合的水分子

四、 水分活度

食品都含有一定量的水分，贮藏不当，经常有腐败的现象发生，因此，日常生活中人们通常要对贮藏的食物进行晾晒、熬制，通过脱水或浓缩，降低食品的含水量。其实，仅仅认识到食品的腐败性与含水量有关是不够全面的，因为含水量相同的不同种类食品，其耐贮藏性和腐败性仍然存在着较大的差异；另外，食品中各种非水组分与水通过氢键键合的能力和结合力大小均不相同，被非水组分结合牢固的水不可能被食品的微生物生长和化学水解反应所利用。所以，引入水分活度（A_W）的概念来说明水分子在食品中被非水成分缔合的程度，更容易定量说明食品中水分的含量和食品腐败性之间的关系。

食品的水分活度
——教学视频

1. 水分活度定义

水分活度是指在一定温度下，食品水的蒸汽压 p 与纯水的饱和蒸汽压 p_0 的比值。即：

$$A_W = p/p_0$$

水分活度是 0~1 的数值。对于纯水而言，其 p 与 p_0 值相等。因此，水分活度为 1，完全无水时 A_W 为 0。食品中的水总有一部分是以结合水的形式存在，而结合水的蒸汽压远低于纯水的蒸汽压。所以，食品的水分活度总是小于 1。食品中结合水含量越高，食品的水分活度就越低。水分活度反映了食品中水分的存在形式和被微生物利用的程度。例如，鱼和水果等含水量高的食品 A_W 为 0.59~0.94，水分能够被各类微生物利用，从而在食品上繁殖。实验测得各种微生物得以繁殖的水分活度条件为：食品 A_W 在 0.94~0.99 适宜细菌生长；食品 A_W>0.88 适宜酵母菌生长；食品 A_W>0.80 适宜霉菌生长。所以，水分活度值偏高的食品易受微生物的污染而腐败变质。由此可知，A_W 对评价食品的耐贮藏性及指导人们控制食品的 A_W 以达到抑菌保存的目的有重要的意义。

2. 水分活度与食品含水量的关系

食品含水量是指食品中所含水分的多少，可用多种方式表示，与食品水分活度是两个不同的概念。一般来说，食品的含水量越高，食品的水分活度就越大，但二者之间并不存在正比关系，有些食品的含水量相近，但水分活度相差很大，有些食品的水分活度相近，含水量却相差很大（表 1-7）。

表 1-7　A_W=0.7 时每克干物质食品含水量　　单位：g

食品	含水量	食品	含水量	食品	含水量
菠萝	0.28	干淀粉	0.13	蛋清	0.15
苹果	0.34	干马铃薯	0.15	鱼肉	0.21
香蕉	0.25	大豆	0.10	鸡肉	0.18

产生上述含水量的差异，是食品化学组成、可溶性物质或其他成分与水的作用力各不相同的缘故。要确切地研究水分活度（A_W）与食品含水量之间的关系，可以用水分吸湿等温线（MSI）来描述。

3. 水分吸湿等温线

在恒定温度下，以食品的含水量（每克干物质中含水质量，即 g/g 表示）为纵坐标，以其水分活度（A_W）为横坐标绘图形成的曲线称为水分吸湿等温线（MSI）。

如图 1-8 所示，在含水量较高的食品中（含水量超过干物质），值接近于 1.0；当食品中的含水量低于干物质重时，值小于 1.0 。当食品含水量较低，水分含量的轻微变化即可引起值的极大变动，将此线段放大（图 1-9）。

根据水分含量与水分活度的关系，吸湿等温线（图 1-9）可分为三个区域进行讨论。

Ⅰ区：为结合水中的构成水和邻近水，对高水分含量的食品而言，Ⅰ区的水仅占总水分含量的极小部分，是水分子和食品成分中的羧基、氨基等基团通过水-离子或水-偶极相互作用而牢固结合的那部分水，形成单分子结合水，结合力量最强，A_W 数值在 0~0.25 相当于物料含水量在 0~0.07g/g 干物质，这部分水很难发生物理、化学变化，含此水分的食品的劣变速度很慢。

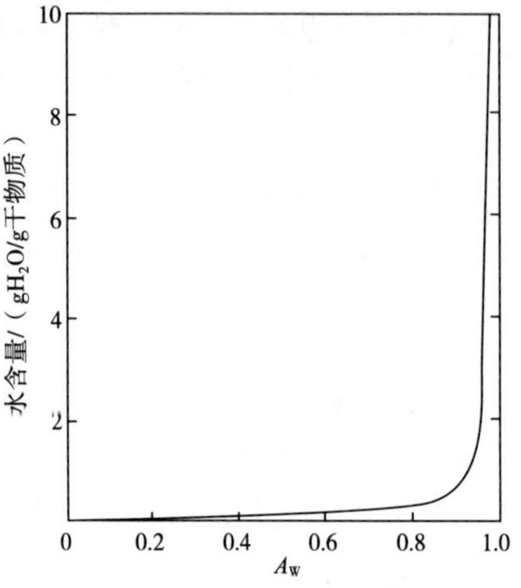

图 1-8　A_W 与食品含水量的关系

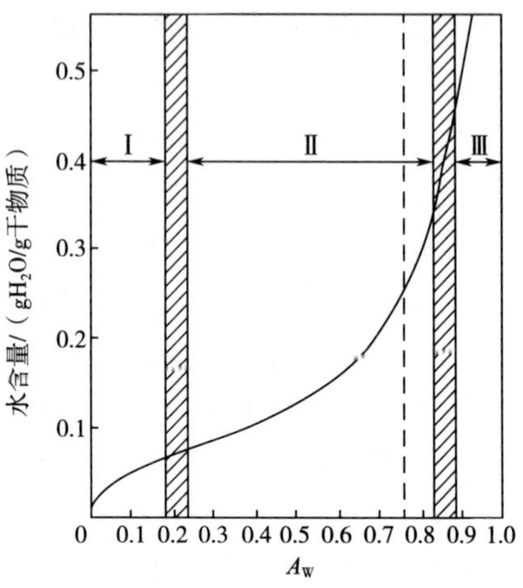

图 1-9　吸湿等温线的分区

Ⅱ区：为结合水中的多层水。在此区段，水分子多与食品成分中的羧基、酰胺基主要靠水-水和水-溶质的氢键键合形成多分子层结合水，还有直径<1μm 的毛细血管水。A_W 数值在 0.25~0.80，相当于物料含水量在 0.07~0.33g/g 干物质。当食品中的水分含量相当于Ⅱ区和Ⅲ区的边界时，水将引起溶解过程，它还起了增塑剂的作用，并且促使固体骨架开始肿胀。溶解过程的开始将促使反应物质流动，因此加速了大多数化学反应的速度。

Ⅲ区：为毛细管凝聚的自由水。在此区段，水分在物料上以物理截留的方式凝结在食物的多孔性结构中，例如，直径>1μm 的大毛细管中的水分和纤维丝上的水分其性质接近理想溶液。A_W 数值在 0.80~0.99，物料每克干物质含水量最低在 0.14~0.33g，最高为 20g。这部分水是食品中与非水物质结合最不牢固、最容易流动的水。这部分水既可以结冰，也可以作为溶剂，并且还有利于化学反应的进行和微生物的生长，这部分水对食品的稳定性具有重要作用。

按照吸湿等温线将食品中所含的水分成三个区，对于食品中水的应用及防腐保鲜具有重要的意义。

不同食品的化学组成和结构都不同，对水分子束缚力也不一样，因而具有不同的水分吸湿等温线（图 1-10），等温线的弯曲程度因不同食品也有差异。

大多数食品的吸湿等温线呈 S 形，而水果、糖制品、含有大量糖和其他可溶性小分子的咖啡提取物等食品的吸湿等温线为 J 形。

吸湿等温线与温度有关，由于温度升高后，水分活度变大，对于同一食品，在不同温度下得到的吸湿等温线，将在曲线形状近似不变的情况下，随温度的升高，在坐标图中的位置逐渐向右移动（图 1-11）。

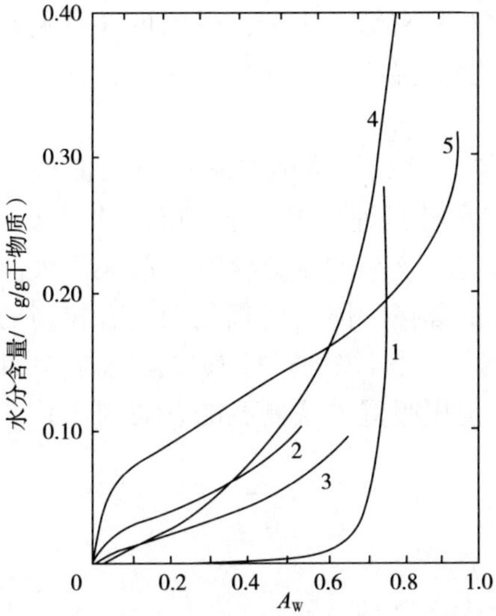

图 1-10　不同食品和生物物质的吸湿等温线

1—糖果　2—菊苣提取物　3—焙烤咖啡

4—猪胰脏提取物　5—大米淀粉

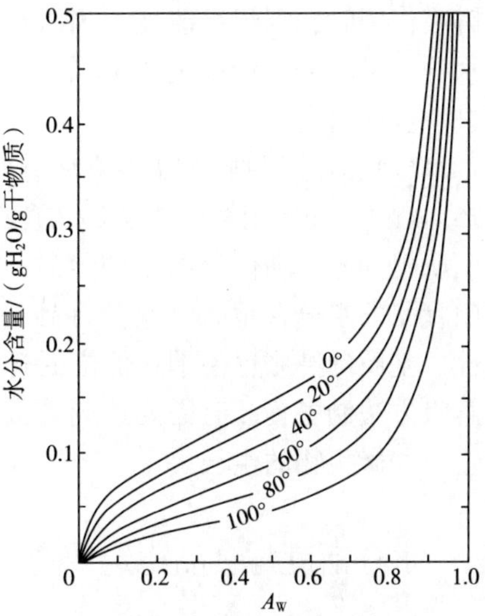

图 1-11　不同温度下马铃薯的吸湿等温线

4. 滞后现象

如果向干燥样品中添加水（吸附作用）的方法绘制吸湿等温线和按解吸过程绘制的解吸等温线并不完全一致，这种现象叫作滞后现象，如图 1-12 所示。

很多食品的吸湿等温线都表现出滞后现象，且滞后作用的大小和滞后回吸的起始点和终止点都不相同，它们取决于食品的性质和食品除去或添加水分时所发生的物理变化，以及温度、解吸速度和解吸时的脱水程度等多种因素。在任何指定的 A_W 值时，解吸过程中食品的水分含量一般大于吸湿过程中食品的水分含量。

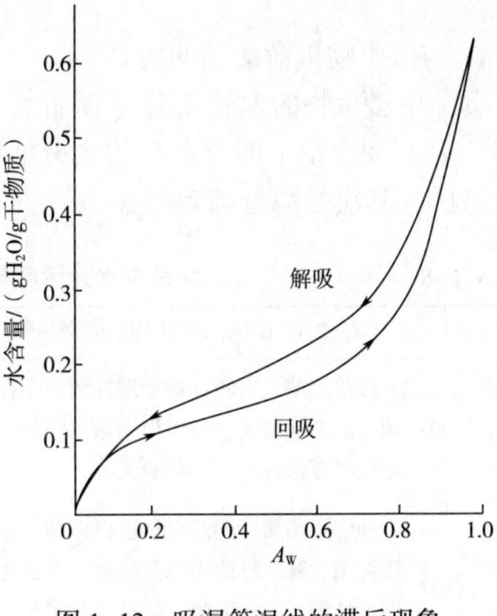

图 1-12　吸湿等温线的滞后现象

分析食品吸湿等温线出现滞后现象其产生的原因有：①分析过程中一些水分由于非水溶液成分作用而无法放出水分。②不规则形状产生毛细血管现象的部位，欲填满或抽空水分需不同的蒸汽压（要抽出需 $P_{内}>P_{外}$；要填满则需 $P_{外}>P_{内}$）。③解吸作用时，因组织改变，当再吸水时无法紧密结合水分，由此可导致吸附相同水分含量时处于较高的水分活度。水分吸湿等温线滞后现象的确切解释还有待于进一步的研究。

水分吸湿等温线滞后现象具有实际意义。例如，将鸡肉和猪肉的值调节至 0.75~0.84，如果用解吸方法那么食品中脂肪氧化的速度要高于用吸附的方法。如前面所提到的，在任何指定的值时，解吸过程中食品的水分含量一般大于吸湿过程中食品的水分含量。高水分食品具有较低的黏度，因而使催化剂具有较高的流动性，基质的肿胀也使催化部位更充分地暴露，同时氧的扩散系数也较高。所以，用解吸方法制备食品时需要达到较低的值（与用吸湿方法制备的食品相比）才能阻止一些微生物的生长。

五、 水分活度与食品稳定性的关系

各种食品都有一定的水分活度，微生物的生长和生物化学反应也都需要一定的水分活度范围。新鲜食品的水分活度很高，降低水分活度，可以提高食品的稳定性，减少腐败变质。所以，水分活度与食品的稳定性之间有着密切的联系。

食品的保湿保鲜
——动画视频

1. 与微生物生命活动的关系

食品中微生物的生长繁殖与食品水分活度之间有密切的关系。表 1-8 介绍了部分食品的水分活度与微生物的生长关系。细菌对水分活度最为敏感，其次是酵母菌和霉菌。

表 1-8　　食品中水分活度与微生物生长的关系

A_W 范围	在此 A_W 范围内所能抑制的微生物	在此 A_W 范围内的食品
0.95~1.00	假单胞菌、大肠杆菌变形杆菌、芽孢杆菌、志贺氏菌属、克雷伯氏菌属、产气荚膜梭状芽孢杆菌、一些酵母等	极易腐败变质食品、罐头、新鲜果蔬、肉、鱼及牛乳、熟香肠、面包、含约 40%（质量分数）蔗糖或 7%氯化钠的食品等
0.91~0.95	沙门氏菌属、副溶血红蛋白弧菌、沙雷氏杆菌、乳酸杆菌属、足球菌、肉毒梭状芽孢杆菌、一些霉菌、酵母（红酵母、毕赤氏酵母）	一些干酪、腌制肉（火腿）、一些水果汁浓缩物、含有 35%（质量分数）蔗糖或 12%氯化钠的食品
0.87~0.91	许多酵母（假丝酵母、球拟酵母、汉逊酵母）、小球菌	发酵香肠、松蛋糕、人造奶油、干的干酪、含 65%（质量分数）蔗糖或 15%氯化钠的食品

续表

A_W 范围	在此 A_W 范围内所能抑制的微生物	在此 A_W 范围内的食品
0.80~0.87	大多数霉菌（产生毒素的青霉菌）、金黄色葡萄球菌、大多数酵母菌属	大多数浓缩水果汁、甜炼乳、巧克力糖浆、水果糖浆、面粉、米、家庭自制火腿、含有15%~17%水分的副产品类食品、水果蛋糕等
0.75~0.80	大多数嗜盐细菌、产真菌毒素的曲霉	果酱、加柑橘皮丝的果冻、杏仁酥糖、糖渍水果等
0.65~0.75	嗜干霉菌、二孢酵母	含约10%水分的燕麦片、砂性软糖、棉花糖、果冻、糖蜜、一些干果、粗蔗糖等
0.60~0.65	耐渗透压酵母、少数霉菌	太妃糖、凝胶糖、蜂蜜、含15%~20%水分的干果等
0.50	微生物不增殖	含12%水分的酱、含10%水分的调味料
0.40	微生物不增殖	含约5%水分的全蛋粉
0.30	微生物不增殖	含3%~5%水分的曲奇饼、面包硬皮
0.20	微生物不增殖	含2%~3%水分的全脂奶粉、含5%水分的脱水蔬菜、玉米片、脆饼干等

从表1-8可知，不同种类微生物生长繁殖的最低水分活度范围是：大多数细菌为0.90~0.99，大多数耐盐细菌为0.75以上；耐干燥霉菌和耐高渗透压酵母菌为0.60~0.65。在水分活度低于0.60时，绝大多数微生物无法生长。

微生物在不同的生长阶段，所需 A_W 也不一样，细菌形成芽孢时比繁殖生长时要高。例如，魏氏芽孢杆菌繁殖生长时的 A_W 为0.96，而芽孢形成的最适宜的 A_W 为0.993，A_W 若低于0.97，就几乎看不到芽孢形成。有些微生物在繁殖中还会产生毒素，微生物产生毒素时所需 A_W 高于生长时所需的 A_W，如黄曲霉素生长时所需的 A_W 为0.78~0.80，而产生毒素时要求的 A_W 达0.83。

综上所述，如果水分活度高于微生物生长繁殖所需的最低 A_W 时，微生物就可能导致食品腐败变质；如果食品水分活度降低到一定限度以下时，就会抑制要求 A_W 高于此值的微生物生长、繁殖或产生毒素，可以防止或降低微生物对食品质量的不良影响。当然在发酵食品的加工中，就必须把水分活度提高到有利于有益微生物生长、繁殖、分泌代谢所需的水分活度值以上。微生物对水分的需要也会受到pH、营养成分、氧气等共存因素的影响。在选定食品的水分活度时应根据具体情况进行适当的调整。需要指出的是，即使含水量相同的不同食品，在贮藏期间的稳定性也是不一样的，这是因为食品的成分、结构和状态不同，水分的束缚程度不同，因而 A_W 也不同。了解微生物所需的 A_W 可以预测食品的耐贮藏性，对不同食品应选择适宜保存条件，可以降低或防止微生物对食品质量的不良影响。

2. 水分活度与食品成分的化学变化关系

大多数食品是以动植物组织为原料的，甚至许多植物果实本身就可以直接食用。在大多数食品加工和贮藏过程中，始终存在着生物化学反应，水作为一种化学反应的介质，其含量和存在状态直接或间接影响着生物化学反应的过程。

（1）对淀粉老化的影响　淀粉的老化实际上是已经糊化的淀粉分子在放置过程中，分子之间通过氢键又重新形成排列有序、结构致密、高度晶化、溶解度小的淀粉的过程。淀粉老化后，食品的松软程度降低，并且影响酶对淀粉的水解，使食品变得难以消化吸收。影响淀粉老化的主要因素除温度外，水分活度也是主要因素。实验证明：在含水量达30%~60%时，淀粉老化的速度最快；如果降低含水量则淀粉老化速度减慢，若含水量降至10%~15%时，则水分基本上以结合水的状态存在，淀粉不会发生变化，富含淀粉的即食型食品（如方便面等），就是将淀粉在糊化状态下迅速脱水至10%以下，使淀粉固定在糊化状态，再用热水浸泡时，复水性能好。

（2）对蛋白质变性的影响　蛋白质的变性是蛋白质受某些物理或化学因素的作用，维持蛋白质分子多肽链高级结构的副链遭到破坏，不仅表现出沉淀现象，而且它的空间结构、理化性质和生物学活性都发生了变化。因为水能使蛋白质分子中的可氧化的基团充分暴露，水中溶解氧的量也会增加，氧就很容易转移到反应位置。所以，水分活度增大会加速蛋白质的氧化作用，使维持蛋白质高级结构的某些副键遭到破坏，导致蛋白质的变性。实验测定，当水分含量大于4%时，蛋白质的变性仍能缓慢进行；若水分含量在2%以下时，则不发生变性。

（3）对脂肪氧化酸败的影响　富含脂肪的食品很容易受空气中氧、微生物的作用发生氧化酸败。食品中的水分活度对氧化酸败的影响较为复杂。从水分活度的低度值开始，氧化速度随着水分的增加而降低。这是因为当水分活度很低时，食品中的水与过氧化物形成氢键而结合，此氢键可保护过氧化物的分解，因此可降低过氧化物分解时的初速度，最终阻止氧化的进行，同时这部分水也可以与金属离子结合，降低其催化氧化的活性，因而也阻止了氧化反应的进行。在 A_W 为0.3~0.4时，氧化速度最慢；当 $A_W>0.4$ 时，氧在水中的溶解度增加，并使脂肪的大分子肿胀，暴露了更多容易氧化的部位，加快了氧化速度。当 A_W 较大时（>0.8时），进一步加入的水可以降低氧化速度，原因是水对催化剂的稀释降低了它们的催化活性，并降低了反应物的浓度。

（4）对酶促褐变的影响　酶促褐变是在酶的催化下进行的。酶促褐变多发生在水果、蔬菜等新鲜植物性食物中，是酚酶催化酚类物质形成醌及其聚合物的结果。酶促褐变发生后，不仅影响食品的色泽、风味，也可能产生一些对营养有影响的物质。酶的活性与分子的构象关系密切，只有在适宜的水分活度时，酶的分子构象才能得到充分发挥，表现出它的催化活性。当 A_W 降低到0.25~0.30，就能有效地减慢或阻止酶促褐变的进行。

拓展知识　你了解以下水的含义吗?

我们在市面上可以看到各式各样价格不同、保健作用不同的水饮品：矿泉水、纯净水、活性水、磁化水、富氧水、多维水。另外，还有实验用的蒸馏水和去离子水。

矿泉水：它是从地下深处自然涌出的或经人工抽出的、未受污染的地下水，含多种矿物元素，根据产地不同，含钙、硒、锶、硅等微量元素。此水经消毒灌装，成为市面上矿泉水。市场上大部分矿泉水属于锶型和偏硅酸型，主要作用是补充矿物质。盛夏季节饮用矿泉水补充因出汗流失的矿物质是有效的方法。

纯净水：它是采用离子交换法、反渗透法、精微过滤及其他适当的物理加工方法进行深度处理后产生的不含任何有害物质和细菌的水。

磁化水：它是一种被磁场磁化了的水。让普通水以一定流速，沿着与磁力线垂直的方向通过一定强度的磁场，普通水就会变成磁化水。磁化水在工业、农业和医学等领域有广泛的应用。在工业上，被广泛用于各种高温炉的冷却系统，对于提高冷却效率、延长炉子寿命起到很重要的作用。在农业上，用磁化水浸种育秧，能使种子出芽快，发芽率高，幼苗具有株高、茎粗、根长等优点。

富氧水：即在纯净水的基础上添加活性氧的一种饮用水。氧浓度是通常饮料的几倍至几十倍的富氧水及富氧饮品近来在市场上颇具人气，但日本专家近日指出，“喝氧”具有抗疲劳效果的说法缺乏科学依据。

蒸馏水：将水煮沸后令其蒸发再将水蒸气冷凝回收所制备的水称为蒸馏水。可分一次和多次蒸馏水，一般大型制水是通过锅炉产生的蒸汽再冷凝而得，用于制剂、制药等和要求不太高的实验用水。

去离子水：将水通过阴阳离子交换树脂处理，去除水中阴、阳离子，所出水为去离子水，一般用于化学实验室用水。

（5）对非酶褐变的影响　最常见的非酶褐变是美拉德反应，水分活度 A_W 在 0.6~0.7 时最容易发生非酶褐变。当食品的水分活度在一定范围内时，非酶褐变的速度随水分活度的增加而加速，随水分活度的降低而受到抑制或减弱；当水分活度降到 0.2 以下时，非酶褐变难以进行。但如果水分活度大于褐变高峰的 A_W 时，则由于溶质的浓度下降而导致褐变速度减慢。在一般情况下，浓缩食品的水分活度正好位于非酶褐变最适宜的范围内，褐变容易发生。

（6）对水溶性色素分解的影响　葡萄、山楂、草莓等水果中含有水溶性的花青素，花青素溶于水时很不稳定，1~2 周后其特有的色泽就会消失。但花青素在这些水果的干制品中则十分稳定。经过数年的贮藏也仅仅是轻微的分解。一般随着水分活度的增大，水溶性色素分解的速度就会加快。

综上所述，降低食品的水分活度，可以抑制微生物的生长和繁殖，延缓酶促褐变和非酶褐变的进行，减少食品营养成分的破坏，防止水溶性色素的分解。但水分活度过低，则会加速脂肪的氧化酸败，还能引起非酶褐变。要使食品具有较高的稳定性，最好将 A_W 保持在结合水范围内，这样既可使化学反应难以发生，同时又不会使食品丧失吸水性和复原性。

拓展知识　冻结食品解冻对食品品质会有什么影响？

1. 食品解冻

食品解冻是使食品的冰晶体融化，恢复原来的生鲜状和特性的过程。解冻过程温度上升，食品中酶的活性增强，氧化作用加速，并有利于微生物的活动。食品解冻后，在冰晶体融化的水溶液中，会有大量的可溶性固形物，例如水溶性蛋白质和维生素，各种盐类、酸类和萃取物质。这部分水溶液就是所谓的汁液。如果汁液流失严重，不仅会使食品的重量显著减轻，而且由于大量营养成分和风味物质的损失必将大大降低食品的营养价值和感官品质。

2. 影响汁液流失的因素

影响食品解冻水分不被组织细胞充分重新吸收的因素有以下几点。

（1）冻结的速度　缓慢冻结的食品细胞严重脱水，经长期冰藏之后，细胞间隙存在的大型冰晶对组织细胞造成严重的机械损伤，蛋白质变性严重，以致解冻时细胞对水分重新吸收的能力差，汁液流失较为严重。

（2）冷藏的温度　冻结的食品在较高的温度下冻藏，细胞间隙中冰晶体生长的速度较大，形成的大型冰晶对细胞的破坏作用较为严重，解冻时汁液的流失较多；如果低温速冻冷藏，冰晶体生长的速度较慢且细小，对细胞无破坏，解冻时汁液流失就较少。

（3）原料的 pH　蛋白质在等电点时，其胶体溶液的稳定性最差，对水的亲和力最弱，如果解冻时原料的 pH 正处于蛋白质的等电点附近，则汁液的流失就较大，因此，畜、禽、鱼肉解冻时汁液流失与它们的成熟度（pH 随着成熟度不同而变化）有直接的关系，pH 远离等电点时，汁液流失就较少，否则就增大。

（4）解冻的速度　解冻的速度有缓慢解冻与快速解冻之分，前者解冻时温度上升缓慢，后者温度上升迅速。一般认为缓慢解冻可减少汁液的流失，其理由是缓慢解冻可使冰晶体融化的速度与水分的转移、被吸附的速度相协调，从而减少汁液的流失，而快速解冻则相反。

快速解冻在保持烹饪原料品质方面有有利的方面。食品解冻时，可迅速通过蛋白质变性和淀粉老化的温度带，从而减少蛋白质变性和淀粉老化；利用微波等快速解冻法，原料内外同时受热，细胞内冰晶体由于冻结点较低首先融化，故在食品内部解冻时外部尚有外罩，汁液流失也比较少；快速解冻由于解冻时间短，微生物的增量显著减少，同时由于酶、氧气所引起的对品质不利的影响及水分蒸发量均较小，所以烹调后菜肴的色泽、风味、营养价值等品质较佳。

项目小结

本项目以苹果干的制作及小麦面粉水分活度的测定两项任务驱动，引入水的结构与性质、水的生物功能及水的代谢平衡，介绍了食品中水的分布、存在状态及与非水组分的相互作用，着重关注水分活度与食品含水量、食品稳定性关系，应用食品保湿，食品干制、食品浓缩及冻结等措施，指导食品生产工艺控制，为控制食品品质及安全贮藏提供帮助与指导。

项目思考

1. 水的理化性质有何特殊性？对冷冻食品有何影响？
2. 食品变质与水分活度有何联系？
3. 冷冻保藏食品有何利弊？采取哪些方法可以克服不利因素的影响？
4. 举例说明控制食品水分含量或水分活度，科学指导加工与保藏。
5. 不同的物质其吸湿等温线不同，其曲线形状受哪些因素的影响？

项目二

糖类的性能与控制

学习目标

【知识目标】

1. 熟悉糖的结构、分类及常见的单糖、低聚糖和多糖的生理性能与加工性能。
2. 熟识单糖的结构及其物理、化学性质在食品中的典型应用。
3. 熟识淀粉的结构与淀粉加工特性的关系。

【技能目标】

1. 能够进行淀粉、果胶等多糖提取或制备。
2. 具备比色法测定还原糖及总糖的能力。
3. 能够测试食品褐变。
4. 能把握典型单糖、低聚糖、淀粉、果胶及其产品的性能，指导食品加工过程。

【素质目标】

1. 通过实际生产工艺调整和观察分析实验现象，提高分析问题、解决问题的能力。并通过分组讲解美拉德反应机理及过程，培养观察科学现象，客观、实事求是地分析问题的职业精神。

2. 根据淀粉理化性质，设计提取马铃薯淀粉与水解性质实验，全过程实施6S管理，培养团队合作精神和规范的操作习惯。

3. 通过对炭烧酸奶制作与普通酸奶制作工艺流程分析，分组设计特色风味炭烧酸奶的工艺参数，培养创新意识和追求卓越的工匠精神。

项目导入

糖类存在于所有的谷物、蔬菜、水果以及其他可供人类食用的植物中，是自然界蕴藏量最为丰富、对所有生物体非常重要的一类有机化合物，为人类提供了主要的膳食热量，还为食品提供了人们期望的质构、好的口感、喜爱的甜味。糖类是食品工业的主要原料，也是大多数食品的重要组成成分。

根据分子结构可将糖分为单糖、低聚糖、多糖及结合糖。常见的单糖包括葡萄糖、果糖和半乳糖；低聚糖包括蔗糖、乳糖、麦芽糖和棉籽糖；多糖包括淀粉、纤维素、果胶；结合糖有糖脂、糖蛋白等。在食品加工中，糖类对食品的形态、组织结构、理化性质及其色、香、味等都有很大的影响。

糖的概述
——教学视频

任务一 美拉德反应的控制

任务要求

1. 熟悉食品非酶褐变及控制褐变的方法与手段。
2. 掌握应用于食品加工的非酶褐变。

知识贮备

褐变是食品中较普遍的变色现象，包括酶促反应、美拉德反应、焦糖化反应和抗坏血酸反应。后三种褐变因不需要酶作催化剂，又称为非酶褐变。由此，通过改变测试的环境条件，实现褐变的控制。

非酶褐变历程复杂，产物多样。通过改变各组间反应条件，总结影响美拉德反应的环境温度、pH 及反应物的颜色变化；通过焦糖生成和面包的烤制，对比焦糖化过程、焦糖色、焙烤色的形成条件。

任务实施

1. 任务分组

学生依据任务工作要求和任务具体内容，并结合自身兴趣爱好和对任务了解的基本情况自由组合，2~3 人一组，开展任务实施。

2. 材料准备

（1）仪器准备　有柄瓷蒸发皿、酒精灯、试管和试管架、试管夹、小刀、恒温水浴、温度计、烧杯、电子天平、食品烤箱、电炉。

（2）材料准备　白砂糖、面包面坯（或高筋面粉与干酵母）、鸡蛋。

（3）试剂准备　100g/L 氢氧化钠溶液、2.877mol/L 盐酸溶液、甘氨酸、果糖、D-核糖、蔗糖、葡萄糖、赖氨酸、谷氨酸。

美拉德反应影响因素的控制
——教学视频

3. 实施步骤

原料准备→试剂配制→实验条件控制→实验现象记录→实验现象分析总结

4. 实施要点

（1）美拉德反应条件控制

①温度测试：在 2 支干燥试管中加入果糖和甘氨酸各 0.5g，再各加水 2mL，摇匀。其中一支试管置于室温下静置，另一只试管置于沸水浴中加热 5min，观察两只试管内溶液颜色变化；20min 后再一次观察两试管溶液的颜色并记录。

美拉德反应影响因素验证实验演示——操作视频

②pH 测试：在 3 支干燥试管中均加入果糖和甘氨酸各 0.5g，再加入水 2mL。分别滴入 2.877mol/L 盐酸、100g/L 氢氧化钠、蒸馏水各 10 滴，摇匀后一同置于沸水浴中加热，仔细观察各试管溶液颜色变化的速度，2min 后比较各试管溶液颜色深浅。列表记录变化速度及颜色深浅。

③底物测试：在 3 支干燥试管中均加入果糖和甘氨酸各 0.5g、蔗糖和甘氨酸各 0.5g、D-核糖和甘氨酸各 0.5g，再各加水 2mL，摇匀后置于沸水浴中加热，仔细观察各试管溶液颜色变化的速度，5min 后记录颜色深浅，并分析原因。

（2）焦糖化反应条件控制

称白砂糖 25g 置于有柄瓷蒸发皿中，加水 1mL，在电炉上加热至 150℃左右，关闭电源，使温度上升至 190~195℃，再恒温 10min，白砂糖呈深褐色胶状（焦糖）。稍冷后，在蒸发皿中加入少量的蒸馏水使其溶解。转移至 250mL 烧杯中，加水约至 200mL。记录焦糖生成过程中颜色变化、发泡现象及溶液颜色等，分析得出结论。

（3）焙烤色素形成实验条件控制

将提前备好的面包面坯 8 个（50g/个），1~8 编号。1、2 号面坯表面刷糖水，3、4 号面坯表面刷一层蛋液，5、6 号面坯表面刷一层含葡萄糖的蛋液，7、8 号面坯保持原样。

8 个面坯同时放入烤箱烘烤，入炉温度控制在 80~100℃，逐渐升温至 180~200℃，并在 180~200℃烘烤 15~20min（上火温度 200℃，下火温度 180℃），准备出炉前温度降至 100℃。对比观察 4 组面包皮的颜色，嗅其香气，分析原因。

5. 实验现象和数据记录（表 2-1）

表 2-1　焙烤色素形成实验现象和数据记录表

组别	烘焙温度	烘焙时间	现象状态	结论分析	备注
1					
2					
3					
4					

6. 相关提示

（1）焦糖制作过程温度控制和加热时间很关键，如果结焦，会不溶于水且难于洗涤。

（2）面包面坯如自己做，需提前 2~4h 准备；操作过程中，禁止接触任何化学试剂，且只做观察不入口。

考核要点

（扫二维码可获得详细考核信息）

1. 对比试验的操作与记录。
2. 焦糖的生成与水溶性。
3. 焙烤色泽对比分析。

美拉德反应的控制考核要点

思 考 题

1. 不同糖类、氨基酸对美拉德反应速率有何影响？
2. 如何控制面包皮的色泽？

相关知识

单糖是最简单的糖，是糖的最小组成单位，不能进一步水解；从结构上看，单糖是带有醛基或酮基的多元醇，有醛基的称为醛糖，有酮基的称为酮糖。有几种糖的衍生物，如有羰基被还原的糖醇、醛基被氧化的醛糖酸、羰基对侧末端的—CH_2OH 变成酸的糖醛酸、导入氨基的氨基糖、脱氧的脱氧糖、分子内脱水的脱水糖等。

根据构成单糖的碳原子数目，可分为丙糖、丁糖、戊糖、己糖、庚糖。食品中单糖多为 5 或 6 个碳原子的戊糖、己糖。

一、 糖的结构

从分子结构上看，糖类是多羟基醛或多羟基酮及其脱水缩合的产物。从元素组成上看，糖由 C、H、O 三种元素组成；由于最初发现的糖类化合物中 H 与 O 元素之比为 2∶1，分子式可以写成 $C_n(H_2O)_m$ 的形式，所以称为碳水化合物，现在已经知道，2-脱氧核糖分子中 H 和 O 元素之比不足 2∶1，鼠李糖也如此，但它们都是糖；醋酸、乳酸等分子的 H 和 O 元素之比为 2∶1，但不是糖；由甲壳素得到的壳聚糖，其分子中含有 N 元素，也不符合糖的通式。所以“碳水化合物”这一称谓不十分确切。

糖类化合物可以定义为多羟基的醛类、酮类化合物或其聚合物及其各类衍生物。单糖中含有酮基、醛基和数个羟基，能够发生醛酮类、醇类化合物的化学反应，容易被氧化、酰

食品中的糖类
——动画视频

化、胺化和发生亲和加成反应；半缩醛的形成可使单糖与其他成分或单糖结合，形成自然界广泛存在的低聚糖、多糖和苷类化合物。

二、 糖的分类

1. 根据糖的来源分类

可分为植物性糖（蔗糖、果糖、淀粉等）、动物性糖（乳糖、糖原等）及微生物糖。

2. 根据糖的功能分类

可分为支持性糖（如纤维素）、储备性糖（淀粉和糖原）、凝胶性糖（果胶、琼脂）等。

3. 根据糖分子的化学结构分类

可分为单糖、寡糖（又称低聚糖）和多糖。凡是不能被进一步水解成更小分子的糖，被称为单糖。单糖是糖类的基础单元。凡是可以水解生成少数（2~10 个）单糖分子的糖，称为低聚糖。凡是水解是可以生成多个单糖分子的糖，称为多糖。多糖是由多个单糖分子相互连接形成，单糖残基数目差别很大，可在 10~5000 变动。

糖的分类与功能
——教学视频

三、 单糖结构

天然存在的单糖几乎都没有支链，其每个碳原子连接一个羟基或一个衍生的功能基。戊糖和多于 5 个碳原子的单糖，多数分子中的羰基与第 4 或第 5 个碳原子上的羟基生成半缩醛或半缩酮，使分子成为含氧的环（五元呋喃环或六元吡喃环），即单糖具有链式结构和环式结构。实验证明葡萄糖在水溶液中有三种结构共存：一种链式结构、两种环式结构，即 α-D-葡萄糖（37%）、β-D-葡萄糖（63%）和直链式葡萄糖（0.1%），在溶液中它们可以互相转化，存在变旋现象，如图 2-1 所示。

单糖结构性质
——教学视频

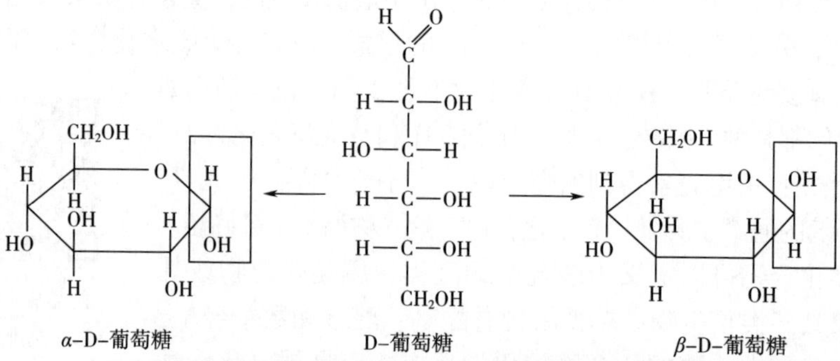

图 2-1 葡萄糖链式结构向环状结构的转化

在葡萄糖分子中，既具有醛基，也有醇羟基。因此，在分子内部可以形成环状的半缩醛结构。葡萄糖分子在成环时，其醛基可以与 C_5 上的羟基加成形成稳定的六元环（吡喃糖）。此外葡萄糖的醛基还可与 C_4 上的羟基加成，形成少量的、不稳定的五元环（呋喃糖）。

葡萄糖的晶体有两种。从乙醇中结晶出来的葡萄糖，熔点 146℃，用它新配溶液的比旋光度 $[\alpha]_D$ 为+112°，此溶液在放置过程中，比旋光度 $[\alpha]_D$ 逐渐下降，达到+52.17°以后维持不变；从吡啶中结晶出来的葡萄糖，熔点 150℃，新配溶液的 $[\alpha]_D$ 为+18.7°，此溶液在放置过程中，比旋光度逐渐上升，到达+52.17°以后维持不变。糖在溶液中，比旋光度自行转变为定值的现象称为变旋现象。

葡萄糖的变旋现象，是链状结构与环状结构形成平衡体系过程中的比旋光度变化所引起的。在溶液中 α-D-葡萄糖可转变为开链式结构，再由链式结构转变为 β-D-葡萄糖（环状结构）；同样 β-D-葡萄糖也可转变为链式结构，再转变为 α-D-葡萄糖（环状结构）。经过一段时间后，三种异构体达到平衡，形成一个互变异构平衡体系，其比旋光度也不再改变。

不仅葡萄糖有变旋现象，凡能形成环状结构的单糖，都会产生变旋现象。

四、 单糖的物理性质

1. 单糖的甜度

甜味是糖的重要物理性质，甜味的强弱用甜度来表示，不同的甜味物质其甜度大小不同。甜度是食品鉴评学中的单位，是一个相对值（甜度难以通过化学或物理的方法进行测定，只能通过感官比较法来得出相对的差别。一般以 10%或 15%的蔗糖水溶液在 20℃时的甜度为 1.0，再确定其他甜味物质的甜度，因此又把甜度称为比甜度）。表 2-2 为一些单糖的比甜度。

单糖的性质与应用——教学视频

表 2-2　　单糖的比甜度

糖类名称	比甜度	糖类名称	比甜度	糖类名称	比甜度
蔗糖	1.0	α-D-半乳糖	0.27	α-D-甘露糖	0.59
β-D-呋喃果糖	1.50	α-D-葡萄糖	0.70	α-D-木糖	0.50

不同的单糖其甜度不同，这种差别与分子质量及构型有关；一般地讲，分子质量越大，在水中的溶解度越小，甜度越小；环状结构的构型不同，甜度有差别，如葡萄糖的 α-构型甜度较大，而果糖的 β-构型甜度较大。

2. 旋光性

旋光性是一种物质使直线偏振光的振动平面发生旋转的特性，旋光方向分为：右旋（+）、左旋（-），除丙酮糖外，其余单糖分子结构中均有手性碳原子，因此都有旋光性，旋光性是鉴定糖的一个重要指标。

糖的比旋光度是指质量浓度为 1g/mL 的糖溶液，其透光层厚度为 0.1m 时，使偏振光旋转的角度，通常用 $[\alpha]_{\lambda}^{t}$ 表示，t 为测定时的温度，λ 为测定时的波长，一般采用钠光，常见单糖的比旋光度（20℃，钠光）如表 2-3 所示。

表 2-3　常见单糖 20℃（钠光）时的比旋光度 $[\alpha]_{\lambda}^{20}$　单位：(°)

糖类名称	比旋光度	糖类名称	比旋光度	糖类名称	比旋光度	糖类名称	比旋光度
D-阿拉伯糖	-105.0	D-半乳糖	+80.2	L-阿拉伯糖	+104.5	D-木糖	+18.8
D-甘露糖	+14.2	D-果糖	-92.4	D-葡萄糖	+52.2		

刚溶解于水的糖，由于两种环状结构通过开链结构进行互相转化，其比旋光度处于变化中，但到一定时间后就会稳定在一恒定的旋光度上，即变旋现象。通过测定比旋光度确定单糖种类时，一定要注意静置一段时间（24h）。

3. 溶解度

溶解过程以极性水分子为基础，单糖分子有多个羟基增加了它的水溶性，尤其是在热水中的溶解度，但不溶于乙醚、丙酮等有机溶剂。不同的单糖在水中的溶解度不同，果糖的溶解度最大，随着温度的变化，单糖在水中的溶解度也有明显的变化，温度对溶解过程和溶解速度产生重大的影响。表 2-4 所示为一定温度范围内的饱和糖液的浓度及其溶解度。

利用糖较大的溶解度及对渗透压的改变，抑制微生物的活性，能够达到延长食品保质期的目的。例如，果酱、蜜饯类食品用高浓度的糖长期保存。不过，糖溶液的质量分数只有在 70%以上才能抑制酵母、霉菌的生长。在 20℃时，蔗糖、葡萄糖、果糖溶液最高质量分数分别是 66%、47%、79%，其中，果糖具有较好的食品保存性。

思考：生产果脯时，为什么不单独使用蔗糖或葡萄糖？

表 2-4　单糖的溶解度及浓度

糖类		20℃	30℃	40℃	50℃
果糖	质量分数/%	78.94	81.54	84.34	86.94
	溶解度 g/100g 水	374.78	441.70	538.63	665.58
葡萄糖	质量分数/%	46.71	54.64	61.89	70.91
	溶解度 g/100g 水	87.67	120.46	162.38	243.76

食品工业经常用果糖含量为 42%、55%、90%的果葡糖浆代替果糖，当然，后者的保存性能较好。

4. 吸湿性、保湿性与结晶性

吸湿性是指糖在较高空气湿度条件下吸收水分的能力。保湿性反映糖在较低空气湿度下保持水分的能力。这两种性质对于保持食品的柔软性、弹性、贮存及加工都有重要的意义。单糖中，果糖的吸湿性最强，葡萄糖次之。

思考：生产面包、糕点、软糖等食品时，为何多采用果糖或果葡糖浆？

不同的单糖其结晶形成的难易程度不同，如葡萄糖容易形成结晶且晶体细小，果糖和转化糖难结晶。

5. 冰点降低

在水中加入糖会引起溶液的冰点降低。糖的浓度越高，溶液冰点下降的越大。不同的糖，其降低冰点能力不同，在糖液浓度相同时，降低冰点程度：葡萄糖>蔗糖>淀粉糖浆。

应用

糕点类冰冻食品生产，混合使用淀粉糖浆和蔗糖，其混合物的冰点降低较单独使用蔗糖小，能够节约用电；另外，低转化度的淀粉糖浆还可以促使冰晶细腻，黏稠度高，甜味适中。

6. 其他性质

单糖具有抗氧化性，有利于水果风味、颜色和维生素 C 含量的保持。单糖抗氧化的本质是在糖液中氧气的溶解度降低。

单糖的黏度很低，且多数随着温度的升高而下降，在相同浓度下，糖液的黏度顺序为：葡萄糖、果糖<蔗糖<淀粉糖浆。淀粉糖浆的黏度随转化度的增大而降低，蔗糖溶液的黏度也随温度的增大而降低。需要指出，葡萄糖溶液的黏度随温度的升高而增大。根据产品特点，选择性使用不同黏度的糖。

思考：为什么清凉型的饮料生产选用蔗糖，而果汁、糖浆等则选用淀粉糖浆？

五、 单糖的化学反应

单糖是多羟基醛或多羟基酮，具有醇羟基、醛基及羰基的一般化学性质，例如，醇羟基的酯化、成醚、缩醛反应，醛基的氧化及羰基的反应等，也有在食品或食品原料中发生的特殊的化学反应。

1. 美拉德反应

美拉德（Maillard）反应，又称羰氨反应，最初由法国化学家美拉德（L. C.

Maillard）于1912年在将甘氨酸与葡萄糖的混合液共热时发现的，故以他的名字命名。美拉德反应指含羰基化合物（如糖分子）与含氨基化合物（如蛋白质等）通过缩合、聚合而生成类黑色素的反应。由于此类反应的产物是棕色缩合物，所以该反应又称为褐变反应，这种褐变不是由酶催化的，所以属于非酶褐变。

美拉德反应——教学视频

几乎所有的食品或食品原料内均含有羰基类物质和氨基类物质，因此均可能发生美拉德反应。在食品加工中由美拉德反应引起食品颜色加深的现象比较普遍，如红烧肉、黄豆酱和鸡蛋粉等食品。

（1）美拉德反应过程　美拉德反应是食品的加热、长期贮存后发生褐变的主要原因，其反应过程非常复杂。该反应过程可分为初期、中期和末期3个阶段，每个阶段又分为若干反应。到目前为止，美拉德反应中还有许多反应的细节问题没有搞清楚。

美拉德反应及应用——动画视频

（2）影响美拉德反应的因素

①羰基化合物的影响：还原糖的美拉德反应速度相差近10倍，如五碳糖（核糖>阿拉伯糖>木糖）>六碳糖（半乳糖>甘露糖>葡萄糖）；二糖或多聚糖由于分子质量增大反应的活性迅速降低。

食品中其他羰基类化合物，最容易发生美拉德反应的是α、β不饱和醛类（如2-己烯醛）；其次是α-双羰基化合物；酮类的反应速度最慢（如还原酮类的抗坏血酸分子易被氧化成为α-双羰基化合物）。

美拉德反应影响因素——教学视频

②氨基化合物的影响：氨基类化合物除氨基酸外，胺类、蛋白质、肽类也具有一定的反应活性。褐变反应速度比较结果是胺类>氨基酸；碱性氨基酸>中性/酸性氨基酸；ε-氨基（或碳链末端）的氨基酸>α-氨基的氨基酸；蛋白质的褐变速度也十分缓慢。

③pH的影响：美拉德反应在酸、碱环境中均能发生，但pH 3以上及碱性条件有利于美拉德反应的进行，而酸性环境，特别是pH 3以下可以有效地防止褐变反应的发生。

思考：为何泡菜类高酸性食品不易褐变？

④反应物浓度、含水及含脂肪量的影响：美拉德反应与反应物浓度成正比；完全干燥的情况下美拉德反应难以发生，含水量在10%~15%时容易发生；脂肪含量特别是不饱和脂肪酸含量高的脂类化合物含量增加时，美拉德反应容易发生。

应用

生产干蛋粉时，蛋粉干燥前加酸降低 pH，而在蛋粉复原时，要加碳酸钠来恢复 pH，从而有效抑制蛋粉褐变。

⑤温度：贮藏或加工温度对美拉德反应的影响很大，温度相差 10℃，褐变的速度相差 3 倍，一般在 30℃以上褐变较快，而在 20℃以下褐变较慢。不需要褐变的食品，在加工和贮存时以低温为宜，如将食品置于 10℃以下冷藏，可较好地防止褐变。

应用

提高酿造酱油的发酵温度，酱油颜色加深；温度每提高 5℃，着色度提高 35.6%。

⑥金属离子：许多金属离子可以促进美拉德反应的发生，特别是过渡金属离子，如铁离子（$Fe^{2+}>Fe^{3+}$）、铜离子等，在食品加工处理过程中避免这些金属离子的混入。钠离子对褐变没有影响。

应用　美拉德（Maillard）反应

美拉德反应在炭烧酸奶制作中的应用

①产生香气和色泽：美拉德反应能产生人们所需要或不需要的香气和色泽，如茶叶的制作，可可豆、咖啡的烘焙，酱油的后期加热等；还原糖与牛乳蛋白质反应时，可以产生乳脂糖及奶糖的风味。在板栗、鱿鱼的生产、贮藏，焦香糖果生产、奶制品加工与贮藏中、果蔬饮料生产中却要有效地抑制美拉德反应，避免产生不受欢迎的颜色。

②降低营养价值：还原糖同蛋白质部分肽段上的氨基酸相互结合，特别是必需氨基酸 L-赖氨酸所受影响最大（赖氨酸含有 ε-氨基，即使存在于蛋白质分子中也能参与美拉德反应），在赖氨酸和组氨酸的侧链中也都含有能参与美拉德反应的含氮基团。蛋白质与糖结合，结合产物不易被酶利用，营养成分不易被消化。

③抗氧化性的产生；美拉德反应产生的褐变色素中生成醛、酮等还原性中间产物，它们对油脂类自动氧化表现出抗氧化性。

④产生有毒物质：美拉德反应中会产生醛、酮等还原性中间产物，含量达到一定值会影响身体健康。

2. 焦糖化反应

糖尤其是单糖在没有氨基化合物存在的情况下，加热到熔点以上（一般为 140~170℃）时，会因发生脱水、降解等过程而产生褐变反应，这种反应称为焦糖化反应（Caramelization）。

糖在强热条件下生成两类物质，一类是糖的脱水产物，即焦糖或酱色（Caramel）；另一类是裂解产物，即一些挥发性的醛、酮类物质，它们能够进一步缩合、聚合，最终形成深色物质。这些反应在酸性、碱性条件下均可进行，其中，碱性条件下反应速度更快。

（1）形成焦糖　在无水条件下，加热糖或者高浓度的糖液用稀酸处理，能发生焦糖化反应。由葡萄糖能生成右旋光性的葡萄糖酐（1，2-脱水-α-D-葡萄糖）和左旋光性的葡萄糖酐（1，6-脱水-α-D 葡萄糖），两者的比旋光度分别为+69°和-67°，酵母菌只能发酵前者（用于区别两种糖反应产物）。同样条件下，果糖形成果糖酐（2，3-脱水-β-D-吡喃果糖）。在食品工业中，利用蔗糖形成焦糖色素分为 3 个阶段。

①初始反应：蔗糖熔融，加热到 200℃时，经过 35min 起泡，蔗糖同时发生水解和脱水两种反应，并迅即进行脱水产物的二聚合作用，产物为失去 1 分子水的蔗糖，称为异蔗糖酐（无甜味且有温和的苦味）。

②二次起泡：异蔗糖酐生成后，起泡暂停。当继续加热会再次发生起泡现象，持续时间约为 55min，此期间失水量达 9%，形成焦糖酐，焦糖酐的熔点为 138℃，能溶于水及乙醇，味苦。

③脱水形成焦糖稀：焦糖稀的熔点为 154℃，可溶于水。继续加热则生成高分子质量的深色物质，称为焦糖素（Caramelin）。这些色素的聚合分子结构目前还不十分清楚，但可以肯定有羰基、羧基、羟基和酚羟基等官能团的存在。

应用

pH 为 4~5 的饮料中使用等电点 pH 为 4.6 的焦糖，饮料就会凝聚、浑浊甚至出现沉淀。

焦糖表现为胶态，等电点在 pH 3.0~6.9，随制造方法的不同，等电点 pH 也可能更低。磷酸盐、无机酸、碱、柠檬酸、延胡索酸、酒石酸、苹果酸等对焦糖的形成有催化作用。

（2）形成糠醛和其他醛。糖在强热下的另一类变化是发生裂解脱水，生成一些醛类性质的活泼物质，也称为活性醛。如在酸性条件下加热，单糖脱水形成糠醛或糠醛类物质，经聚合或与胺类反应，生成深色色素；在碱性条件下加热单糖通过互变异构生成烯醇糖后，再断裂生成甲醛、五碳糖、乙醇糖、四碳糖、甘油醛、丙酮醛等，同样经过复杂缩合、聚合反应或发生羰氨反应生成黑褐色的物质。

应用　商品焦糖色素

（1）耐酸焦糖色素　蔗糖在亚硫酸氢铵催化下加热形成，其水溶液 pH 为 2~4.5。含有负电荷的胶体离子；常用于可乐饮料、其他酸性饮料、焙烤食品、糖浆等产品的生产。

（2）糖与铵盐加热所得色素　红棕色，含有带正电荷的胶体离子，水溶液 pH 为 4.2~4.8；用于焙烤食品、糖浆、布丁等的生产。

（3）蔗糖直接加热所得色素　红棕色，含有略带负电荷的胶体离子，水溶液的 pH 为 3~4；用于酒和其他含醇饮料的生产。

单糖的熔点不同，焦糖化作用的速度也不同。例如，葡萄糖的熔点为 146℃，麦芽糖的熔点为 103℃，果糖的熔点为 95℃，由果糖引起的焦糖化反应最快。焦糖化作用控制得当，焙烤、油炸等产品会有悦人的色泽与风味。

蔗糖最常用于制造焦糖色素和风味物质，通过催化剂加速反应，控制反应产物为不同类型的焦糖色素。

3. 与碱的作用

碱性溶液中糖的稳定性与温度关系密切，温度较低时单糖相当稳定，但随着温度升高，会很快发生异构化和分解反应。当然，反应进行的程度和产物的比例还受其他因素的影响，如糖的种类和结构、碱的种类和浓度、作用的时间等。

（1）异构化反应　葡萄糖用稀碱液处理时，会部分转变为甘露糖和果糖，成为复杂的混合物。用稀碱处理 D-果糖或 D-甘露糖，也能得到相同的平衡混合物。

（2）分解反应与糖精酸的生成　单糖与浓碱作用时，糖分解产生较小分子的糖酸、醇和醛类化合物。例如，己糖受碱作用，先发生连续烯醇化，然后，在氧化剂作用下从双键处裂开，生成含 1、2、3、4 和 5 个碳原子的分解产物。

在浓碱环境中，糖除了分解外，随着碱浓度的增加或加热时间的延长，糖还会发生分子内氧化与重排作用生成羧酸，此酸的总组成与原来糖的组成相似，称为糖精酸类化合物。糖精酸有多种异构体，因碱浓度不同而异。

应用　鉴定酮糖、醛糖

在浓盐酸存在下与间苯二酚共热，酮糖能生成红色物质，醛糖只会产生很浅的颜色，此鉴定称为西里瓦诺夫试验（Sellwaneffs' test）。

（3）与酸的作用　微弱的酸度就能促进单糖 α-和 β-异构体的转化，在室温下，稀酸对糖的稳定性无影响，但在较高温度下，能发生复合反应生成低聚糖。

糖和强酸共热，脱水生成糠醛。例如，戊糖生成糠醛，己糖生成 5-羟甲基糠醛，己糖较己醛糖更易发生反应，糠醛与 5-羟甲基糠醛都能与某些酚类作用生成有色的缩合物，利用这个性质能够鉴定糖类。

糖的脱水反应与 pH 有关。经验表明，在 pH 为 3.0 时，5-羟甲基糠醛的生成量和有色物质的生成量都低，同时有色物质的生成随反应时间和浓度的增加而增高。

（4）糖的氧化与还原反应　单糖含有游离醛基或酮基，在稀碱溶液中酮基又能异构为醛基，既可被氧化成酸，又可被还原为醇。

①在弱氧化剂（如多伦试剂、费林试剂）中，单糖可被氧化成糖酸。

②在溴水中，醛糖中醛基被氧化成羧基而生成糖酸，在加热时很易失水而得到γ-和δ-内酯，例如，D-葡萄糖酸和D-葡萄糖酸-δ-内酯（GDL）。GDL是一种温和的酸味剂，适用于肉制品与乳制品，特别在焙烤食品中可以作为膨松剂的组分；葡萄糖酸与钙离子生成葡萄糖酸钙，是口服补钙制剂。

应用　区别酮糖、醛糖

加入溴水后稍加热，醛糖中溴水的棕色即可褪去，酮糖则不被氧化。

③用浓硝酸氧化时，单糖的醛基和伯醇基都能被氧化，生成具有相同碳原子数的二元酸。酮糖在强氧化剂作用下，酮基裂解，生成草酸和酒石酸；单糖与强氧化剂反应，能完全被氧化生成二氧化碳和水。

应用　鉴定半乳糖、其他己醛糖

半乳糖氧化后生成半乳糖二酸，不溶于酸性溶液，而其他己醛糖氧化后生成的二元酸都能溶于酸性溶液。

④葡萄糖在氧化酶的作用下，可以保持醛基不被氧化，只有第六号碳原子上的伯醇基被氧化生成羰基而形成葡萄糖醛酸。后者能与人体中的某些有毒物质结合形成苷类并随尿排出体外，从而起到解毒作用；人体内过多的激素和芳香物质也能与葡萄糖醛酸生成苷类从体内排出。

⑤单糖被还原成相应的糖醇。例如，葡萄糖被还原成D-葡萄糖醇，又称山梨醇；D-甘露糖或D-果糖经还原可得到甘露糖醇；木糖经还原可得到木糖醇。糖醇主要用于食品和医药加工业，山梨糖醇的甜度为蔗糖的50%，可添加到糖果、糕点、香烟、调味品及化妆品中延长保质期或作为保湿剂；木糖醇的甜度为蔗糖的70%，可替代蔗糖作为糖尿病患者的疗效食品或抗龋齿的胶姆糖甜味剂。

任务二　马铃薯淀粉的提取与水解

任务要求

1. 掌握提取马铃薯中淀粉的方法。
2. 熟悉检测淀粉水解程度。
3. 了解淀粉遇碘的特征反应。

知识贮备

1. 淀粉的分布与性质

淀粉广泛分布于植物界，在谷类、颗粒、种子、块茎中含量丰富。食品、制药等工业原料淀粉主要从玉米、甘薯、马铃薯中提取。以马铃薯或甘薯为原料，利用淀粉不溶于水或难溶于水的性质提取淀粉，用乙醚乙醇洗涤，除去粗制淀粉中的色素、可溶性糖及其他非淀粉物质。

淀粉性质验证
——教学视频

碘被直链淀粉吸附形成复合物，呈蓝色。该复合物不稳定，易被乙醇、氢氧化钠和热等作用褪色；其他多糖大多也能与碘呈特异的颜色，这些呈色物质不稳定。

2. 淀粉水解

淀粉在酸催化下加热，能逐步水解成相对分子质量较小的低聚糖，最终产物为葡萄糖。与碘特征反应如表 2-5 所示。

表 2-5　淀粉水解过程及碘特征反应

水解程度	淀粉→	蓝色糊精→	紫色糊精→	红色糊精→	无色糊精→	麦芽糖→	葡萄糖
分子式	$(C_6H_{10}O_5)_m$					$C_{12}H_{22}O_{11}$	$C_6H_{12}O_6$
碘特征反应	蓝色	蓝色	紫色	红色	无色	无色	无色

根据淀粉水解液和碘液反应的颜色，判断水解进行的程度是否完全。任务中采用酸水解的方法，加入过量的酸保证水解完全。淀粉完全水解后，失去与碘的呈色特征，同时出现遇班氏试剂（硫酸铜的碱性溶液）中铜离子还原为砖红色 Cu_2O 沉淀——单糖还原性特征。

任务实施

1. 任务分组

学生依据任务工作要求和任务具体内容，并结合自身兴趣爱好和对任务了解的基本情况自由组合，2~3 人为一组，开展任务实施。

2. 材料准备

（1）仪器　组织捣碎机、天平、表面皿、布氏漏斗、抽滤瓶、白瓷板、胶头滴管、水浴锅。

（2）材料　马铃薯或甘薯。

（3）试剂

①10%（体积分数）乙醇溶液：量取 10mL 无水乙醇，加纯净水稀释，摇匀，定容至 100mL 容量瓶中。

②1g/L 淀粉溶液：称取直链淀粉 1g，加少量水，调匀，倾入沸水，边加边搅，

并以热水稀释至1000mL，可加数滴甲苯防腐。

③稀碘液：配制20g/L碘化钾溶液，加入适量碘，使溶液呈淡棕黄色即可。

④2.50mol/L NaOH溶液：NaOH固体10g，溶于蒸馏水中并稀释至100mL。

⑤班氏试剂：溶解85g柠檬酸钠及50g无水碳酸钠于400mL水中，另溶8.5g硫酸铜于50mL热水中。将冷却后的硫酸铜溶液缓缓倾入柠檬酸钠-碳酸钠溶液中（本试剂能长期使用，如果出现沉淀，可取其上层清液使用）。

⑥2.37mol/L硫酸溶液：量取蒸馏水50mL于100mL烧杯中，加入浓硫酸12.60mL，混匀，冷却后定容至100mL。

⑦100g/L碳酸钠溶液：称取无水碳酸钠10g溶于水，稀释至100mL。

⑧10%（体积分数）乙醚溶液：量取10mL乙醚，加纯净水稀释，摇匀，定容至100mL容量瓶中。

⑨乙醚。

⑩无水乙醇。

3. 实施步骤

原料→淀粉提取→淀粉定性鉴定→淀粉水解验证→实验现象与数据记录→结论分析

4. 实施要点

（1）淀粉提取

①将马铃薯（或甘薯）用清水洗净后，去皮，切成5~10mm大小的颗粒。称取300g，放入组织捣碎机中，加适量水捣碎。用四层纱布过滤除去粗颗粒，滤液盛入大烧杯中。

淀粉的提取
——操作视频

②用玻璃棒将烧杯中的粗制淀粉滤液搅拌均匀，转移至漏斗中，用50mL乙醚分两次洗涤，再用100mL 10%的乙醚洗涤2~3次，最后用蒸馏水洗涤淀粉2~3次，得湿淀粉。

③将滤纸上的湿淀粉转移到表面皿上，摊开，在空气中干燥，磨碎过筛，即得干淀粉。

（2）淀粉遇碘的特征反应

①取少量自制淀粉于白瓷板上，加1~3滴稀碘液，观察淀粉与碘液特征反应的颜色。

②取试管一支，加入0.1g/100mL淀粉溶液5mL，再加上两滴稀碘液，摇匀后，观察颜色是否变化。将管内液体均分成3份于三支试管中，编号1、2、3。1号管在酒精灯上加热，观察颜色是否褪去，冷却后，观察颜色变化。2号管加入无水乙醇几滴，观察颜色变化，如无变化，可多加几滴。3号管加入2.50mol/L NaOH溶液几滴，观察颜色变化。

（3）淀粉水解程度检验

在一个小烧杯内加自制的 0.1g/100mL 淀粉溶液 50mL 及 20mL/100mL 硫酸 1mL，于水浴锅中加热煮沸，每隔 3 分钟取出反应液 2 滴，置于事先加入稀碘液的白瓷板上检验，待反应液与碘液无特征反应发生时，取 1mL 此液置于试管内，用 10g/100mL 碳酸钠溶液中和至呈碱性（pH 试纸检验后），加入 2mL 班氏试剂，加热，记录观察到的现象。

淀粉的水解特性
——操作视频

5. 实验记录与分析

（1）淀粉提取（表 2-6）

表 2-6　　淀粉提取实验数据记录表

样品组号	样品名称	样品质量	淀粉质量	得率/（%）
1				
2				
3				

注：得率$=m_{淀粉}/m_{样品}\times100\%$

（2）淀粉遇碘的特征反应（表 2-7）

表 2-7　　淀粉遇碘的特征反应实验数据记录表

样品组号	实验现象	结论分析	备注

（3）淀粉水解程度检验（表 2-8）

表 2-8　　淀粉水解程度检验实验数据记录表

实验时间	实验现象	结论分析	备注

6. 相关提示

（1）乙醚室温下极易挥发，其蒸气密度大于空气，易燃。因此，实验时需在通风橱或通风良好的情况下，且避免明火。

（2）严格遵守浓硫酸作用安全操作规程。

（3）检验淀粉水解程度所用滴管，吸取水解液检验后须洗净以便下一次使用（不能残留水解液）。

考核要点

（扫二维码可获得详细考核信息）

1. 准确快速配制所用试剂。
2. 正确使用布氏抽滤装置。
3. 会控制水浴锅进行水浴加热。
4. 及时准确记录数据、现象及分析得出结论。

马铃薯淀粉的提取与水解考核要点

思考题

1. 如何用化学方法区别葡萄糖与淀粉？
2. 为什么利用稀碘液能定性地了解淀粉水解进行的程度？

相关知识

多糖的性质与应用——教学视频

一、食品糖类的性能

糖类化合物是食品工业的主要原料，也是大多数食品的重要组成成分，具有不可替代的生理功能和加工性能。

1. 食品中的糖类化合物

（1）谷物中的游离糖类　谷物中游离单糖及多糖含量很低，如大米 0.19%~0.2%、小麦 0.1%~2.4%、大豆 0.1%、玉米 0.6%~0.9%、鲜嫩荚青豆 2.3%、鲜青豌豆 0.55%.

（2）蔬菜中单糖和蔗糖的含量（表 2-9）

表 2-9　蔬菜中的葡萄糖、果糖和蔗糖的含量　单位:%（质量分数）

名称	D-葡萄糖	D-果糖	蔗糖
甜菜	0.18	0.16	6.11
胡萝卜	0.85	0.85	4.24
黄瓜	0.86	0.86	低
菠菜	0.09	0.04	低
洋葱	2.07	1.09	低
甜玉米	0.34	0.31	3.03
甘薯	0.33	0.30	3.07

（3）水果中单糖和二糖的含量（表 2-10）

表 2-10　　水果中葡萄糖、果糖和蔗糖的含量　　单位：%（质量分数）

名称	D-葡萄糖	D-果糖	蔗糖
苹果	1.17	6.04	3.78
葡萄	6.68	7.84	2.25
桃	0.91	1.18	6.92
梨	0.95	6.77	1.61
樱桃	6.49	7.38	0.22
香蕉	6.04	2.01	10.03
西瓜	0.74	3.42	3.11
番茄	1.52	1.51	0.12
蜜橘	1.50	1.10	6.01

2. 糖的主要生理功能

（1）构成机体的重要物质　糖是构成机体的重要物质，并参与细胞的许多生命活动。糖可与脂类形成糖脂，是构成神经组织与细胞膜的成分；糖还可以与蛋白质结合成糖蛋白及黏蛋白。其中，糖蛋白是一些具有重要生理功能的物质，如某些抗体、酶和激素的组成部分；黏蛋白是大多数凝胶状分泌物的关键组成部分，提供润滑、细胞信号通路及化学屏障的功能。纤维素、半纤维素、木质素是植物细胞壁的主要成分；肽聚糖是细菌细胞壁的主要成分；核糖和脱氧核糖是核酸的重要组成成分。

（2）提供能量　糖的主要功能是提供热能。植物淀粉和动物糖原都是能量的贮存形式。每克葡萄糖在人体内氧化产生 4.17kJ 能量，相当于 1g 蛋白质提供的热量和 0.44g 脂肪提供的热量。人体所需的 70%左右的能量由糖提供。它与脂肪、蛋白质相比更为经济和丰富。糖是人和动物体主要的供能物质。

（3）维持神经系统的功能与解毒　机体大多数体细胞都可由脂肪和蛋白质代替糖作为能源，但脑神经组织需要葡萄糖作为能源，血、脑中缺葡萄糖将引起不良反应。另外，机体肝糖原丰富则对某些细菌毒素抵抗能力增强。动物实验显示，肝糖原不足则对酒精、砷等毒素解毒作用下降，葡萄糖醛酸是葡萄糖的代谢产物，它对某些药物如吗啡、水杨酸、磺胺类药物有解毒作用。

（4）抗生酮作用　脂肪在体内的正常代谢需要糖的参与。糖不足，脂肪氧化不完全，会产生过量的酮体，导致酮血症，充足的糖具有抗生酮作用。

（5）节约蛋白质作用　当机体的糖供给充足时，可免于蛋白质作为能源物质而过多的消耗，有利于发挥蛋白质特有的生理功能，这种生理作用称为糖对蛋白质的保护。

（6）细胞间识别和生物分子间的识别　细胞膜表面糖蛋白的寡糖链参与细胞间的识别，一些细胞的细胞膜表面含有糖分子或寡糖链，构成细胞的天线，参与细胞通信，红细胞表面A、B、O血型决定簇含有岩藻糖。

3. 糖主要的加工性能

在食品加工工艺中，糖的性能主要表现在以下几个方面。

（1）亲水性能　糖含有许多亲水性羟基，羟基靠氢键结合与水分子相互作用，使糖及其聚合物发生溶剂化或者增溶。

糖类化合物结合水的能力和控制食品中水分活度是最重要的功能性质之一，结合水的能力通常称为保湿性，根据这些性质可以确定不同种类食品是需要限制从外界吸入水分或是控制食品中水分的损失，如生产糖霜粉时需添加不易吸收水分的糖，生产蜜饯，焙烤食品需添加吸湿性较强的淀粉糖浆、转化糖、糖醇等。

（2）风味前体功能　低分子质量糖类化合物的甜味是最容易辨别和令人喜爱的性质之一，蜂蜜和大多数果实的甜味主要取决于蔗糖、D-果糖、D-葡萄糖的含量。

人能感受到的甜味因糖的组成、构型和物理形态而异，自然界中还存在少量只有较高甜味的糖苷如甜菊苷、甜菊双糖苷、甘草甜素等，一些多糖水解后的产物可作为甜味剂，如淀粉水解的产物（淀粉糖浆、麦芽糖浆、果葡糖浆、葡萄糖等）。一些糖的非酶褐变反应除了产生深颜色类黑精色素外，还生成多种挥发性风味物。

当产生的挥发性和刺激性产物超过一定范围时，也会使人产生厌恶感。

（3）风味结合功能　通过喷雾或冷冻干燥后脱水的食品，糖在脱水过程中对于保持食品的色泽和挥发性风味成分起着重要作用，它可以使糖水的相互作用转变成糖风味剂的相互作用。

糖-水+风味剂⟶糖-风味剂+水

食品中的双糖比单糖更有效地保留挥发性风味成分，双糖和相对分子质量较大的低聚糖是有效的风味结合剂。例如，环糊精因能形成包合结构，所以能有效地截留风味剂和其他小分子化合物。

（4）调节食品风味　糖能发生焦糖化反应和美拉德反应，反应的产物富有特殊的风味和颜色。

应用一　生成风味物质

面包香味：亮氨酸与葡萄糖在高温下反应产生。

烤猪肉香味：核糖和半胱氨酸。

烤牛肉香味：核糖和谷胱甘肽。

葡萄糖和氨基酸100℃时产生的焦糖香味。

应用二　产生色泽

焙烤面包的金黄色、烤肉的棕红色、松花皮蛋蛋清的茶褐色、熏蒸产生的棕褐色、啤酒的黄褐色、酱油和陈醋的褐黑色。

（5）增稠、胶凝和稳定作用　多糖（亲水胶体或胶）主要具有增稠和胶凝的功能，此外，还能控制流体食品与饮料的流动性质与质构特性以及改变半固体食品的变形性等。在食品生产中，一般使用质量分数0.24%~0.50%的果胶即能产生极大的黏度甚至形成凝胶。

果胶广泛存在于植物中，尤以水果、蔬菜中含量较多，果胶物质存在于植物细胞的细胞壁和包间层中，起着将细胞黏在一起的作用。

原果胶是未成熟的果实、蔬菜中高度甲酯化且不溶于水的果胶，它使果实、蔬菜具有较硬的质地。果胶酯酸是甲酯化程度不太高的果胶，原果胶在原果胶酶和果胶甲酯酶的作用下转变成果胶酯酸。果胶酯酸因聚合度和甲酯化程度的不同可以是胶体形式或水溶性的，水溶性果胶酯酸又称为低甲氧基果胶，果胶酯酸在果胶甲酯酶的持续作用下，甲酯基可全部脱去，形成果胶酸。

果胶能形成具有弹性的凝胶，凝胶加热至温度接近100℃时仍保持其特性，果胶的凝胶作用不仅与其浓度有关，而且因果胶的种类而异，普通果胶在质量分数1%时可形成很好的凝胶。低酯化度果胶在没有糖存在时也能形成稳定的果胶，但必须有二价金属离子的存在。例如，钙离子在果胶分子间形成交联键，随着Ca^{2+}浓度的增加，胶凝温度和凝胶强度也增加，这种凝胶为热可塑性凝胶，常用来加工不含糖或低糖营养果酱或果冻。低甲氧基果胶对pH的变化没有普通果胶那样敏感，在pH 2.5~6.5可以形成凝胶，而普通果胶只能在pH 2.7~3.5形成凝胶，最适pH为3.2。虽然低甲氧基果胶不添加糖也能形成凝胶，但加入10%~20%的蔗糖可明显改善凝胶的质地。低甲基果胶凝胶中如果不添加糖或增塑剂，则比普通果胶的凝胶更容易脆裂，且弹性小。钙离子对凝胶的硬化作用适用于增加番茄、酸黄瓜罐头的硬度，以及制备含低甲氧基果胶的营养果酱和果冻。

果胶凝胶在受到弱的机械力作用时，会出现可塑性流动，作用力强度增大会使凝胶破碎。

目前，商品果胶主要原料仍然是柑橘类果皮和苹果渣，在pH 1.5~3和温度60~100℃提取，然后通过离子（如Al^{3+}）沉淀纯化，使果胶形成不溶于水的果胶盐，沉淀用酸性乙醇洗涤以除去添加的离子。另外，果胶平均含量柠檬皮高达35.5%，橘皮为25%，葡萄皮中平均含量达20%。

果胶常用于制作果酱和果冻的胶凝剂，生产酸奶的水果基质，以及饮料和冰淇淋的稳定剂与增稠剂。

应用　果胶加工

果冻的冻胶态，果酱、果泥的黏稠度，果丹皮的凝固态，都是依赖果胶的胶凝作用来实现的。水果中山楂的果胶含量最高。因此，山楂是生产果糕、果冻、果酱的最好原料，山楂中所含的果胶是高甲氧基果胶（甲氧基含量在7%以上），容易形成凝胶。高甲氧基果胶形成凝胶的条件是pH 2～3.5，最适pH 3.1；含糖量达50%；温度50℃以下；生产果糕、果冻、果酱时要创造这样的条件，才能生产出优质的产品。

由柠檬皮制得的果胶最易分离，质量最高。

二、食品中重要的低聚糖及性质

（一）食品中低聚糖的性质

1. 褐变反应

低聚糖发生褐变的程度，尤其是参与美拉德反应的程度相对单糖较小。

2. 黏度

糖浆的黏度特性对食品加工具有重要的指导意义。蔗糖的黏度比单糖高，低聚糖的黏度多数比蔗糖高，在一定黏度范围内能使由糖浆熬煮而成的糖膏具有可塑性，能够适合糖果工艺中的拉条和成型的需要。在搅拌蛋糕蛋白时，加入熬好的糖浆，利用其黏度来包裹稳定蛋白中的气泡。

低聚糖的性质与应用——教学视频

3. 抗氧化性

同样，氧气在低聚糖溶液中的溶解度也大为减少，使其具有抗氧化性（20℃时，60%蔗糖溶液中，氧气溶解度仅为纯水的1/6）。在食品加工业中，糖液用于延缓糕饼中油脂的氧化酸败，也可用于防止果蔬氧化，阻隔水果与大气中氧气的接触，使氧化作用大为降低，同时借防止水果挥发性脂类的损失。若在糖液中加入少许抗坏血酸和柠檬酸则可以增强其抗氧化效果。

4. 渗透压

高浓度的低聚糖具有较高的渗透压，在食品加工中用来降低食品的水分活度，抑制微生物生长繁殖，提高食品的贮藏性并改善风味。

5. 发酵性

酵母菌能使葡萄糖、果糖、蔗糖、甘露糖等发酵生成酒精，同时产生二氧化碳，这是酿酒及面包疏松的基础。多数酵母菌发酵糖的顺序为：葡萄糖>果糖>蔗糖>麦芽糖。

乳酸菌可以发酵以上糖类，还可发酵乳糖产生乳酸。不过，多数低聚糖不能直接被酵母菌和乳酸菌发酵，要在水解产生单糖后才能被发酵。

应用　蔗糖被替代的缘由

蔗糖具有发酵性，在某些食品加工中，能被微生物发酵而使其生长繁殖，引起食品变质或汤汁发生浑浊现象。

6. 吸湿性、保温性和结晶性

低聚糖多数吸湿性较小，可用于硬糖、酥性饼干的甜味剂或糖衣材料。

蔗糖易结晶，且颗粒粗大，但在淀粉糖浆（葡萄糖、低聚糖和糊精的混合物）中不可结晶。可以应用糖结晶性质上的差别指导糖果生产。例如，生产硬糖不单独使用蔗糖，否则，当熬煮到水分小于3%时冷却不下来，会出现蔗糖结晶破裂而得不到透明坚韧的产品；如果添加适量的淀粉糖浆（DE 值 42，不含果糖，吸湿性较小），增加糖果的黏性、韧性和强度，不易破裂，保存性也大为增强。

蜜饯生产若使用高浓度蔗糖，易产生返砂现象，影响外观，防腐效果降低；如果在加工时添加果糖或葡萄糖浆替代蔗糖，则可大大改善产品的品质。

（二）食品中重要的低聚糖

食品加工中最常用的低聚糖是二糖，如蔗糖、麦芽糖、乳糖，称为普遍低聚糖。更多的低聚糖因在机体胃肠道内不被消化吸收而直接进入大肠内优先为双歧杆菌所利用，被称为功能性低聚糖。功能性低聚糖近年来备受业内专家的重视，并被积极开发应用。

1. 蔗糖

蔗糖是重要的甜味剂之一，是食品加工的主要用糖。蔗糖广泛分布于植物的果实、根、茎、叶、花及种子内，尤以甘蔗、甜菜中含量最多。蔗糖是人类需求最大的能量型甜味剂，在营养上起着巨大的作用。但近来发现很多疾病可能与过多摄入蔗糖有关，如龋齿、肥胖症、高血压、糖尿病。

蔗糖是由 1 分子 α-D-葡萄糖与 1 分子 β-D-果糖缩合，通过 1，2-糖苷键连接而成的非还原性二糖（图 2-2）。呈无色结晶，易溶于水，溶解度随温度上升而增加，不溶于乙醇、氯仿、醚等有机溶液。蔗糖具有极大的吸湿性和溶解性，因此，能形成高度浓缩的高渗透压溶液，对微生物有抑制效应。

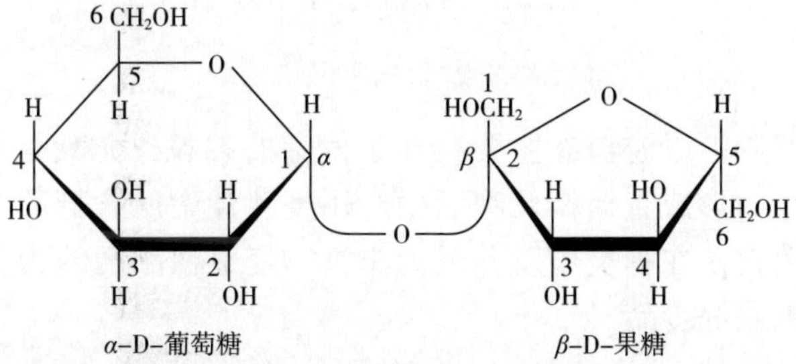

图 2-2　蔗糖的分子结构

蔗糖的比旋光度为+66.5°。在稀酸或者蔗糖酶的作用下，可以水解得到葡萄糖和果糖的等量混合物，该混合物的比旋光度为-19.8°。蔗糖在水解过程中，溶液的旋光度由右旋变为左旋，故将蔗糖的水解作用又称为转化作用。转化作用所生成的等量葡萄糖与果糖的混合物称为转化糖。因为蜜蜂体内有蔗糖酶，所以在蜂蜜中存在转化糖。蔗糖水解后生成葡萄糖和果糖，果糖甜度最大，所以水解产物甜度比蔗糖大。

2. 乳糖

乳糖是哺乳动物乳汁中的主要糖分，牛乳含乳糖4.6%~5.0%，人乳含乳糖5%~7%，乳糖在植物界十分罕见，曾在连翘属的花药中发现过。

乳糖（图2-3）由1分子β-D-半乳糖与1分子α-D-葡萄糖以β-1，4-糖苷键结合而成，其分子结构中具有半缩醛羟基，具有还原性和变旋现象。乳糖的比旋光度为+55.4°。常温下，为白色固体。乳糖溶解度小，甜度仅为蔗糖的1/6，无吸湿性。乳糖在乳酸菌的作用下发酵变成乳酸，可促进婴儿肠道双歧杆菌的生长。

乳糖在乳糖酶的作用下，可水解成D-半乳糖而被人体吸收。研究适应低乳糖酶症人群相关乳制品，改善慢性腹泻症状，为乳品工业又一重要发展方向。

应用　低乳糖酶症

低乳糖酶症是指乳糖酶活性降低，未吸收的乳糖停留在肠腔，引起渗透性腹泻及其他消化道症状。低乳糖酶症在我国小儿和老年人群发生率较高。

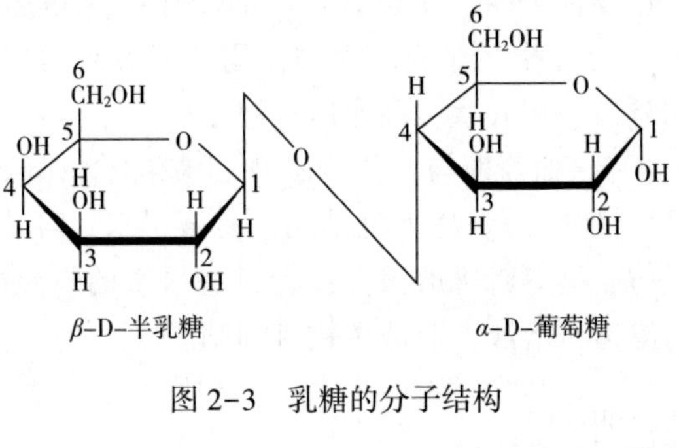

图2-3　乳糖的分子结构

3. 麦芽糖

麦芽糖在自然界中以游离态主要存在于发芽的谷粒，尤其是麦芽中。面团发酵和甘薯蒸烤麦芽糖形成，饴糖及啤酒生产用麦芽汁中所含糖的主要成分都是麦芽糖。麦芽糖易消化，在糖类中营养最为丰富。麦芽糖甜度约为蔗糖的40%，可用于制作糖果、糖浆等食品。

应用　麦芽糖浆

有良好的抗结晶性，在果酱、果冻等食品制造时能防止蔗糖的结晶析出，延长保存期；有良好的发酵性，用于面包、糕点、啤酒制造，延长糕点的淀粉老化。

高麦芽糖浆在糖果生产中可代替酸水解生产的淀粉糖浆，制作口味柔和，甜度适中，产品不易着色，硬糖具有良好的透明度，有较好的抗沙性，可延长保存期。

麦芽糖是由 2 分子葡萄糖通过 α-1，4-糖苷键结合而成的二糖，是淀粉和糖原在 β-淀粉酶作用下的最终水解产物（图 2-4）。麦芽糖易溶于水，具还原性，比旋光度+136°。

麦芽糖浆是经酶法或酸酶结合的方法水解淀粉制成的一种以麦芽糖为主的糖浆，按制法与麦芽糖的含量不同可分为饴糖、高麦芽糖浆和超高麦芽糖浆。麦芽糖浆含大量的糊精，具有良好的抗结晶性；麦芽糖浆具有良好的发酵性，高麦芽糖浆还可替代酸水解生成的淀粉糖浆生产糖果。

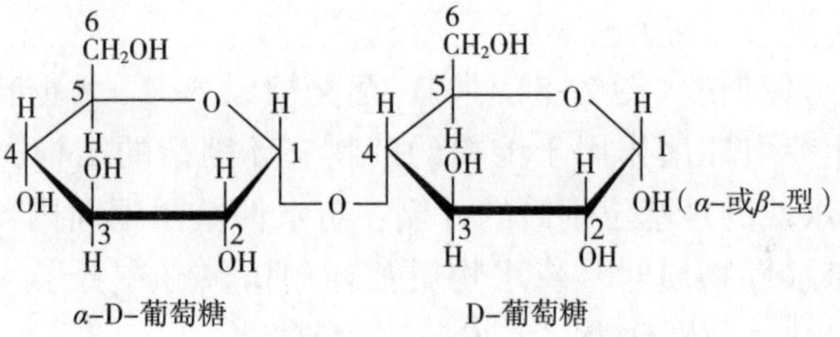

图 2-4　麦芽糖的分子结构

4. 果葡糖浆

果葡糖浆（Fructose，Cornsyrups）又称高果糖浆或异构糖浆，是在酶法糖化淀粉得到糖化液，再经葡萄糖异构酶的异构化，使部分葡萄糖异构成果糖后，主要成分为果糖和葡萄糖混合糖的糖浆。其果糖含量分别为 42%、55%、90%的三代产品，甜度依次为蔗糖的 1.0、1.4、1.7 倍。

应用　新型甜味剂——果葡糖浆

果葡糖浆中含有相当数量的果糖，具有甜度上协同增效、冷甜爽口、高溶解度、高渗透压、吸湿性、保温性与抗结晶性，优越的发酵性与加工贮藏稳定性，显著的褐变反应等，且随果糖增加而更显突出，目前作为蔗糖的替代品在食品加工领域中应用广泛。

5. 其他低聚糖

三糖较常见的有棉籽糖、低聚果糖、低聚木糖、异麦芽酮糖、环糊精、龙胆三糖、水苏糖、麦芽三糖等。

（1）棉籽糖　棉籽糖又称蜜三糖，与水苏糖一起组成大豆低聚糖的主要成分，是除蔗糖外的另一种广泛存在于植物界的低聚糖。棉籽糖的食物来源包括棉籽、甜菜、豆科植物种子、马铃薯、各种谷物粮食、蜂蜜及酵母等。

棉籽糖吸湿性在所有低聚糖中最低，即使在相对湿度为90%的环境中也不吸水结块。棉籽糖是非还原性糖，参与美拉德反应的程度小，热稳定性较好。

（2）低聚果糖　低聚果糖又称寡果糖或蔗果三糖低聚糖，是指蔗糖分子的果糖残基上通过β-1，2糖苷键连接1~3个果糖基而成的蔗果三糖、蔗果四糖及蔗果五糖的混合物。

低聚果糖无还原性，几乎不参与美拉德反应，但它的抑制淀粉回生作用明显而应用于淀粉食品时，效果非常突出。

应用　低聚果糖

存在于菊芋、芦笋、洋葱、番茄、牛蒡、蜂蜜及某些草本植物中，它是低热量值甜味剂，双歧杆菌的增殖因子；作为水溶性膳食纤维，能促进肠胃蠕动和抗龋齿等生理功能。

（3）环糊精　环糊精（图2-5）是D-葡萄糖以α-1，4糖苷键连接而成的环状低聚糖，是软化芽孢杆菌作用于淀粉的产物。环糊精的结构类似一个圆形的空筒（图2-6），亲水性的羟基位于筒的外侧，疏水性基团朝向内侧；当溶液中同时有亲水性物质和疏水性物质时，疏水物质被环糊精包含在分子内部。环糊精的聚和度有6、7、8三种，分别称为α-、β-、γ-环糊精。

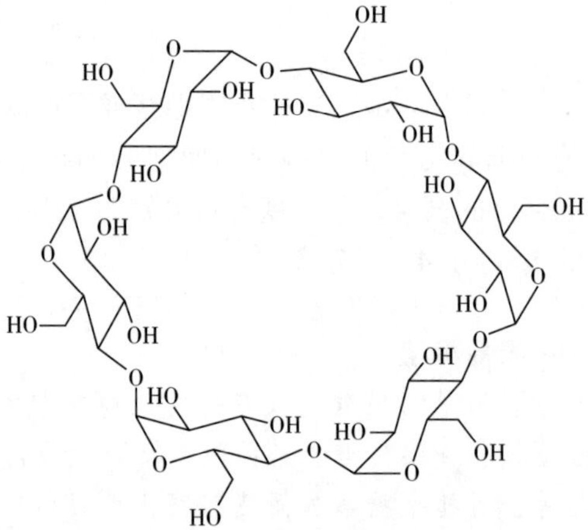

图2-5　环状糊精的平面结构

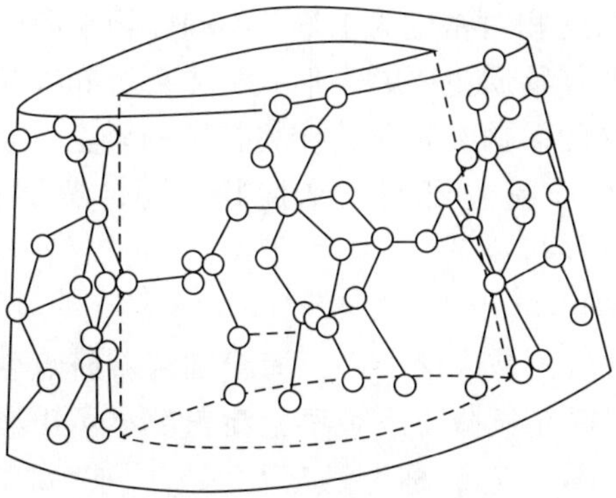

图 2-6　环状糊精的立体结构

（4）低聚木糖　低聚木糖是由 2~7 个木糖以 β-1，4-糖苷键连接而成的低聚糖。其甜度为蔗糖的 50%，甜味特性类似于蔗糖。最大特点是稳定性好，具有独特的耐酸、耐热及不分解性，是使双歧杆菌增殖所需用量最小的低聚糖，此外，它对肠道杆菌群有明显的改善作用，能促进机体对钙的吸收，有抗龋齿作用，在体内不依赖于胰岛素代谢等。

（5）异麦芽酮糖　异麦芽酮糖又称帕拉金糖，没有吸湿性且抗酸水解性强，不为大多数细菌和酵母所发酵利用等，作为甜味剂致龋齿性作用低。

应用　β-环糊精

β-环糊精具有保持挥发性物质长期稳定，对光、热及在空气中不稳定的化合物增加稳定性，改变物质的溶解性及乳化作用等。

①β-环糊精是香气及色素的稳定剂。包含香气物质和色素物质，减少香气的挥发、减少色素与氧的接触和氧化分解，在速溶食品生产中应用很好。

②β-环糊精能改善食品的风味和气味。吸附鱼类、肉类、乳制品、海产品的异味，减少橘子汁中由糖苷引发的苦味和沉淀，在大豆制品生产中消除腥味和苦涩味。

③β-环糊精作乳化剂和起泡促进剂。乳化食用油脂、冰淇淋原料，提高产品的食用品质；与其他表面活性剂共同添加到焙烤食品中，可提高表面活性剂的乳化能力和起泡能力，稳定泡沫。

④β-环糊精保护营养成分。在维生素类营养强化食品中，添加环糊精，可以减少高温对维生素的破坏。

三、　淀粉

淀粉是由多个 α-D-葡萄糖通过糖苷键结合成链状结构的多糖，可用通式

$(C_6H_{10}O_5)_n$ 表示。淀粉的相对密度为 1.6（不同植物来源的淀粉密度有所不同）。淀粉是大部分植物的营养物质主要贮存形式，主要分布在种子、根和茎中。淀粉是唯一以颗粒形式存在的多糖类物质，淀粉粒结构紧密，在冷水中不溶，在热水中可溶胀。我国的商品淀粉主要是玉米淀粉、马铃薯淀粉、小麦淀粉和木薯淀粉。

1. 淀粉的晶体结构

淀粉粒具有一个脐点，是成核中心，淀粉围绕着脐点生长，形成独特的层状结构，称为轮纹，在偏振光显微镜下观察，淀粉粒显示出黑色的十字，将淀粉粒分为四个白色的区域（图 2-7），称为偏光十字，不同来源的淀粉粒，偏光十字的位置、形状和明显程度均有差异，在偏光显微镜下观察，淀粉粒还具有双折射现象，表明淀粉粒具有晶体结构。

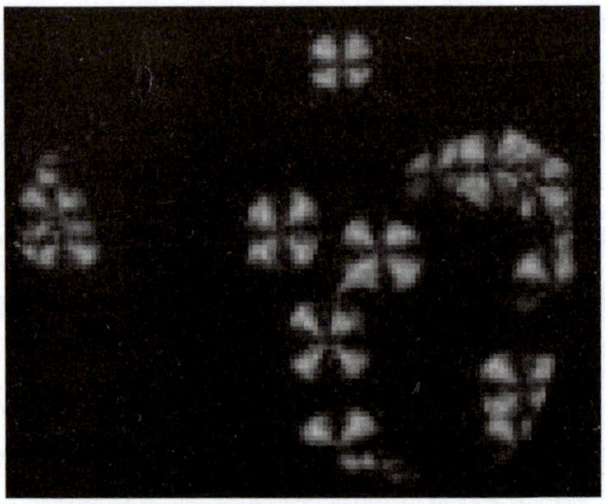

图 2-7　淀粉粒的偏光十字

不同来源的淀粉，其淀粉粒的大小和形状均不同，如图 2-8 所示，从左往右依次为马铃薯、豌豆、小麦、玉米、水稻淀粉粒。基于此，在显微镜下观察可以识别不同淀粉颗粒。一般淀粉粒的晶体结构大约占 60%，其余部分为不定形结构。

2. 淀粉的分类

淀粉颗粒通过氢键缔合形成的结晶结构，其表面比内部结构更紧密、更有秩序，所以不溶于冷水。大多数商品淀粉具有两种结构不同的多糖成分，即直链淀粉和支链淀粉，这两部分的淀粉结构和理化性质都有差别，两者在淀粉中的比例随植物的品种而异，一般直链淀粉占 10%～30%，支链淀粉占 70%～90%。需要指出，糯玉米的淀粉有 99% 为支链淀粉，而豆类淀粉几乎全是直链淀粉。

淀粉的结构
——教学视频

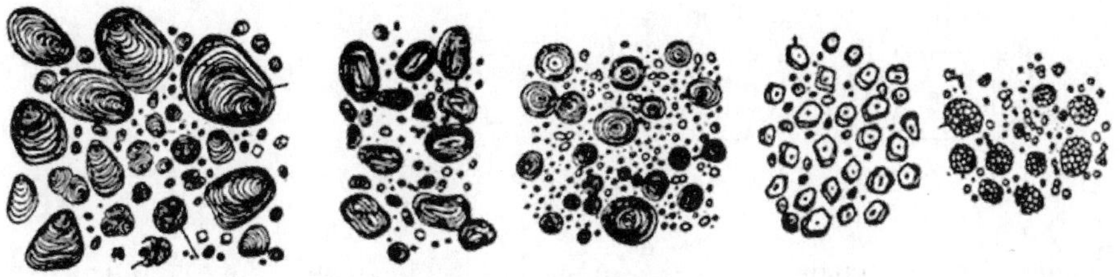

（1）马铃薯淀粉粒　（2）豌豆淀粉粒　（3）小麦淀粉粒　（4）玉米淀粉粒　（5）水稻淀粉粒

图 2-8　淀粉粒的大小与形状

（1）直链淀粉　相对分子质量在 60000 左右，相当于 300~400 个葡萄糖分子缩合而成的淀粉。直链淀粉不是完全伸直的，它的分子通常卷曲呈螺旋形，螺旋一圈有 6 个葡萄糖分子，遇碘显示蓝色。在麦芽糖中的 α-淀粉酶、β-淀粉酶（切断 α-1，4 糖苷键）以及异淀粉酶的共同作用下，可完全水解至麦芽糖。直链淀粉的结构及螺旋形状如图 2-9 所示。

淀粉的结构与分类
——动画视频

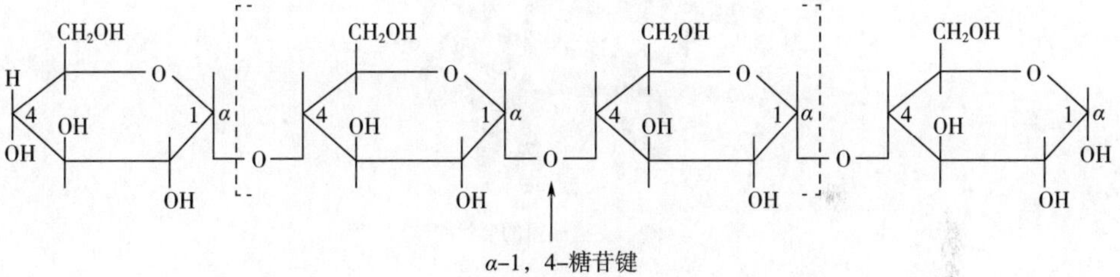

（1）直链淀粉的结构

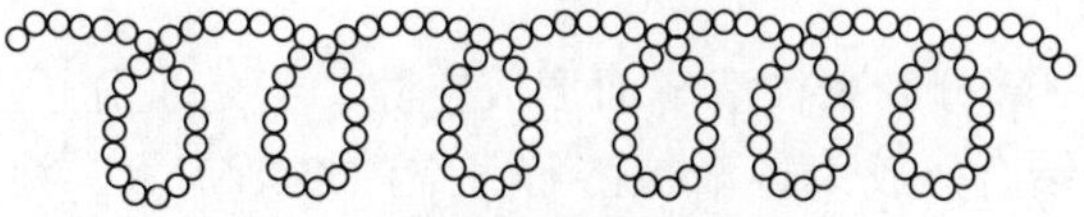

（2）直链淀粉的螺旋形状

图 2-9　直链淀粉的结构与螺旋形状

（2）支链淀粉　相对分子质量非常大，为 50000~1000000。每 24~30 个葡萄糖单位含有一个端基直链，由 α-1，4-糖苷键连接，分支是由 α-1，6-糖苷键连接。支链淀粉至少含有 300 个 α-1，6-糖苷键连接在一起。支链淀粉与碘反应呈紫色或紫红色。支链淀粉的结构与形状如图 2-10 所示。

3. 淀粉的加工性质及应用

（1）淀粉的糊化　生淀粉分子依赖分子间氢键结合而排列得很紧密，形成束状的胶束，彼此之间的间隙很小，水分子很难渗透进去。具有胶束结构的生淀粉称为 β-淀粉。β-淀

认识淀粉的糊化
——教学视频

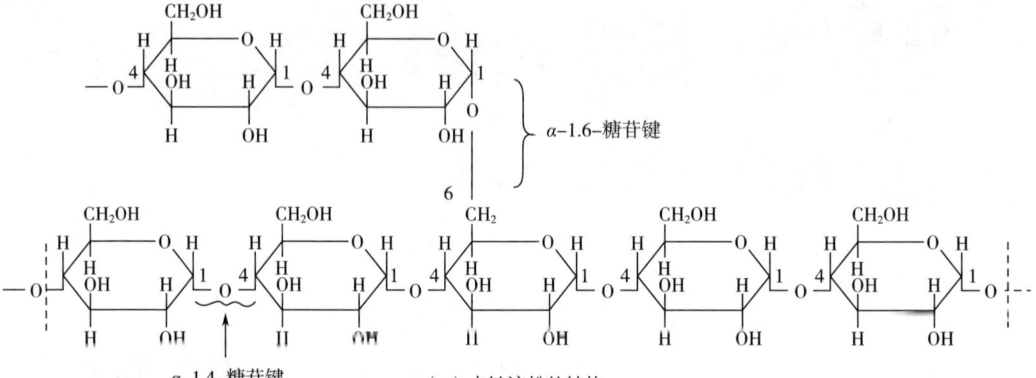

（1）支链淀粉的结构

（2）支链淀粉的形状

图 2-10　支链淀粉的结构与形状

粉在水中经加热后，一部分胶束被溶解而形成空隙，于是水分子进入内部，与余下部分淀粉分子进行结合，胶束逐渐被溶解，空隙逐渐扩大，淀粉粒逐渐吸水，体积膨胀数十倍，生淀粉的胶束即行消失，成为膨润现象。继续加热，胶束则全部崩溃，形成淀粉单分子，并被水包围，而成为溶液状态，即为糊化。

思考：为何淀粉不溶于冷水？生食淀粉食物会有什么问题？

处于糊化状态的淀粉为 α-淀粉。淀粉粒突然膨胀的温度称为糊化温度。各种淀粉糊化的温度不同，即使同一种淀粉由于颗粒大小不一，在较低的温度下糊化，糊化温度也不一致，通常糊化温度可在偏光显微镜下测定，偏光十字和双折射现象开始消失的温度为糊化开始时的温度。未被烹调的淀粉食物是不容易被消化的，因为淀粉颗粒被包在植物细胞壁的内部，消化液难以渗入，烹调的作用就在于使淀粉颗粒糊

淀粉的糊化
——动画视频

化，易于被人体利用。糊化作用可分为以下三个阶段。

①可逆吸水阶段：淀粉吸水很少，进入淀粉粒的水分子主要与无定形部分的羟基结合，其体积膨胀很少；淀粉悬浮液黏度变化不大，若干燥后，其淀粉糊仍可看到偏光十字。

②不可逆吸水阶段：淀粉粒吸收大量的水，体积大幅度增加，黏度增高，成为胶体溶液，此时淀粉粒晶体结构解体，即使经过干燥，淀粉也不能恢复原状。糊化的本质是水分子进入淀粉粒的微晶束结构，淀粉分子的羟基与水分子发生高度水化作用的结构。

③淀粉粒解体阶段：继续膨胀成无定形状，更多的淀粉分子溶于水中。淀粉糊化的难易，除了本身的结构外，还受水分、碱、某些盐类和脂类的影响。

（2）淀粉的老化　经过糊化后的α-淀粉在室温或低于室温下放置后，会变得不透明甚至凝结而沉淀，这种现象称为老化或返生。这是由于糊化后的淀粉分子在低温下又自动排列成序，相邻分子间的氢键又逐步恢复形成致密、高度晶化的淀粉分子微束的缘故。老化过程可看作是糊化的逆过程，但是老化不能使淀粉彻底复原到生淀粉（β-淀粉）的结构状态，它比生淀粉的晶化程度低。

淀粉的老化
——动画视频

思考：有些烹制后的淀粉类食品放置一段时间后，口感、可消化性变差，为什么？

老化后的淀粉与水失去亲和力，并难以被淀粉酶水解，因而也不易被人体消化吸收。淀粉老化作用的控制在食品工业中有重要意义。不同来源的淀粉，老化难易程度不同。这是由于淀粉的老化与所含直链淀粉及支链淀粉的比例有关，一般是直链淀粉较支链淀粉易于老化。直链淀粉较多，老化越快。支链淀粉老化慢的原因是它的结构呈三维网状空间分布，妨碍微晶束氢键的形成。

认识淀粉的老化
——教学视频

淀粉含水量为30%~60%时较易老化，含水量小于10%或在大量水中则不易老化，老化作用最适宜温度为2~4℃，大于60℃或小于-20℃都不发生老化。在偏酸（pH<4）或偏碱性条件下也不易老化。

（3）淀粉的水解　淀粉与水一起加热即可引起分子裂解。当与无机酸一起加热时，可彻底水解成葡萄糖。水解过程分为几个阶段，同时有各种相应的中间产物形成：

淀粉→可溶性淀粉→糊精→麦芽糖→葡萄糖

淀粉酶在一定条件下也会使淀粉水解。根据淀粉酶的种类（α-淀粉、β-淀粉、葡萄糖淀粉酶及异淀粉酶）不同，可

淀粉的水解
——教学视频

将淀粉水解成葡萄糖、麦芽糖、三糖、果葡糖、糊精等成分。工业上，以淀粉为原料生产的糖品统称为淀粉制糖，如麦芽糊精、葡萄糖浆、麦芽糖、果葡糖浆和各种低聚糖；用葡萄糖值表示淀粉水解的程度。

麦芽糊精又称水溶性糊精、酶法糊精，是一种淀粉经低程度水解，控制水解DE值在20%以下的产品，为不同聚合度低聚糖和糊精的混合物。淀粉经不完全水解得葡萄糖和麦芽糖的混合糖浆，称为葡萄糖浆，亦称淀粉糖浆，这类糖浆中含有葡萄糖、麦芽糖以及低聚糖、糊精。

糖浆的组成因水解程度不同或所用的酸、酶工艺不同而不同。糖浆的分类按照转化程度高低可分为高、中、低转化糖浆。糖浆的DE值在20~80。以DE值分界，DE值在30以下的葡萄糖浆为低转化糖浆，55以上的为高转化糖浆，DE值在30~55的为中转化糖浆。工业上，生产历史最久、产量最大的是DE值为42的一类糖浆，以42DE表示，属中转化糖浆，又称普通糖浆或标准糖浆。

（4）淀粉的改性　原淀粉是以各种含淀粉多的农产品原料提取的淀粉，是物理加工过程，获得的淀粉产品保持了天然淀粉的理化性质。淀粉改性是利用物理、化学或酶的手段改变淀粉分子的结构或大小，使淀粉的性质发生改变，改性后的生成物称作变性淀粉。目前，变性淀粉的品种、规格达2000多种，工业上生产的变性淀粉主要有预糊化淀粉、酸变性淀粉、氧化淀粉、双醛淀粉、磷酸酯淀粉、阳离子淀粉等。

淀粉的改性
——动画视频

变性淀粉是普通淀粉的一种深加工产品，各种变性淀粉的性能变化主要体现在淀粉的耐热性、耐酸性、黏度、成糊稳定性、成膜性、吸水性、凝胶以及淀粉糊的透明度等方面。变性淀粉广泛应用于食品、医药、造纸、纺织、化工、冶金、建筑材料、三废治理以及农林业生产等方面，其应用领域正在不断扩大。

四、 糖原

糖原是由许多α-D-葡萄糖缩合成的，结构为与支链淀粉相似的支链多糖。相比之下，糖原的支链更多、更短，所以糖原的分子结构更紧密，整个分子呈球形。糖原是动物体内的多糖类贮藏物质，又称动物淀粉。它主要存在于肝和肌肉中，因此有肝糖原和肌糖原之分。糖原在动物体中的功用是调节血液中的含糖量，当血液中的含糖量低于常态时，糖原就分解成葡萄糖，当血液中含糖量高于常态时，葡萄糖就合成糖原。

项目小结

本项目由美拉德反应的控制及马铃薯淀粉的提取与水解两个任务引领，探讨了单糖、低聚糖、多糖的结构、分类、生理性能、理化性能、加工性能，淀粉的晶体结构、分类、糊化、老化、水解及改性，运用重要单糖、低聚糖、糖原、果胶、纤维素、半纤维素及其他多糖的加工性能为食品生产工艺控制和产品品质控制提供应用支撑。

项目思考

1. 有哪些因素影响淀粉糊化程度？
2. 食品加工中如何利用淀粉的老化？
3. 如何控制加工苹果罐头制品的非酶褐变？
4. 淀粉糖浆在食品加工中有何应用？

项目三

脂类的性能与控制

学习目标

【知识目标】

1. 熟悉脂类的结构与分类。
2. 熟识食用油脂的理化性质及加工性能。

【技能目标】

1. 能够利用油脂评价指标对食用油脂进行品质评定。
2. 具备测定油脂过氧化值、碘值能力。
3. 能够进行卵磷脂的提取及鉴定。

【素质目标】

1. 通过花生油理化性质和品质指标的案例分析，设计食用花生油加工工艺，形成科学理性思维，培养学生追求卓越的工匠精神和创新意识。

2. 根据任务工单要求，安排学生分组学习课程在线资源，了解熟悉脂类性质，后分组汇报学习成果，提高学生逻辑分析能力，培养学生自学习惯和自学能力。

3. 根据卵磷脂性质，安排学生分组协作开发新型功能性食品添加剂，培养学生树立全局意识、团队协作精神和创新精神。

项目导入

脂类化合物是一大类溶于有机溶剂而不溶于水的化合物，同蛋白质、糖类化合物一起构成了所有活细胞结构的主要成分。

食品脂类具有独特的物理和化学性质，它们的组成、晶体结构、熔化和固化性能以及同水和其他大量脂分子的缔合作用都与食品的各种不同质构有密切关系。在食品加工中，油脂的各种化学变化，以及与其他食品的相互作用，产生了很多化合物，与食品热量摄入密切相关。油脂能赋予食物风味和可口性，并提供多种营养素。然而不重质量、不均衡地摄入油脂，是造成人们身体健康水平下降的重要原因之一。

任务一 卵磷脂的提取与鉴定

任务要求

1. 熟悉磷脂类物质的结构与性质。
2. 掌握卵磷脂提取、鉴定的依据及工作过程。

知识贮备

磷脂是生物体组织细胞的重要成分，主要存在于大豆等植物组织以及动物的肝、脑、脾、心等组织中，尤其在蛋黄中含量较多（10%左右），卵磷脂是甘油磷脂的一种，由磷酸、脂肪酸、甘油和胆碱组成。卵磷脂溶于乙醚而不溶于丙酮，利用此性质可将其与中性脂肪分离开；此外，卵磷脂能溶于乙醚而脑磷脂不能，利用此性质又可将卵磷脂和脑磷脂分离。

卵磷脂被碱水解后可分解为脂肪酸盐、甘油、胆碱和磷酸盐。甘油与硫酸氢钾共热，可生成具有特殊臭味的丙烯醛；磷酸盐在酸性条件下与钼酸铵作用，生成黄色的磷钼酸沉淀；胆碱在碱的进一步作用下生成无色且具有氨和鱼腥味的三甲胺，这样通过对分解产物的检验可以对卵磷脂进行鉴定。

任务实施

1. 任务分组

学生依据任务工作要求和任务具体内容，并结合自身兴趣爱好和对任务了解的基本情况自由组合，2~3 人为一组，开展任务实施。

卵磷脂的提取与鉴定——教学视频

2. 材料准备

（1）仪器　三角瓶（150mL）、试管、磁力搅拌器，离心机。

（2）试剂　鸡蛋、花生油、乙醚、2. 50mol/L 氢氧化钠溶液。

3. 实施步骤

原料→分离蛋清→提取卵磷脂→卵磷脂纯化干制→定性鉴定→乳化性质验证

4. 实施要点

（1）卵磷脂的提取　取 15g 生鸡蛋黄（通常含水 50%，脂类 32%，蛋白质 16%，灰分 2%），于 150mL 三角锥形瓶中，加入 40mL 乙醚，放入磁力搅拌器，室温下搅拌提取 15min，然后静置 30min，上层清液用带棉花漏斗过滤，往残渣中再加入 15mL 乙醚，搅拌提取 5min，第二次提取液过滤后，与第一次提取液合并，于 60℃热水浴蒸去乙醇，将残留物倒入烧杯中，放入真空干燥箱中减压干燥 30min 以除尽乙醚，约可得 5g 粗提取物。

粗提取物进行离心（4000r/min）10min，下层为卵磷脂，得 2.5~2.8g。卵磷脂可以通过冷冻干燥得到无水产物。

（2）卵磷脂的鉴定　取以上提取物 0.1g，于试管内加入 2.50mol/L 氢氧化钠溶液 2mL，水浴加热数分钟，嗅之是否有鱼腥味，以确定是否为卵磷脂。

（3）乳化作用效果验证　两只试管中各加入 3~5mL 水，一只加卵磷脂少许，溶解后滴加 5 滴花生油，另一只也滴入 5 滴花生油，加塞后用力振摇试管，使花生油分散。观察比较两只试管内的乳化状态。

5. 实验记录与分析

（1）卵磷脂的提取（表 3-1）

表 3-1　卵磷脂的提取实验数据记录表

样品编号	样品蛋黄质量/g	提取卵磷脂质量/g	卵磷脂得率/（g/100g）	备注
1				
2				
3				

（2）卵磷脂的鉴定（表 3-2）

表 3-2　卵磷脂的鉴定数据记录表

样品编号	加热时间/min	气味特征	结论	备注
1				
2				
3				

（3）乳化作用效果验证（表 3-3）

表 3-3　乳化作用效果验证表

样品编号	是否加卵磷脂	乳化状态	结论	备注
1	是			
2	否			

6. 相关提示

新提取的卵磷脂为白色蜡状物，遇空气即氧化变成黄褐色，这是由于其中不饱和脂肪酸被氧化所致。

考核要点

（扫二维码可获得详细考核信息）

1. 正确使用磁力搅拌器。
2. 过滤、洗涤及挥发过程的操作。
3. 离心机的正确操作。

卵磷脂的提取与鉴定考核要点

思考题

1. 依据卵磷脂的化学结构解释为什么卵磷脂是一种良好的乳化剂。
2. 怎样分离卵磷脂和中性脂肪？怎样分离卵磷脂和脑磷脂？

相关知识

脂类是食品中重要的组成成分，1g 油脂能提供 39.58kJ 的热能。

一、脂类结构与分类

脂类一般分为油脂和类脂两大类，是机体内有机大分子物质。脂类的化学结构有很大差异，具有多种应用性能。例如，为食品提供滑润的口感、光润的外观，赋予油炸食品香酥的风味，塑性脂肪还有造型功能等。

脂类的结构分类与功能——教学视频

常温下，油脂呈液体时称为油，呈固体时称为脂肪。随着室温的变化，脂类的固态和液态可以相互转化。油脂能与蛋白质、碳水化合物一起构成活细胞重要结构成分及有关的衍生物。

食用油脂结构及应用——动画视频

1. 油脂的结构

天然脂肪由甘油与脂肪酸生成的一酯、二酯和三酯混合而成，分别称为单酰甘油、二酰甘油和三酰甘油。食用油脂中最丰富的是三酰甘油类，它是动物脂肪和植物油的主要成分（图 3-1）。R_1、R_2、和 R_3 代表不同脂肪酸的烷基，若 R_1、R_2 和 R_3 代表相同的烷基，这样的油脂称为单纯甘油酯；若 R_1、R_2 和 R_3 不同，则称为混合甘油酯，天然油脂多为混合甘油酯。

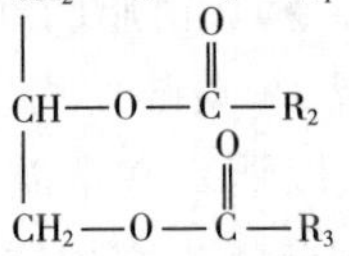

图 3-1 三酰基甘油结构图

（1）甘油　甘油味甜，和水或乙醇可以按任何比例互溶，但不溶于乙醚、氯仿及苯。甘油可被过氧化氢氧化，形成二羟基丙酮和甘油醛的混合物；在脱水剂如硫酸氢钾、五氧化二磷存在下加热，生成有刺激性臭味的丙烯醛，这一反应可用于鉴定甘油。

（2）脂肪酸　脂肪酸是一类羧酸化合物，由碳氢组成的烃类基团连接羧基所构成。脂肪酸碳氢链通常为直链，但在一些植物和细菌中，还存在含有羟基、环丙烷、环戊烯等取代基的支链脂肪酸。

生物体内的脂肪酸绝大部分是以结合形式存在的，游离形式数量极少。从动植物和微生物中分离的脂肪酸有百种以上（表 3-4）。不同脂肪酸之间的区别主要在于碳氢链的长度、饱和与否，以及双键的数目和位置。

表 3-4　　常见的脂肪酸

类　别	惯用名	结构简式	存　在
低级饱和脂肪酸	酪酸	C_3H_7COOH	乳脂及动物分泌物
	己酸（羊油酸）	$C_5H_{11}COOH$	乳脂、椰子油
	辛酸（羊脂酸）	$C_7H_{15}COOH$	乳脂、椰子油
	癸酸（羊蜡酸）	$C_9H_{19}COOH$	乳脂、椰子油
高级饱和脂肪酸	月桂酸	$C_{11}H_{23}COOH$	月桂油、椰子油、乳脂
	豆蔻酸	$C_{13}H_{27}COOH$	豆蔻油、动植物油、奶油
	软脂酸	$C_{15}H_{31}COOH$	动植物油脂
	硬脂酸	$C_{17}H_{35}COOH$	动植物油脂、牛脂
	花生酸	$C_{19}H_{39}COOH$	花生油
	山嵛酸	$C_{21}H_{43}COOH$	植物油
	木脂酸	$C_{23}H_{47}COOH$	种子油、乳脂中微量
不饱和脂肪酸	豆蔻油酸	$C_{13}H_{25}COOH$	多数海产油中微量
	棕榈油酸	$C_{15}H_{29}COOH$	两栖动物脂、鱼类
	油酸	$C_{17}H_{33}COOH$	植物油
	鳕油酸	$C_{19}H_{37}COOH$	海产油中次要成分
	菜籽油酸	$C_{21}H_{41}COOH$	十字花科植物、菜籽油、芥籽油
	亚油酸	$C_{17}H_{31}COOH$	植物油
	亚麻酸	$C_{17}H_{29}COOH$	亚麻油、紫苏籽油
	花生四烯酸	$C_{19}H_{31}COOH$	卵黄、卵磷脂、脑、花生油

a. 根据碳链长短，脂肪酸可分为短链脂肪酸（6 碳以下）、中链脂肪酸（6～12 碳）和长链脂肪酸（12 碳以上）三类。一般食物所含的脂肪酸大多是长链脂肪酸，以 18 碳链长为主。短链脂肪酸在乳脂中有一定量的存在。低级饱和脂肪酸（10 碳以下）在常温下是液体，并都具有令人不愉快的气味，沸点较低、容易挥发，因此，也称为挥发性脂肪酸，存在牛乳、羊乳及羊脂中，使其具有膻味。

b. 根据脂肪链内是否含有双键可分为饱和脂肪酸与不饱和脂肪酸两类。脂肪随其脂肪酸的饱和程度越高、碳链越长，其熔点也越高。动物脂肪中含饱和脂肪酸高，故常温下是固态，如牛油、羊油等；植物油脂中含不饱和脂肪酸较多，故常温下是液态，如花生油、玉米油等。深海鱼油虽然是动物脂肪，但其富含多不饱和脂肪酸，如二十碳五烯酸（EPA）和二十二碳六烯酸（DHA），因而在室温下呈液态；棕榈油和可可籽油虽然含饱和脂肪酸较多，但因其碳链较短，故其熔点低于大多数的动物脂肪。

不饱和脂肪酸化学性质活泼，容易发生氧化、加成、聚合等反应，又分为单不饱和脂肪酸（碳链中只含一个不饱和双键）和多不饱和脂肪酸。多不饱和脂肪酸通常分为 ω-3 系列和 ω-6 系列两大类，都具有强大的生理保健功能。在多不饱和脂肪酸分子中，距羧基最远端的双键在倒数第三个碳原子上的，称为 ω-3 系列多不饱和脂肪酸；双键在倒数第六个碳原子上的，称为 ω-6 系列多不饱和脂肪酸。

ω-3 系列多不饱和脂肪酸中对人体最重要的两种不饱和脂肪酸是 EPA 和 DHA。ω-6 系列多不饱和脂肪酸的主要代表是亚油酸、花生四烯酸。亚油酸有助于生长发育及妊娠，特别是保护皮肤和肾脏的完整性。花生四烯酸除了是构成细胞膜结构脂质的必需成分和类二十烷酸前体外，还是神经组织和脑中占绝对优势的不饱和脂肪酸。在一些抗肿瘤动物试验中，已证明花生四烯酸在体外能显著杀灭肿瘤细胞。此外，花生四烯酸和 DHA 一起对维持视网膜的正常功能起决定作用。

c. 根据人体内合成的量分为必需脂肪酸和非必需脂肪酸。一些脂肪酸人体不能合成或合成量不足，必须从食物中摄入来满足人体生命需要，这类脂肪酸称为必需脂肪酸，如亚油酸和亚麻酸。

必需脂肪酸具有重要的生理意义。必需脂肪酸是磷脂的重要组成成分。磷脂是细胞膜的主要结构成分，所以必需脂肪酸与细胞膜的结构和功能直接相关；亚油酸是合成前列腺素的前体，后者具有多种生理功能，如使血管扩张和收缩、神经刺激的传导等；必需脂肪酸与胆固醇的代谢有关。体内约 70% 的胆固醇与必需脂肪酸酯化成酯，被转运和代谢；缺乏必需脂肪酸可引起生长迟缓、生殖障碍、皮肤损伤以及肾脏、肝脏、神经和视觉方面的多种疾病。但是过多的多不饱和脂肪酸的摄入，也可使体内有害的氧化物、过氧化物等增加，同样可对身体产生多种慢性危害。

能在人体内合成且合成量足够，无须从食物中摄入的脂肪酸，称为非必需脂肪酸，包括所有的饱和脂肪酸和部分不饱和脂肪酸。

2. 脂类的分类

油脂是油和脂肪的总称，是甘油和脂肪酸组成的中性酯，又称真脂。类脂在物态和物理性质方面与油脂相似，如磷脂、糖脂、固醇等，因此称为类脂。通常按照脂类结构和组成的不同对其进行分类（表 3-5）。

表 3-5　　　　脂类化合物的分类

主类	亚类	组成
简单脂质	三酰甘油	甘油+脂肪酸
	蜡类	长链脂肪醇+长链脂肪酸

续表

主 类	亚 类	组 成
复合脂质	甘油磷脂	甘油+脂肪酸+磷酸基+其他含氮基团
	神经鞘磷脂	鞘氨醇+脂肪酸+磷酸基+胆碱
	脑苷脂	鞘氨醇+脂肪酸+糖
	神经节苷脂	鞘氨醇+脂肪酸+碳水化合物
衍生脂质		类胡萝卜素、类固醇、脂溶性维生素

（1）简单脂质　是单纯由脂肪酸和醇通过缩合反应形成的酯，典型分子是三酰甘油和蜡类，在食品中由甘油形成的脂类化合物占绝对的比例。

（2）复合脂质　复合脂质的分子组成除了脂肪酸和醇外，还含有P、S、N等其他元素或基团，根据非脂分子的不同区分为两大类：一类是磷脂，非脂成分是磷酸或者含氮碱，典型分子是卵磷脂、脑磷脂和鞘磷脂；另一类是糖脂，非脂成分是糖，典型分子是甘油糖脂。

（3）衍生脂质　衍生脂质是由简单脂质和复合脂质衍生而来或者与之密切相关的一类分子，组成众多，基本单位是环戊烷多氢菲。一般可分为脂肪酸、固醇化合物、脂肪醇、烃类和各种脂溶性维生素等五大类。

自然界中甘油三酯最为丰富，是食品的重要组分之一，用于加工组合食品的脂肪和油，例如，人造奶油、起酥油等几乎全是纯甘油三酯混合物。此外，油脂按照来源不同还可分为乳脂类、植物脂类、动物脂类、微生物脂类和海产动物脂类等。

拓展知识　食物中的脂肪

除食用油脂含约100%的脂肪外，含脂肪丰富的食品为动物性食物和坚果类。动物性食物以畜肉类含脂肪最丰富，且多为饱和脂肪酸；一般动物内脏除大肠外含脂肪量都较低，但蛋白质的含量较高。禽肉一般含脂肪量较低，多数在10%以下。鱼类脂肪含量基本在10%以下，多数在5%左右，且其脂肪含不饱和脂肪酸多。蛋类以蛋黄含脂肪最高，约为30%，而全蛋仅为10%左右，其组成以单不饱和脂肪酸为多。除动物性食物外，植物性食物中以坚果类含脂肪量最高，最高可达50%以上，不过其脂肪酸组成多以亚油酸为主，所以是不饱和脂肪酸的重要来源。高脂肪的食物有坚果类（花生、芝麻、开心果、核桃、松仁等）、动物类皮肉（肥猪肉、猪油、黄油、酥油、植物油等）、油炸食品、面食、点心、蛋糕等。低脂肪的食物有水果类（苹果、柠檬等）、蔬菜类（冬瓜、黄瓜、丝瓜、白萝卜、苦瓜、韭菜、绿豆芽、辣椒等）、鸡肉、鱼肉、紫菜、木耳、荷叶茶、醋等。

二、 脂类的生物学意义

脂类广泛分布于各种生物细胞和组织中，与其化学组成和结构一样，它的生物学功能也是多种多样的。

1. 脂类是生物能量的主要贮存形式

油脂是许多生物贮存能量的主要形式，在大多数真核生物中，三酰甘油以微小的油滴形式存在于含水的胞液中。脊椎动物具有贮存大量脂肪的专门化细胞，称为脂肪细胞。许多植物的种子中也贮存有大量的脂肪，特别是油料作物的种子，主要依赖脂肪为种子萌发提供能量和合成前体。葡萄糖和糖原的优点是易溶于水，能快速提供代谢所需的能量；而以油脂作为贮存燃料的好处是有机体不必携带像贮存多糖情况下需要的结合水，因为脂肪是疏水的。冬眠动物在冬眠前必须积累大量脂肪作为越冬的能量储备。在海洋的浮游生物中，蜡是代谢用燃料的主要贮存形式。

2. 脂类对生物体具有保护作用

在海豹、海象、企鹅和其他南北极温血动物皮下都填充着大量脂肪，这些动物贮存的脂肪不仅作为能量的来源，而且是抗低温的绝热层。人和动物的皮下及肠系膜脂肪组织还起着防震的填充物作用。脊椎动物的某些皮肤腺分泌蜡以保护毛发和皮肤，使之柔韧、润滑并防水，这与蜡具有排斥水和高稠度的性质有关。鸟类（特别是水禽）的尾羽腺分泌蜡使羽毛防水。冬青、杜鹃花和许多热带植物的叶覆盖着一层蜡，能够防止寄生物侵袭和水分的过度蒸发。在植物的种子和果实表面也有一层稳定、不透水但透气的蜡保护层，起着防止蒸腾、保持温度及其他保护作用。

3. 脂类是构成生物膜的基本组成成分

细胞膜、细胞质膜、核膜和各种细胞器的膜，总称为生物膜。磷脂和鞘脂是构成生物膜的重要成分，而且各种生物膜的骨架大多是由磷酯类构成脂质双分子层。参与脂双层构成的膜脂还有固醇和糖脂。脂双层的表面是亲水性的，内部由烃链构成疏水区。脂双层有屏障作用，使膜两侧的亲水性物质不能自由通过，这对维持细胞正常的结构和功能是很重要的。

4. 脂类是生物细胞内重要的生理活性物质

生物细胞内含有许多具有重要生物活性的脂类物质，如雄性激素、雌性激素、肾上腺皮质激素等类固醇激素，萜类化合物中维持人体和动物正常生长所必需的脂溶性维生素 A、维生素 D、维生素 E、维生素 K 和类胡萝卜素等多种光合色素。

三、 食用油脂的物理性质

脂类物理性质
——教学视频

1. 色泽和气味

纯净的食用油脂是无色、无味、无臭的物质，油脂越纯其颜色和气味越淡。

通常情况下，油脂受提炼、贮存的条件和方法等因素的影响，具有不同程度的色泽。一般商品油脂都带有色泽，例如，羊油、牛油、硬化油、猪油、椰子油等为白色至灰白色；豆油、花生油和精炼的棉籽油等为淡黄色至棕黄色；蓖麻油为黄绿色至暗绿色；骨油为棕红色至棕褐色等。油脂的色泽直接影响其产品的色泽。例如，色泽较深的油脂生产的肥皂，其色泽也较深，这样的产品不受消费者欢迎，所以，色泽是油脂质量指标必不可少的项目。

油脂经过长期贮存，在空气的氧化和微生物的作用下极易发生氧化酸败，产生低分子的醛、酮、醌等，使油脂形成酸败气味，因此，食用油脂不宜长期贮存。

2. 烟点、闪点和着火点

食用油脂的烟点、闪点和着火点俗称油脂的三点，是反映油脂在接触空气的情况下的热稳定性的重要指标。

烟点是指在不通风的条件下观察到油脂发烟时的温度，一般为 240℃。闪点是油脂挥发能被点燃、但不能持续燃烧的温度，一般为 340℃。着火点是指油脂被点燃能够持续燃烧 5s 以上时间的温度，一般为 370℃。

在油脂加工过程中，这些指标也可以反映产品中杂质的含量情况。例如，精炼以后的油脂烟点通常会高于 240℃，而对于未被精炼或长时间加热过的油脂，其烟点会大大下降。

3. 熔点和沸点

油脂的熔点和脂肪酸的组成有关，一般最高在 40~55℃，组成油脂的脂肪酸饱和程度越高、碳链越长，油脂的熔点越高；反式结构的熔点高于顺式结构，共轭双键比非共轭双键熔点高。

天然油脂由于是不同三酰甘油的混合物，所以没有固定的熔点，只有一个熔点范围（即熔程）；此外，固态油脂存在不同的晶体形态，熔化过程中伴随着不同晶体形态之间的转变，这也需要一个温度段。油脂的主要成分是三酰甘油，但也伴有少量二酰甘油、单酰甘油和游离脂肪酸，当酰基相同时这些物质的沸点依次降低。因此，油脂较纯时，其沸点随脂肪酸残基饱和程度和碳原子数量的增加而上升。

油脂的熔点和人体的消化率密切相关，一般当油脂熔点低于 37℃ 时，消化率达 96%以上；熔点高于 37℃，温度越高，越不易消化。油脂的熔点与消化率的关系如表 3-6 所示。

表 3-6　几种常用油脂的熔点和消化率的关系

油　脂	熔点/℃	消化率/%
大豆油	-18~-8	97.5
花生油	0~3	98.3
葵花籽油	-16~19	96.5

续表

油 脂	熔点/℃	消化率/%
棉籽油	3~4	98.0
奶油	28~36	98.0
猪油	36~50	94.0
牛脂	42~50	89.0
羊脂	44~55	81.0
人造黄油	—	87.0

油脂的沸点一般在180~200℃，沸点随脂肪酸碳链的增长而增高，但碳链长度相同、饱和度不同的脂肪酸，其沸点变化不大。油脂在贮藏和使用过程中随着游离脂肪酸增多，油脂变得易冒烟，发烟点低于沸点。

4. 塑性

在室温下表现为固体的脂肪，实际上是固体脂和液体油的混合物，两者交织在一起，用一般的方法无法分开，这种脂具有可塑造性，可保持一定的外形。所谓油脂的塑性是指在一定外力下，表观固体脂肪具有的抗变形的能力。

思考： 为何奶油用机器打制后，可用于蛋糕裱花、造型？

油脂的塑性取决于以下几点：

（1）固体脂肪指数　油脂中固液比适当时，塑性最好。固体脂过多，则过硬，塑性不好；液体油过多，则过软，易变形，塑性同样不好。

（2）脂肪的晶型　当脂肪为β晶型时，可塑性最强。因为β晶型在结晶时将大量小空气泡引入产品，赋予产品较好的塑性和奶油凝聚性质；而非β晶型结晶所包含的气泡少且大，塑性较差。

（3）熔化温度范围　如果从熔化开始到结束之间温差越大，则脂肪的塑性越大。

塑性油脂具有良好的涂抹性（涂抹黄油等）和可塑性（用于蛋糕的裱花），在饼干、糕点、面包生产中专用的塑性油脂称为起酥油。将塑性油脂加入到面团中，可以使饼干、薄脆甜饼等烘烤面制品的质地变得酥脆，这种性质称为油脂的起酥性。调制面团时，加入的塑性油脂形成面积较大的薄膜和细条，覆盖在面粉颗粒表面，增加面团的延展性，同时使已形成的面筋微粒不易黏合，增加了面团的可塑性；塑性油脂还能包含一定量的空气，使面团的体积增大，烘烤时形成蜂窝状的细密小孔，能改善制品质地；油脂的覆盖还可限制面粉吸水，从而限制面筋的形成，这对酥性饼干的制作是相当重要的。塑性油脂与蛋白质、淀粉、乳化剂、抗氧化剂和调味料混合可制成粉末状油脂，具有良好的分散性、速溶性和稳定性，使用方便，在食品加工中广泛应用于面包糕点的制作中。

5. 乳化及乳化剂

油、水本互不相溶，但在一定条件下，两者却可以形成介稳态的乳浊液，乳浊液的基本条件是其中一相以直径 0.1～50μm 的小液滴分散在另一相中，前者被称为内相或分散相，后者被称为外相或连续相。食品中油水乳化体系最多见的是乳浊液，常用 O/W 型表示油分散在水中（水包油），W/O 型表示水分散在油中（油包水）。

乳化剂（图 3-2）是用来稳定乳浊液的表面活性剂，在结构特点上具有两亲性，即分子中既有亲油的基团，又有亲水的基团，它们中的绝大多数既不全溶于水，也不全溶于油，其部分结构处于亲水的环境（如水或某种亲水物质）中，而另一部分结构则处于疏水环境（如油、空气或某种疏水物质）中，即分子位于两相的界面，因此降低了两相间的界面张力，从而提高了乳浊液的稳定性。食品中常见的乳化剂有大豆磷脂、蔗糖酯和山梨糖醇脂等。

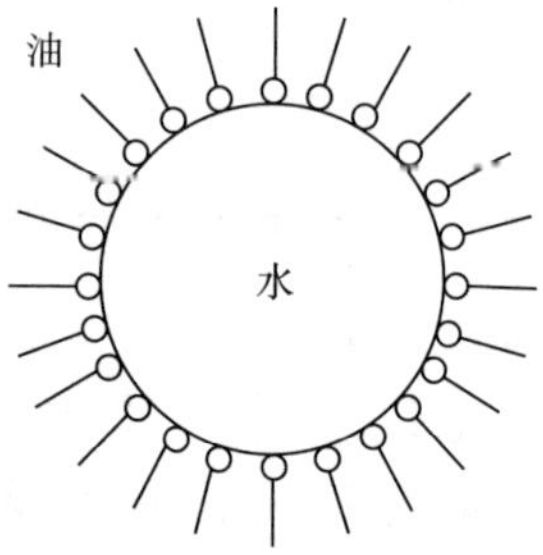

图 3-2　W/O 型乳化作用

任务二　食用植物油品质的评价

任务要求

1. 会测定脂肪氧化的初级产物 RCOOH 的含量和评价脂肪氧化程度。

2. 能够测定氢过氧化物分解产生的小分子醛、酮、酸的量（酸价），评价脂肪变质程度。

3. 掌控影响油脂氧化的主要因素，会测定在不同条件下贮藏的油脂的过氧化值和酸价。

4. 会比较空白油样品与添加抗氧化值和酸价，考虑抗氧化剂的性能。

知识贮备

1. 过氧化值的测定为碘量法。在酸性条件下，脂肪中的过氧化物与过量碘化钾反应生成 I_2，析出的 I_2 用硫代硫酸钠溶液滴定，根据硫代硫酸钠的用量来计算油脂的过氧化值。求出每千克油中所含过氧化物的物质的量（mmol），即为脂肪的过氧化值（POV）。

2. 酸价的测定为滴定法。利用酸碱中和反应，测出脂肪中游离酸的含量。油脂的酸价以中和 1g 脂肪中游离酸所需消耗的氢氧化钾的质量（mg）表示。

任务实施

1. 任务分组

学生依据任务工作要求和任务具体内容，并结合自身兴趣爱好和对任务了解的基本情况自由组合，2~3 人为一组，开展任务实施。

2. 材料准备

（1）材料　食用植物油。

（2）仪器　150mL 广口瓶 6 个、250mL 碘量瓶、5mL 微量滴定管、50mL 移液管、容量瓶（100mL、1000mL）、滴瓶、250mL 烧杯、25mL 碱式滴定管、250mL 锥形瓶、500mL 试剂瓶、称量瓶、电子天平（感量 0.001g）、恒温箱（可控 60℃左右）。

（3）试剂

①丁基羟基甲苯（BHT）。

②0.01mol/L $Na_2S_2O_3$。用标定的 0.1mol/L $Na_2S_2O_3$稀释而成。

③氯仿-冰乙酸混合液。取氯仿 40mL 加冰乙酸 60mL，混匀。

④饱和碘化钾溶液。取碘化钾 10g，加水 5mL，贮于棕色瓶中，如发现溶液变黄，应重新配制。

⑤5g/L 淀粉指示剂。称取 500mg 淀粉加少量冷水调匀，再加一定量沸水（最后体积约为 100mL）。

⑥0.10mol/L KOH（或 NaOH）标准溶液。

⑦中性乙醚-95%乙醇（2∶1）混合溶剂。临用前用 0.10 mol/L 碱液滴定至中性。

⑧10g/L 酚酞指示剂。1g 酚酞指示剂溶于 100mL 无水乙醇配制而成。

3. 实施步骤

食用植物油→氧化处理→过氧化值测定→酸价测定→计算→品质评价

4. 实施要点

（1）食用植物油氧化

在干燥的小烧杯中，将 120g 油分为 2 等份，向其中一份中加入 0.012g BHT，分别对两份中的食用植物油作同样的搅拌至加入的 BHT 完全溶解。向 3 个广口瓶中各装入 20g 未添加 BHT 的油脂，另 3 个广口瓶中各装入 20g 已添加 BHT 的油脂，按表 3-7 所列的编号存放于对应的环境情况下，1 周后测定过氧化值和酸价。

表 3-7　油脂贮存条件与氧化程度的观察

编号	存放条件	添加 BHT 情况
1	室温避光	未添加 BHT 的油脂
2		添加 BHT 的油脂
3	室温光照	未添加 BHT 的油脂
4		添加 BHT 的油脂

续表

编号	存放条件	添加 BHT 情况
5	60℃（恒温箱）	未添加 BHT 的油脂
6		添加 BHT 的油脂

（2）食用植物油过氧化值测定

①称取混合均匀的油样 2~3g（精确到 0.01g），置于干燥的碘量瓶底部，加入 30mL 氯仿-冰乙酸混合液，轻轻摇动充分混合。

②加入 1mL 饱和碘化钾溶液，加塞后摇匀，在暗处放置 3min。

③取出碘量瓶，立即加入 50mL 蒸馏水，充分混合后，立即用 0.01mol/L 硫代硫酸钠标准溶液滴定至水层呈浅黄色时，加入 1mL 淀粉指示剂，继续滴定至蓝色消失为止，记下体积 V_1，并计算过氧化值（POV）。

④同时，做不加油样的空白实验，记下体积 V_2。

（3）食用植物油酸价测定

①称取均匀的油样 4g（精确到 0.01g），注入锥形瓶。

②加入中性乙醚-乙醇溶液 50mL，小心旋转摇动，使油样完全溶解。

③加 2~3 滴酚酞指示剂，用 0.1mol/L 碱液滴定至出现微红色并在 30s 内不消失，记下消耗碱液的体积（V），并计算酸价。

油脂酸价测定——教学视频

5. 结果与计算

（1）过氧化值（POV）的计算

$$POV = (V_1 - V_2) \times c / m \times 1000$$

式中 POV——试样的过氧化值，mmol/kg；

V_1——试样消耗

V_2——空白消耗硫代硫酸钠标准滴定溶液体积，mL；

c——硫代硫酸钠标准滴定溶液浓度，mol/L；

m——样品质量 g；

1000——质量单位换算系数。

（2）酸价的计算

$$酸价（mg/g）= c_1 \times V \times 56.1 / m$$

式中 酸价——每克油滴定时消耗的氢氧化钾质量，mg/g；

c_1——氢氧化钾溶液物质的量浓度，mol/L；

V——滴定消耗的氢氧化钾溶液体积，mL；

56.1——与 1.00mL 氢氧化钾标准滴定溶液［c（KOH）= 1.000mol/L］相当的氢氧化钾质量（mg）；

m——试样质量，g。

平行试验结果允许差不超过每克油脂中含 KOH 0.20mg，求其平均数，即为测定结果；计算结果保留两位有效数字。

6. 实验记录与分析

（1）食用植物油过氧化值测定（表 3-8）

表 3-8　食用植物油过氧化值测定记录表

样品编号	样品质量/g	V_1/mL	V_2/mL	c/（mol/L）	X/（mmol/kg）	结论
1						
2						
3						

（2）食用植物油酸价测定（表 3-9）

表 3-9　食用植物油酸价测定记录表

样品编号	样品质量/g	V/mL	c/（mol/L）	酸价/（mg/g）	结论
1					
2					
3					

7. 相关提示

（1）气温低时，油脂贮放两星期后进行。

（2）滴定过氧化值时，应充分摇匀溶液，以保证 I_2 被萃取至水相中。

考核要点

（扫二维码可获得详细考核信息）

1. 各种溶液的配制。
2. 过氧化值、酸价的测定操作及数据处理。

食用植物油品质的评价考核要点

思考题

1. 如何确定实验中所用的硫代硫酸钠、氢氧化钠的标准溶液浓度？

2. 如果从天然产物中提取一种抗氧化成分，拟用于油脂抗氧化剂，如何设计实验方案评价它？在评价前应了解它的哪些性质？

相关知识

一、油脂精炼

油脂加工——动画视频

毛油中含有各种杂质，只有除去这些杂质后，毛油才能变为人们日常食用的油脂，油脂的精炼就是进一步采取物理和化学的方法，除去油脂中的杂质。

油脂精炼的基本流程：

毛油→脱胶→静置分层→脱酸→水洗→干燥→脱色→过滤→脱臭→冷却→精制油

其中，脱胶、脱色、脱臭是油脂精炼的核心工序。

1. 脱胶

如果油脂中磷脂含量高，加热时易起泡沫，冒烟多且有臭味，同时磷脂氧化可使油脂呈焦褐色，影响煎炸食品的风味。将毛油中含有的磷脂等胶溶性杂质脱除的工艺过程称为脱胶。脱胶的方法是向油脂中加入2%~3%的热水或通入水蒸气，在50℃左右搅拌，由于磷脂有亲水性，吸水后相对密度增大，然后可通过沉降或离心分离除去水相即可除去磷脂和部分蛋白质。

2. 脱酸

脱酸的目的是除去毛油中含有的游离脂肪酸，降低油脂的酸价，使产生的油脂达到中性，其方法是向加热的油脂（30~50℃）中加入一定浓度氢氧化钠，维持一段时间后直到水相析出，生成脂肪酸钠盐也就是俗称的皂角（肥皂的主要成分），然后通过沉降或离心的方法除去油中皂角，进而除去游离脂肪酸，此过程还能使磷脂和有色物质明显减少。

3. 脱色

毛油中含有类胡萝卜素、叶绿素等色素，影响到油脂的外观甚至稳定性，因此需要除去。其方法是将油加热到85℃，通过装有吸附剂，如酸性白土（1%）和活性炭（0.3%）等的吸附柱，可将有色物质几乎完全除去。该操作后油脂中的其他物质如磷脂、皂化物和一些氧化产物可与色素一起被吸附，降低了磷脂含量及酸价和油脂的过氧化值。

4. 脱臭

脱臭的目的是除掉各种植物油中特殊的气味，脱臭可采用减压蒸馏法进行，即通入一定压力的水蒸气，在一定真空度下油温（220~240℃）保持几十分钟，便可将这些有气味的物质除去，在此过程中为了防止再度氧化常常添加柠檬酸以整合除去油中的痕量金属离子。

一方面，油脂精炼可提高油的氧化稳定性，并且明显改善油脂的色泽和风味，还能有效去除油脂中的一些有毒成分（如花生油中的黄曲霉毒素和棉籽油中的棉酚）；另一方面，也除去了油脂中存在的天然抗氧化剂——生育酚（维生素E）。

二、 油脂改性

油脂改性技术现主要分为油脂氢化、酯交换和油脂分提技术。

1. 油脂氢化

氢化反应是在镍等催化剂作用下，直接将氢气加成到不饱和脂肪酸双键上的一种化学反应，在油脂工业中具有极大的重要性，它能够提高油脂的熔点，使液态油转变为半固体或塑性脂肪，以满足特殊用途的需要。例如，起酥油和人造奶油的生产。油脂氢化还可以增强油脂的抗氧化能力和在一定程度上改变油脂的风味。例如，含有臭味的鱼油经过氢化后臭味消失。

油脂氢化后，多不饱和脂肪酸的含量下降，一些脂溶性维生素被破坏，同时，在氢化的过程中还伴随着双键的位移和反式异构体的产生，即产生了反式脂肪酸。当油脂中所有双键都被氢化后，所得全氢化脂肪通常只能用于制肥皂。

近年来，科学家们通过研究发现，反式脂肪酸的过量摄入会引起影响生长发育、导致血栓形成、促进动脉硬化、诱发妇女患 2 型糖尿病、引起大脑功能的衰退以及致癌性等诸多危害。因此，作为消费者，要学会在生活中保护自己，控制食用氢化油加工食品，可以减少反式脂肪酸的摄入。

2. 酯交换

油脂特定的物理性质如结晶特性、熔点等，不仅受到组成三酰甘油的脂肪酸种类影响还与天然油脂中脂肪酸的分布模式有关。油脂的特定物理性质有时限制了它们在工业上的应用，但人们可以采用化学改性的方法如酯交换改变脂肪酸的分布模式，以适应特定的工业需要。例如，猪油的结晶颗粒大，口感粗糙，不利于产品的稠度，也不利于用在糕点制品上，但经过酯交换后，改性猪油可结晶成细小颗粒，稠度改善，熔点和黏度降低，适合于作为人造奶油和糖果使用，具体方法是在催化剂（甲醛钠或碱金属及其合金等）的作用下，使甘油三酯在分子内分子间发生酯交换反应。

通过酯交换，可以改变油脂的甘油酸组成、结构和性质，生产出天然油脂没有的、具有全新结构的油脂，或人们希望得到的某种天然油脂，以适应某种需要。这种方法目前已经用于工业化生产。

拓展知识　反式脂肪酸

反式脂肪酸对人体健康危害很大，却一直没有引起人们的重视。其实当脂肪酸的结构发生改变，其性质也跟着发生了变化。许多人知道，含多不饱和脂肪酸的红花油、玉米油、棉籽油可以降低人体血液中的胆固醇水平，但是当它们被氢化为反式脂肪酸后，作用却恰恰相反，反式脂肪酸能升高 LDL（低密度脂蛋白胆固醇，其水平升高可增加患冠心病的危险），降低 HDL（即高密度脂蛋白胆固醇，其水平升高可降低患冠心病的危险），因而增加患冠心病的危险。欧洲 8 个国家联合开展的多项有关反式脂肪酸危害的研究显示，对于心血管疾病的发生发展，反式脂肪酸负有极大的责任。它导致心血管疾病的概率是饱和脂肪酸的 3~5 倍，甚至还会损害人的认知功能。此外，反式脂肪酸还会诱发肿瘤（乳腺癌等）、哮喘、2 型糖尿病、过敏等疾病，导致妇女患不孕症的概率增加 70%以上，对胎儿体重、青少年发育也有不利影响。

据了解，如今在美国食品标签必须注明反式脂肪含量，而且规定含量不得超过 2%；在加拿大，食品标签必须注明反式脂肪含量，并鼓励减少含反式脂肪酸食物的摄入。专家建议市民在购买食品时，最好要特别留意一下有无“人造奶油”、“氢化植物油”、“植物（黄）奶油”等字样，以区分是否含有反式脂肪酸。

3. 油脂的分提

天然油脂主要是多种三酰甘油所组成的混合物，由于组成三酰甘油的脂肪酸的碳链长短、不饱和程度、双链的构型和位置及三酰甘油中脂肪酸的分布不同，构成了各种三酰甘油组成在物理及化学性质上的差异。利用在一定温度下油脂各种三酰甘油的熔点差异及溶解度的不同，将天然油脂中含有的不同种类的三酰甘油组分分离的过程称为油脂的分提。

分提的方法有干法分提、表面活性剂分提和溶剂分提，无论哪一种分提都由结晶和分离两步构成，即都要将油脂冷却，以析出结晶为第一步，至关重要的是析出结晶与液态油分离的结晶状态，然后进行晶、液分离，从而得到优质的固态脂与液态油，只不过不同的方法呈现不同的特征而已，分提的原理都是基于不同类型的三酰甘油的熔点差异或不同温度下其互溶度不同，或是在一定温度下其对某种溶剂的溶解度不同，应用冷却结晶或液-液萃取法而达到分提目的，现今，油脂加工工业越来越多地使用分提来替代化学改性的方法，拓宽油脂品种的使用用途。

拓展知识　焙烤食品中的油脂

油脂是焙烤食品的主料之一，有的糕点用油量高达 50%。焙烤食品中常用的油脂有植物油和动物油，而豆油是焙烤食品中较常用的植物油之一。

三、 食用油在加工和贮藏过程中的化学变化

1. 水解和乳化

油脂的化学本质属于脂类，因此，在酸、碱或酶催化下，油脂会发生水解反应，水解程度可能差异较大，但产物中都会有游离脂肪酸生成。在加热条件下，油脂水解速度较快，有碱存在时，油脂水解进行得比较完全（油脂的碱性水解亦

油脂的化学性质
——教学视频

称皂化）。

思考： 皂化值的大小能说明脂肪的什么品质？

活体动物组织中的脂肪实际上不存在游离脂肪酸，但在动物宰后，通过酶的作用能生成游离脂肪酸，故在动物宰后尽快炼油就显得非常必要。与动物脂肪相反，在收获时，成熟的油料种子中的油脂在酯酶的作用，已有相当数量的水解，产生大量的脂肪酸。例如，棕榈油由于酯酶的作用，产生的游离脂肪酸高达75%，因此，大多数植物油在精炼时需用碱中和。乳脂水解释放出的短链脂肪酸，使牛乳产生酸败味，但添加微生物和乳脂酶能产生某些典型的干酪风味。控制和选择脂肪水解能应用于酸牛乳、面包等加工过程。在油炸食品时，食品中大量水分进入油脂，促进较高温度下的油脂水解，引起游离脂肪酸含量增加，进而引起油脂发烟点和表面张力降低，使油炸食品品质变劣。

2. 油脂氧化

油脂氧化是食品败坏的主要原因之一。在食品加工和贮藏期间，由于空气中的氧、光照、微生物、酶和金属离子等作用，油脂会产生不良风味和气味（氧化酸败）、降低食品营养价值，甚至产生一些有毒的化合物，使食品不能被消费者接受，因此，脂质氧化对于食品的影响至关重要，但在某些情况下，脂类有限度氧化又是某些食品加工过程需要的，如油炸食品香气的产生。

思考： 食品有“哈喇味”，只是味道在改变吗？

（1）自动氧化　脂类的自动氧化是由于油脂中的不饱和脂肪酸被空气中的氧气氧化，氧化产物进一步分解为低级脂肪酸、醛、酮等小分子物质，而使油脂发生酸败、产生异味。自动氧化的大致过程是不饱和油脂和脂肪酸酐形成游离基，再经过氧化作用生成氧化物游离基，后者与另外的油脂或脂肪酸作用生成氢过氧化物和新的脂质游离基，新的脂质游离基又可参与上述过程，如此循环连锁反应。以 RH 代表不饱和脂肪酸，其自动氧化过程大致可有以下 3 个阶段。

①诱导阶段：油脂中不饱和脂肪酸（RH）在氧气的作用下，脱去氢（H）生成自由基，其反应速度较缓慢，油脂分子在光、热、金属催化剂的作用下产生自由基。

②传递阶段：自由基与氧作用生成过氧自由基，后者可以夺取其他不饱和脂肪酸的氢生成氢过氧化物（ROOH），而失去氢（H）的不饱和脂肪酸形成新的自由基，构成了油脂的自动氧化链式反应。

这个阶段反应速度快、可循环进行，产生大量氢过氧化物，直至食品油脂中的不饱和脂肪酸全部氧化成过氧化物，油脂的感官变化明显。

③终结阶段：各种自由基和过氧化自由基之间形成稳态的化合物，链式反应终止。

传递阶段中生成的过氧化物在本阶段进一步分解成小分子的醛酮或酸，具有哈喇味和酸的口感（脂肪和油脂酸败的特征）。有资料显示，这些过氧化物是促发癌症和加速衰老的因素之一。

光照、受热、氧、水分活度，以及铁、铜、钴等重金属离子以及血红素、脂氧化酶等都会加速脂肪的自氧化速度。所以，为了阻止含脂食品的氧化变质，最普遍的办法是排除氧气，采用真空或充 N_2 包装和使用透气性低的有色或遮光的包装材料，并尽可能避免在加工中混入铁、铜等金属离子。家中油脂使用有色玻璃瓶装，避免用金属罐装。

（2）光敏氧化　光敏氧化是不饱和脂肪酸在光的作用下与单线态氧直接发生氧化反应。单线态氧是指不含未成对电子的氧，有一个未成对电子的称为双线态氧，有两个未成对电子的称为三线态氧。所以基态氧称为三线态氧。食品体系中的三线态氧是在食品体系中的光敏剂吸收光能后形成激发态光敏素，激发态光敏素与基态氧发生作用，能量转移使基态氧转变为单线态氧。单线态氧具有极强的亲电性，能以极快的速度与脂类分子中具有高电子密度的部位（双键）发生结合，从而引发常规的自由基链式反应，进一步形成氢过氧化物。在含脂肪的食品中常存在着一些天然色素如叶绿素和肌红蛋白，它们能作为光敏剂，产生单线态的氧。一些合成色素如赤藓红也可作为光敏剂将氧转变为活泼的单线态氧。

（3）酶促氧化　自然界中存在的脂肪氧合酶可以使氧气与油脂发生反应而形成氢过氧化物，植物体中的脂肪氧合酶具有高度的基团专一性，它只能作用于1，4-顺，顺-戊二烯基位置，且此基团应处于脂肪酸的 ω-8 位。在脂氧合酶的作用下脂肪酸的 ω-8 先是去质子形成自由基，而后进一步被氧化。大豆制品的腥味就是由于不饱和脂肪酸氧化形成六硫醛醇造成。

3. 油脂在高温下的化学变化

经长时间加热后，油脂也会发生变质，其外观的变化是显而易见的。色泽变深、流动性变差、味感变劣、易发烟等，这些外观的变化包含了油脂酸值的变化及一些有毒物质的产生。这些食品品质及营养价值下降的原因是由于油脂在高温条件下，发生聚合、分解等化学反应，形成许多聚合、分解产物而造成的。

（1）热聚合　无氧条件下，油脂加热到200~300℃的高温时，主要发生热聚合反应。聚合过程中，多烯化合物转化成共轭双键后参与聚合，生成具有一个双键的六元环状化合物。聚合作用可以发生在同一分子的脂肪酸残基之间，也可发生在不同分子的脂肪酸残基之间。游离的脂肪酸也可发生这种热聚合反应。聚合反应导致油脂黏度增大，泡沫增多。

（2）热氧化　油脂在空气中，有氧状态下加热到200~300℃时，三酰甘油分子在双键碳上均裂，产生自由基，自由基之间结合聚合成二聚体。部分产物为有毒物质。

在氧化过程中产生的自由基能聚合成氧化聚合物，成为另一条聚合途径，而且以碳碳聚合为主要产物，这种氧化、聚合产物复杂多样，在体内被吸收后，使酶失活而会引起生理异常。分析油炸鱼虾出现的细泡沫，发现也是一种二聚物。

热氧化反应的机理与自然氧化没有本质的区别，只是在氧化过程中，饱和脂肪酸的反应速度也很快，而且氢过氧化物的分解也很快，几乎马上分解为低级醛、酮、酸、醇等。

(3) 热分解　无氧条件下，饱和脂肪热分解在相对更高的温度下发生(350℃)，生成丙烯醛、脂肪酸、二氧化碳、甲基酮及小分子的酯等。

不饱和脂肪在隔氧条件下加热，主要生成二聚体，另有一些低分子质量物质生成。在有氧条件下，伴随脂肪热氧化过程中的分解速率更快。

(4) 水解与缩合　高温油炸过程中，由于水分的引入，使油脂分子与水接触的部位发生水解，水解产物之间可以缩合成醚型化合物。

油在高温下发生的化学反应也是油炸食品中香气的形成过程，通常油炸食品香气主要成分是碳基化合物（烯醛类）。例如，将三亚油酸甘油酯加热到 185℃，每 300min 通 2min 水蒸气，前后 72h，从其挥发物中发现有 5 种直链 2，4-二烯醛和内酯，呈现油炸物特有的香气。

综上所述，为了保持食品的营养价值，防止由于高温而发生的各种不利于人体健康和食品贮藏的化学反应，在食品加工过程中油温一般要控制在 200℃以下，最好在 150℃下为宜。

4. 辐照下油脂的化学变化

食品辐照作为一种灭菌手段，其目的是消灭微生物和延长食品的保质期，是一种重要食品贮藏方法。然而，辐照处理常常会诱导化学变化，使食品产生大量自由基，进而导致油脂发生腐败、褪色、褐变，并产生不愉快的感官风味。目前，食品辐照加工和贮藏过程中，食品中油脂氧化是导致食品质量降低的主要原因之一，大大限制了辐照技术在农产品贮藏的应用。因此，有效地控制辐照处理条件，避免该技术产生危害食品品质和人体健康的毒性物质是科学家今后的重点研究方向之一。

四、 油脂的质量评价

1. 评价油脂品质的特征常数

(1) 酸值（AV）　食品的酸值（酸价）是指中和 1g 油脂中游离脂肪酸含量的标志。脂肪在长期保藏过程中，由于微生物、酶和热的作用发生缓慢水解，产生游离脂肪酸，而脂肪的质量与其中游离脂肪酸的含量有关，一般常用酸值作为衡量标准之一。在脂肪生产条件下，酸值可作为水解程度的指标，在其保藏的条件下，则可作为酸败的指标。酸值越小，说明油脂质量越好，新鲜度和精炼程度越好。

（2）皂化值（SV） 1g 油脂完全被皂化时所需要的氢氧化钾的质量（mg）称为皂化值。皂化值与油脂所含脂肪酸的分子质量有关，它直接体现了各种脂肪酸的平均分子质量，由此可推断油脂内脂肪酸碳链的平均长度。油脂的皂化值一般在 200 左右，制皂业根据油脂的皂化值的大小，可以确定合理的用碳量和配方，皂化值较大的食用油脂，熔点较低而消化率较高。

（3）碘值（IV） 碘值是在一定条件下，100g 油脂所能吸收的碘的质量（g），它的大小在一定范围内反映了油脂的不饱和程度。不饱和脂肪酸的含量越高，不饱和双键也多，碘值越大，油脂氢化后双键数目减少，碘值下降。根据碘值能判断构成油脂的品种、组分是否正常，有无掺杂等，还可以对油脂的氢化过程进行监控。常见油脂的碘值范围：大豆油为 123～142；菜籽油为 94～120；花生油为 80～106。

2. 油脂的氧化程度评价

（1）过氧化值（POV）评价 过氧化氢是表示油脂自动氧化初期形成的一级反应物——过氧化氢物的数量，一般是通过标准硫代硫酸钠溶液滴定氢过氧化物与碘化钾作用释放出的游离碘来定量，以 1kg 油脂中所产生的碘的物质的量（mmol）来表示。POV 值用碘量法测定依据为：

$$ROOH+2KI \rightarrow ROH+I_2+K_2O$$

$$I_2+2Na_2S_2O_3 \rightarrow 2NaI+Na_2S_4O_6$$

过氧化氢值是评价油脂氧化程度最广泛的使用方法，因为油脂的质量保证和控制主要取决于油脂早期氧化程度，一般来说，过氧化氢值越高其酸败越严重。

国际推荐标准和中国各级别食用植物油国家标准中的质量指标规定：食用油过氧化值不超过 10mmol。

（2）硫代巴比妥酸值（TAB）评价 这是广泛用于评价脂类氧化程度的方法之一。不饱和脂肪酸的氧化产物（丙二醛及其他较低分子质量醛等）与硫代巴比妥酸反应生成红色和黄色物质。例如，两分子 TAB 与一分子丙二醛反应形成粉红色物质，在 530nm 处有最大吸收；饱和醛、单烯醛和甘油醛等与硫代巴比妥酸反应产物为黄色，在 450nm 处有最大的吸收。可同时在这个最高吸收波长处测定油脂氧化产物的含量，以此来衡量油脂的氧化程度。

TAB 值广泛用于评价油脂的氧化程度，但单糖、蛋白质、木材燃烧烟雾中成分都可以干扰该反应，故该反应对不同体系的含油食品的氧化程度难以评价，而只能用于比较单一的物质（如纯油脂）在不同氧化阶段程度的评价。

（3）活性氧法（AOM 法） 这是一种广泛采用的检验方法，油脂试样保持在 97.8℃条件下，以 2.33mL/s 的速度通入空气，测定植物油脂 POV 达到 100 或动物油脂 POV 达到 20 所需的时间（h）。AOM 值越大，说明油脂的抗氧化稳定性越好。

一般油的 AOM 值仅 10h 左右，但抗氧化性强的油脂可达到 100 多小时。该法也是评价不同抗氧化剂抗氧化性能的常规方法。

(4) 史卡尔 (Schaal) 温箱测试　Schaal 温箱测试法是指置油脂试样于 (63±0.5)℃烘箱内，定期取样检验，直至出现氧化性酸败为止。也可以采用感官检验或测定 POV 的方法判断油脂是否已经酸败。

(5) 感官评价　最终判断食品的氧化风味需要进行感官检验。感官评价通常是由受过训练或经过培训的人员组成评价小组，采用特殊的评价方式进行的。

项目小结

本项目以卵磷脂的提取与鉴定以及食用植物油品质的评价为任务引入项目学习。通过食品油脂烟点、特征常数的测定，开展油脂氧化程度评价。通过卵磷脂提取、鉴定及实际运用，提升实操技能水平。同学们通过项目三可以有针对性的学习脂类的结构与分类、食用油脂的理化性质及质量评价手段、食品加工中精炼油脂和改性油脂等相关知识。依据食品中脂类的功能与加工特性，对食品中脂类进行水解、氧化程度判断，指导食品生产中使用符合标准的原料或食品添加剂，或食品在加工、贮运过程中不受污染。

项目思考

1. 食品油脂在贮藏加工过程有哪些改变?
2. 食用油脂的氧化与哪些因素相关?
3. 简述精炼食用油脂的方法与应用。

项目四

蛋白质的性能与控制

学习目标

【知识目标】

1. 熟悉氨基酸与蛋白质的结构特点、理化性质。
2. 熟悉必需氨基酸及蛋白食品营养性能评价。
3. 熟知蛋白质的功能性质及其影响因素。

【技能目标】

1. 能够应用纸层析法分离、检验氨基酸。
2. 会控制等电点，并利用沉淀法提取蛋白质。
3. 具有检验蛋白质功能性质的能力。
4. 能够利用或防止蛋白质在食品加工、贮藏过程中的性能变化。

【素质目标】

1. 引导学生对酸奶制作过程中的凝固现象进行分析，探讨蛋白质重要的功能性质及其应用，培养学生分析问题、解决问题、精益求精的科学素养。

2. 通过分组讨论、分析豆腐加工中涉及的蛋白质功能性质的相关知识，培养学生实事求是、善于钻研、分析问题的人文素养。

3. 利用酪蛋白等电点性质，从牛乳中粗提酪蛋白并进行定性鉴定，养成吃苦耐劳的工作作风；同时利用蛋白质的理化性质，纯化酪蛋白，培养学生学以致用、活学活用的素养。

项目导入

蛋白质是人体主要成分，是细胞组分中含量最为丰富、功能最多的高分子物质。蛋白质是重要的产能营养素，并提供人体必需氨基酸，以维持生命生长和各种组织器官蛋白质的补充更新。蛋白质对食品的质构、风味、加工和贮藏产生重大影响。在机体新陈代谢过程中起催化作用的酶，调节生长、代谢的各种激素以及有免疫功能的抗体都由蛋白质构成。此外，蛋白质对维持体内酸碱平衡、水分的正常分布及能量供给也有着重要作用。

任务一 牛乳中酪蛋白的分离

牛乳酪蛋白提取
——教学视频

任务要求

1. 掌握等电点法沉淀、纯化蛋白质的操作技术。
2. 熟悉牛乳中酪蛋白的分离纯化。

知识贮备

牛乳中主要的蛋白质是酪蛋白，含量约为35g/L。酪蛋白是一些含磷蛋白质的混合物，等电点为4.7。利用等电点时蛋白质溶解度最低的原理，将牛乳的pH调至4.7时，酪蛋白就沉淀出来。用乙醇洗涤沉淀物，除去脂质杂质后便可得到纯的酪蛋白。

任务实施

1. 任务分组

学生依据任务工作要求和任务具体内容，并结合自身兴趣爱好和对任务了解的基本情况自由组合，2~3人为一组，开展任务实施。

2. 材料准备

（1）材料　鲜牛乳。

（2）仪器　大容量离心机（50mL）、离心管（100mL）、量筒（50mL）、恒温水浴锅、抽滤装置、精密pH试纸或酸度计、电炉、温度计、烧杯（250mL）、电子天平。

（3）试剂

①99.7%乙醚，100mL；

②无水乙醇，200mL；

③0.10mol/L NaOH；

④0.20mol/L CH_3COOH；

⑤0.20mol/L pH 4.7的醋酸钠缓冲液，1000mL；

A液（0.20mol/L的醋酸钠溶液）：称取 $NaAc \cdot 3H_2O$ 27.22g定容至1000mL。

B液（0.20mol/L CH_3COOH 溶液）：称取优级纯醋酸（含量大于99.8%）12.00g定容至1000mL。

取A液590mL，B液410mL，混合即得pH 4.7的醋酸-醋酸钠溶液缓冲液1000mL。

⑥99.7%乙醚，100mL。

3. 实施步骤

原料→酪蛋白粗提→酪蛋白纯化→脱色→含量计算

4. 实施要点

（1）酪蛋白的粗提

①将50mL鲜牛乳至250mL烧杯中，在水浴中加热至40℃，在搅拌下慢慢加入预热至40℃、pH 4.7的醋酸-醋酸钠缓冲液50mL，用精密pH试纸或酸度计检查并用0.2mol/L醋酸溶液或0.1mol/L氢氧化钠溶液调整pH至4.7。

牛乳中酪蛋白的分离——操作视频

②将上述悬浮液静置冷却至室温。悬浮液出现大量沉淀后，转移至离心管中，在3500r/min下离心10min。弃去上清液，所得沉淀为酪蛋白的粗制品。

（2）酪蛋白的纯化

①用40mL蒸馏水洗涤、搅起沉淀，反复3次，离心10min（3000r/min），弃去上清液。

②在沉淀中加入30mL 95%乙醇，搅拌沉淀至呈悬浊液，全部转移至布氏漏斗中抽滤。用乙醇-乙醚混合液洗涤沉淀两次。最后用乙醚洗涤沉淀两次，抽干。

③将沉淀摊开在表面皿上，风干，得酪蛋白纯品。

（3）称取酪蛋白的质量

电子天平称量酪蛋白纯品质量（g），计算含量和得率。

酪蛋白含量（g/100mL）= 酪蛋白质量（g）/ 50（mL）×100

酪蛋白得率=测得含量/理论含量×100%（牛乳酪蛋白的理论含量为35g/L）

5. 实验记录与分析（表4-1）

表4-1　牛乳中酪蛋白的分离实验数据记录表

序号	样品质量/g	酪蛋白质量/g	酪蛋白含量/（g/100mL）	酪蛋白得率/%	结论
1					
2					
3					

6. 相关提示

（1）由于本法是应用等电点沉淀法来制备蛋白质，故调节牛乳的等电点一定要准确，最好用酸度计测定。

（2）精制过程所用乙醚是挥发性、有毒的有机溶剂，最好在通风橱内操作。

（3）目前市面上出售的牛乳是经加工的乳制品，不是纯净牛乳，所以计算时应按产品的相应指标计算。

考核要点

（扫二维码可获得详细考核信息）

1. 分离酪蛋白的方法。
2. 含量和得率的计算。
3. 醋酸缓冲液 pH 的控制。

牛乳中酪蛋白的分离考核要点

思考题

1. 提高酪蛋白得率有哪些措施？
2. 用乙醇洗涤沉淀为何要充分搅起呈悬浊液状态？

相关知识

19 世纪中叶，荷兰化学家穆尔德从动物组织和植物体液中提取出一种共有的物质，并认为生命的存在很可能与这种物质有关。1883 年，根据瑞典著名化学家 Berzelius 提议，穆尔德把这种物质命名为蛋白质（Protein），意为“最重要的”“最原始的”。

近代分子生物学根据蛋白质的分子组成、结构和功能等方面的特征，将蛋白质定义为：蛋白质是一切生物体中普遍存在的，由天然氨基酸通过肽键连接而成的生物大分子。其种类繁多，每种各具有一定的相对分子质量、复杂的分子结构和特定的生物功能，是表达生物遗传性状的一类主要物质。

一、 蛋白质的基础知识

蛋白质的组成和分类——教学视频

（一）蛋白质的元素组成

蛋白质是一切生命活动所依赖的物质基础，是生物体内最重要的有机物质之一，是细胞内最丰富的有机分子，约占细胞干重的50%，甚至还多（表4-2）。组成蛋白质的元素主要有 C（50%～55%）、H（6%～8%）、O（20%～30%）、N（15%～18%）和少量 S（0%～4%）、P（0.4%～0.9%）等非金属元素；有些还含有微量的 Fe、Zn、Cu、Mn、Mo、Co、Mg、Ca 等金属元素。

表 4-2　常见食品蛋白质的含量　　单位：%（质量分数）

食物	蛋白质	食物	蛋白质	食物	蛋白质	食物	蛋白质
猪肉	13.3～18.5	肝	18～19	玉米	8.6	大豆	39.0
羊肉	14.3～18.7	鸡蛋	13.4	小米	9.4	大白菜	1.1
牛肉	15.8～21.5	牛乳	3.5	小麦	12.4	苹果	0.2
鸡肉	21.5	大米	8.5	花生	25.8	小黄鱼	16.7

蛋白质元素组成方面的一个重要特征是，无论样品来源如何，其氮含量一般都在15%~17%，平均为16%。因此利用凯氏定氮法测定蛋白质含量时，蛋白质换算系数为：100/16=6.25，其含义为：样品中每存在1g元素N，则含有6.25g蛋白质。通过凯氏定氮法测得样品中所含氮元素的百分含量，便可计算出试样中蛋白质含量：

粗蛋白质的含量（%）= N的百分含量×6.25

称为粗蛋白质含量是由于样品消化时，有些非蛋白质N（如硝基、氨基等）也被游离出来，会增加测定值。蛋白质换算系数6.25是平均值，如果已知某种生物材料蛋白质的确切含氮量，则其蛋白质换算系数不采用6.25。如小麦、大麦为5.83；小麦粉为5.70；动物胶为5.30；大豆为5.71等。

蛋白质的组成
——动画视频

思考：产生三鹿“结石奶粉”的原因是什么？

（二）蛋白质的分类

天然蛋白质种类繁多，结构复杂，目前对蛋白质的分类是依据蛋白质的化学组成、形状及功能的不同而进行的。

1. 按化学组成分为单纯蛋白质和结合蛋白质

单纯蛋白质是水解时只产生氨基酸的蛋白质。结合蛋白质是由简单蛋白质与非蛋白质部分结合而成的化合物。

（1）单纯蛋白质　单纯蛋白质又称简单蛋白质，其组分只有氨基酸，根据溶解性不同又分为清蛋白、球蛋白、谷蛋白、谷醇溶蛋白、组蛋白、鱼精蛋白和硬蛋白。其中，清蛋白溶于水，溶液加热后凝固，如卵清蛋白、牛乳中的乳清蛋白等；球蛋白不溶于水，溶于稀盐溶液，加热后和清蛋白一样凝固，如肌肉中的肌球蛋白、牛乳中的乳球蛋白、大豆中的大豆球蛋白、花生中的花生球蛋白等；谷蛋白不溶于水及盐溶液，溶于酸碱的稀溶液，谷物种子中含量较多，例如，小麦的麦谷蛋白、米中的米谷蛋白等；醇溶谷蛋白可溶于乙醇浓度高达70%~80%，这种特殊的溶解性是因为存在高含量的脯氨酸，如小麦的麦醇溶蛋白、玉米的玉米醇溶蛋白等；组蛋白组成成分中碱性氨基酸含量高，所以呈碱性溶于水、酸，但不溶于氨水，例如，血红蛋白、肌红蛋白等蛋白质部分的组蛋白；鱼精蛋白和组蛋白一样，碱性氨基酸含量高而呈碱性，但溶于氨水，分子质量较小，是一种含于鱼精液中的蛋白质；硬蛋白这类蛋白质是动物体中作为结缔组织或具有保护功能，不溶于水、盐溶液、稀碱和烯酸，主要有角蛋白、胶原蛋白和弹性蛋白等，如结缔组织的胶原，毛发、指甲中的角蛋白等。

（2）结合蛋白质　结合蛋白质与单纯蛋白质不同，结合蛋白质组成成分除氨基酸之外，还含有糖、矿物质、色素等。根据这些组成成分不同又可以分为磷蛋白、糖蛋白、脂蛋白、色蛋白和核蛋白。其中，磷蛋白是带羟基氨基酸（如丝氨酸、苏氨酸）和磷酸成酯结合的蛋白质，如牛乳的酪蛋白、蛋黄的卵黄磷蛋白等。

糖蛋白由蛋白质与糖以共价键结合而成，基于糖链的长短，把短链的称为糖蛋白，具有数百个单位的长链的称为蛋白多糖；糖蛋白广泛存在于生物体内，如各种黏液、血液、皮肤软骨等组织中。脂蛋白是蛋白质与脂质结合的蛋白质，脂质成分有磷脂、固醇和中性脂等，若脂类包于分子内呈水溶性即为脂蛋白，如卵黄球蛋白、血清中的 α-脂蛋白和 β-脂蛋白；若脂类包于外侧呈水不溶性，就是蛋白脂，如脑中的蛋白脂，广泛存在于细胞膜内。色蛋白为含有叶绿素、血红蛋白等具有金属卟啉的蛋白质，如肌肉中的肌红蛋白，过氧化氢酶、过氧化物酶等。核蛋白由蛋白质与核酸通过离子键结合形成，存在于细胞核中。

2. 按蛋白质分子的形状分为球蛋白和纤维蛋白

球蛋白是分子像球状的蛋白质，它较易溶解，是蛋白质中最多的一种，食品中的蛋白质大部分都是球蛋白。纤维蛋白是分子像纤维状的蛋白质，它不溶于水，如指甲、羽毛中的角蛋白、蚕丝中的丝蛋白等。

3. 按蛋白质的功能不同可分为结构蛋白质、生物活性蛋白质和食品蛋白质

结构蛋白质存在于所有的生物组织（如肌肉、骨、皮、内脏、细胞膜和细胞器中），像角蛋白、胶原蛋白、弹性蛋白等，它们的主要功能是构成组织。生物活性蛋白质是在所有的生物过程中起着某种活性作用的蛋白质，包括生物催化剂酶和能调节代谢反应的激素等。食品蛋白质是可口的、易消化的、无毒的蛋白质。

（三）蛋白质的基本构成单位——氨基酸

1. 氨基酸的结构

氨基酸是组成蛋白质的基本单位，将蛋白质的水解产物进行分析，可得到 20 种不同的氨基酸，除脯氨酸外，均为 α-氨基酸，除甘氨酸无 D、L 型之分外，其他都是 L-型氨基酸，因此它们有共同的结构通式（图 4-1）。

氨基酸可视为羧酸（R—CH_2—COOH）的 α-碳原子上的氢被一个氨基取代的产物，故都是 α-氨基酸。氨基酸之间的区别主要在于 R 基团的不同，造成结构和性质有所差别。除甘氨酸（R 为氢原子）外，其余基本氨基酸分子中的碳原子都是不对称碳原子，都有 L-型和 D-型两种异构体。但构成蛋白质的氨基酸都是 L-型氨基酸。

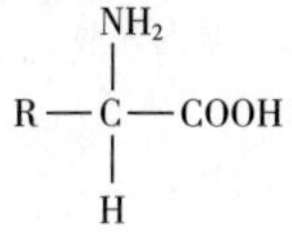

图 4-1 α-氨基酸结构通式

2. 氨基酸的分类（表 4-3）

（1）根据氨基酸的 R 基团结构特点，可将 20 种氨基酸分为脂肪族氨基酸、芳香族氨基酸和杂环族氨基酸。

（2）根据氨基酸 R 基团的极性强弱，可将氨基酸分为极性氨基酸和非极性氨基酸。极性氨基酸又根据它们在 pH 6~7 范围内是否带电荷，再分为极性不带电荷、极性带正电荷、极性带负电荷氨基酸。

（3）根据氨基酸在水溶液中的酸碱性或所含氨基和羧基的数目可分为中性氨

基酸、酸性氨基酸和碱性氨基酸。

（4）根据人和动物的需要，将氨基酸分为必需氨基酸、半必需氨基酸和非必需氨基酸。人体必需氨基酸有赖氨酸、色氨酸、苯丙氨酸、甲硫氨酸、缬氨酸、亮氨酸、异亮氨酸和苏氨酸八种；精氨酸和组氨酸在人体中合成速度很慢，称半必需氨基酸；其余 10 种可通过自身合成，称非必需氨基酸。

表 4-3　　氨基酸的分类

序号	名称	结构	等电点	缩写符号	分类
1	甘氨酸	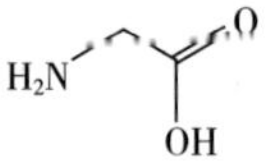	5.97	Gly（G）	非极性或疏水性氨基酸
2	丙氨酸	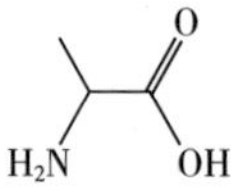	6.00	Ala（A）	非极性或疏水性氨基酸
3	* 缬氨酸	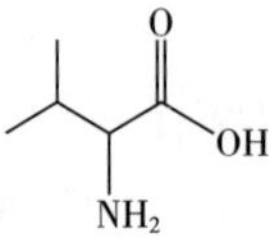	5.96	Val（V）	非极性或疏水性氨基酸
4	* 亮氨酸	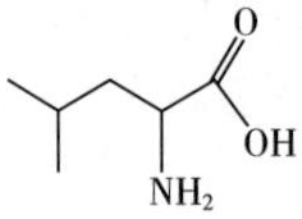	6.00	Leu（L）	非极性或疏水性氨基酸
5	* 异亮氨酸	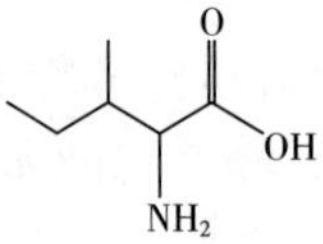	6.02	Ile（I）	非极性或疏水性氨基酸
6	* 苯丙氨酸	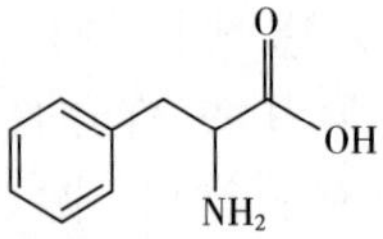	5.48	Phe（F）	非极性或疏水性氨基酸
7	脯氨酸	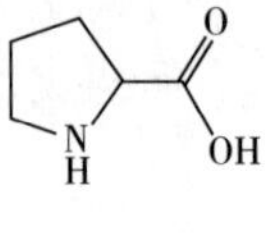	6.30	Pro（P）	非极性、疏水性氨基酸
8	* 色氨酸	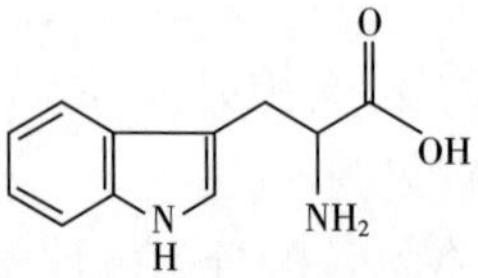	5.89	Trp（W）	极性、中性氨基酸
9	丝氨酸	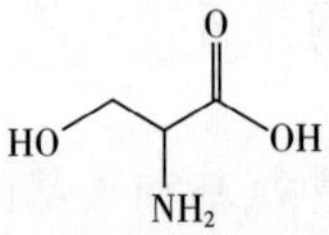	5.68	Ser（S）	极性、中性氨基酸

续表

序号	名称	结构	等电点	缩写符号	分类
10	酪氨酸	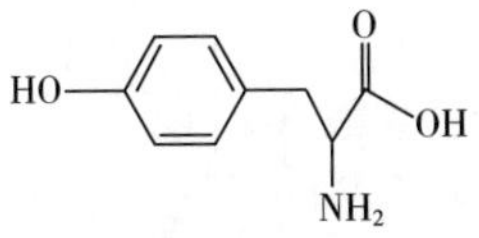	5.66	Tyr（Y）	极性、中性氨基酸
11	半胱氨酸	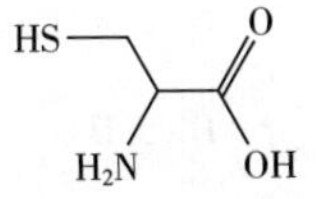	5.07	Cys（C）	极性、中性氨基酸
12	* 甲硫氨酸	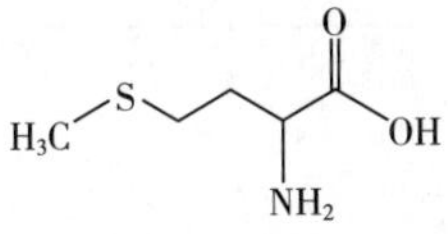	5.74	Met（M）	极性、中性氨基酸
13	天冬酰胺	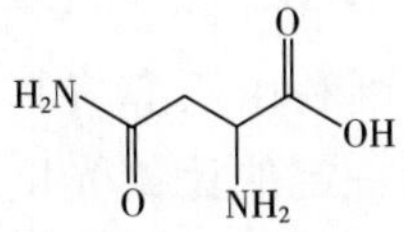	5.41	Asn（N）	极性、中性氨基酸
14	谷氨酰胺	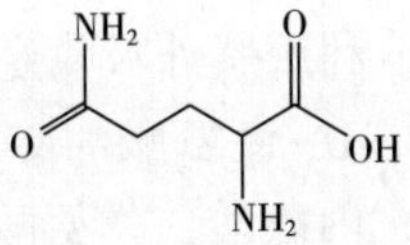	5.65	Glu（Q）	极性、中性氨基酸
15	* 苏氨酸	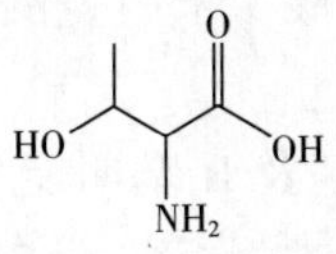	5.60	Thr（T）	极性、中性氨基酸
16	天冬氨酸	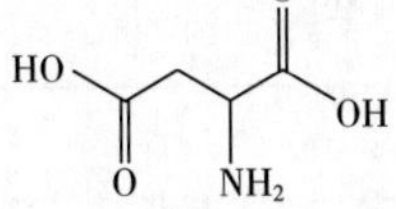	2.97	Asp（D）	酸性氨基酸
17	谷氨酸	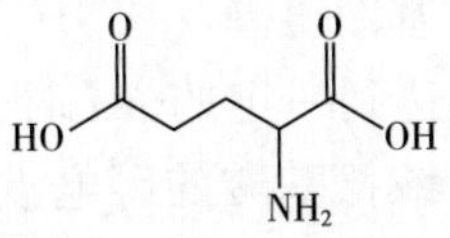	3.22	Glu（E）	酸性氨基酸
18	* 赖氨酸	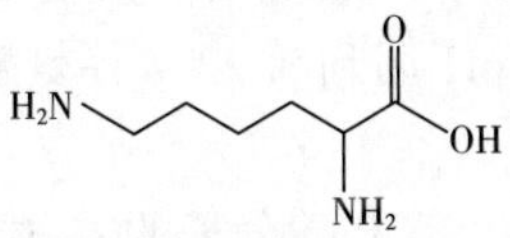	9.74	Lys（K）	碱性氨基酸

续表

序号	名称	结构	等电点	缩写符号	分类
19	精氨酸	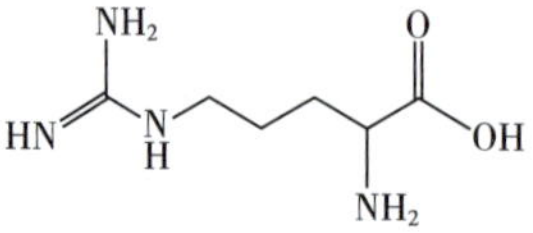	10.76	Arg（R）	碱性氨基酸
20	*组氨酸	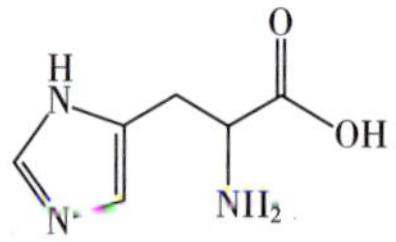	7.59	His（H）	碱性氨基酸

注：* 代表必需氨基酸。

3. 氨基酸的性质

（1）物理性质　各种常见氨基酸均为无色结晶，熔点一般在 200~300℃，一般能溶于水、稀酸、稀碱，不溶于有机溶剂，可利用乙醇将其从水溶液中沉淀析出。除甘氨酸外，每种氨基酸都具有旋光性和一定的比旋光度，可用旋光法测定氨基酸的纯度。各种常见氨基酸都不吸收可见光，酪氨酸、色氨酸和苯丙氨酸可显著地吸收紫外光，可在特定波长（280nm）下利用紫外吸收定量测定其含量。氨基酸多具有不同的味感，D 型氨基酸多有甜味，D-色氨酸甜味是蔗糖的 40 倍；L 型氨基酸有甜、苦、鲜、酸 4 种味感，甘氨酸、丙氨酸、丝氨酸、苏氨酸、脯氨酸呈甜味，缬氨酸、亮氨酸、异亮氨酸、甲硫氨酸、苯丙氨酸、色氨酸、精氨酸、组氨酸等呈苦味；谷氨酸钠呈鲜味。

（2）化学性质　氨基酸分子的氨基、α-羧基及 R 基团能分别产生多种基团特有的化学反应，可应用于氨基酸或蛋白质定性定量测定、蛋白质合成或顺序分析、蛋白质分子化学修饰研究结构和功能的关系等方面。

思考：中性氨基酸溶液的 pH 是 7 吗？

①氨基酸等电点：氨基酸分子中含有碱性基团氨基（—NH_2）和酸性基团羧基（—COOH），是两性电解质。当介质的酸碱度达到一定的 pH 时，氨基酸会以电中性的偶极离子状态存在，此时溶液的 pH 称为该氨基酸的等电点（p*I*）。由于静电作用，氨基酸在等电点时在水中的溶解度最小，最易结晶沉淀。可利用此性质，在工业上提取氨基酸产品，例如，将发酵液 pH 调到 3.22（谷氨酸等电点），使谷氨酸大量沉淀析出。

②成肽反应：氨基酸分子 α-氨基与另一个氨基酸分子的 α-羧基脱水缩合形成肽键，连接生成线型聚合物，称为肽或肽链。肽键又称酰胺键，是蛋白质结构中主要的化学键，比较稳定，不易被破坏。

两个氨基酸构成的肽称为二肽，三个氨基酸形成的称为三肽，以此类推。通常把低于10个氨基酸构成的肽称为寡肽，多于10个氨基酸构成的肽称为多肽。蛋白质所含氨基酸残位称为氨基酸残基。

③与茚三酮反应：在弱酸性溶液中氨基酸与水合茚三酮试剂共热，可发生脱氨、脱羧反应，生成的氨和还原茚三酮再与茚三酮反应，生成蓝紫色化合物。此反应非常灵敏，几个微克的 α-氨基酸即可显色。经过层析分离的氨基酸，用茚三酮显色可进行定性定量测定，也可用于蛋白质定量测定，蓝紫色反应液在540nm有最大的吸收率。

④与甲醛反应：向氨基酸溶液中添加中性甲醛溶液，使氨基酸不能生成两性离子，再以酚酞指示剂用碱滴定释放出来的氢离子，间接测定氨基酸的量，称为甲醛滴定法，是工业上生物化工产品、食品、发酵产品中常用的测定氨基酸的原理和方法。

⑤与亚硝酸反应：在室温下，除脯氨酸外，含游离 α-氨基的氨基酸都能与亚硝酸反应，生成相应的羟基酸，定量地放出氮气，可以定量测定氨基氮。

⑥褐变反应：氨基酸的氨基与糖类的羰基在加热的条件下易发生反应，生成羰氨化合物，进而缩合成更复杂的棕色到黑色化合物“类黑素”。

⑦脱氨基、脱羧基反应：氨基酸经强氧化剂或酶的作用发生脱氨基反应生成酮酸，经高温或细菌作用发生脱羧基反应生成胺。这两种反应经常发生在变质的鱼、肉类等蛋白质丰富的食物中，使食物产生不良的气味和毒性。

二、 蛋白质的生物学意义

蛋白质是生命最重要的物质基础之一，是构成生物体的基本物质，是生物体生长及维持生命活动所必需的物质，蛋白质在生物学中的作用具体表现在以下几个方面：

1. 形态学功能

生物体的各种组织结构都有蛋白质参加构成，从最简单的生物体如病毒，到最复杂的人类，其各种组织结构的干物质都有蛋白质。例如，噬菌体就是由蛋白质和核酸组成的核蛋白体；动物的毛、角、蹄、肌肉等形态结构的干物质主要成分都是蛋白质。

2. 生理活性功能

生物体的代谢活动和各种生理现象都是种种功能不同的蛋白质参加作用的过程。例如，酶的催化作用；蛋白类激素调节代谢作用；运载蛋白的输导作用；细胞色素蛋白传递电子的作用；糖蛋白的细胞识别作用；免疫蛋白的抗感染作用等。由此可知，蛋白质与生命息息相关，没有蛋白质也就没有生命活动。

3. 营养功能

外源蛋白质是人和动物的重要营养物质，也是许多微生物所需要的营养物质。外源蛋白质经消化分解生成的氨基酸被细胞吸收后，主要作为合成自身蛋白质或其他含氮化合物的原料。有一部分氨基酸能被作为细胞的能源氧化分解。人体的能量来源主要靠糖类分解产生，但合理的营养要求有10%左右的能量由蛋白质氧化分解供应。

4. 遗传学功能

基因的表达是通过生物自身合成蛋白质表现出来的。

三、 蛋白质的结构

蛋白质是由不同种类、数量的氨基酸按一定排列顺序构成的生物大分子，相对分子质量常在10000以上，有的可达数十万，甚至上百万，其结构非常复杂。研究表明，蛋白质的结构有不同的层次，人们为了便于研究和认识，将它们分为一级结构、二级结构、三级结构和四级结构。不同的蛋白质其结构层次有所不同，有些只有一、二、三级结构，有些还有四级结构。

1. 蛋白质的一级结构

根据国际理论化学和应用化学协会（International Union of Pure and Applied Chemistry，IUPAC）规定，蛋白质的一级结构是指蛋白质肽链中氨基酸的排列顺序。蛋白质的一级结构也称为蛋白质共价结构，蛋白质的种类和生物活性都与构成多肽链的氨基酸种类及氨基酸排列顺序有关，基于这种一级结构，通过蛋白质长链本身的折叠方式（二级结构），再进一步在空间形成立体构象（三级结构）及亚基的聚合，从而形成一个蛋白质整体，即蛋白质的一级结构决定了它的二级和三级结构。正因为蛋白质有各自独特的构造和氨基酸排列方式，所以显示了特有的化学性质、物理性质、生物性质及功能。

2. 蛋白质的二级结构

蛋白质的二级结构是指多肽链中彼此靠近的氨基酸残基之间通过氢键相互作用而形成的空间关系，也指蛋白质分子中多肽链本身的折叠方式。二级结构主要是α-螺旋结构，其次是β-折叠结构和β-转角。

α-螺旋是蛋白质中最常见，含量最丰富的二级结构。每螺旋有3.6个氨基酸残基，沿螺旋轴方向上升0.54nm，每个残基绕轴旋转100°，沿轴上升0.15nm，如图4-2所示。蛋白质中的螺旋几乎都是右手的，因其

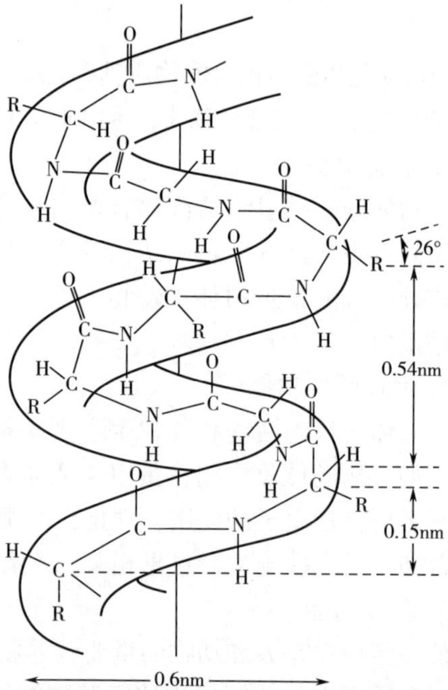

图4-2 α-螺旋（右手）三维结构

空间位阻较小，比较符合立体化学的要求，易于形成，构象也稳定。

一条多肽链能否形成螺旋，以及形成的螺旋是否稳定，与它的氨基酸组成和排列顺序有极大的关系，R 基的大小及电荷性质对多肽链能否形成 α-螺旋也有影响，如果 R 基小，并且是不带电荷的多聚丙氨酸，在 pH 7.0 的水溶液中能自发地卷曲成 α-螺旋；含有脯氨酸的肽链不具备亚氨基，不能形成链内氢键，因此，多肽链中只要存在脯氨酸（或羟脯氨酸），α-螺旋即被中断，并产生一个“结节”。

β-折叠或 β-折叠片是蛋白质中第二种最常见的二级结构。两条或多条几乎完全伸展的多肽链侧向聚集在一起，相邻肽链主链上的—NH 和 C—O 之间形成有规则的氢键，这样的多构象就是折叠片，如图 4-3 所示。除作为某些纤维状蛋白质的基本构象之外，β-折叠也存在于球状蛋白质中，β-转角是在蛋白质分子中肽链出现 180°回折部分（图 4-4），图中 1、2、3、4 分别表示 β-转角旋转的碳原子位置。

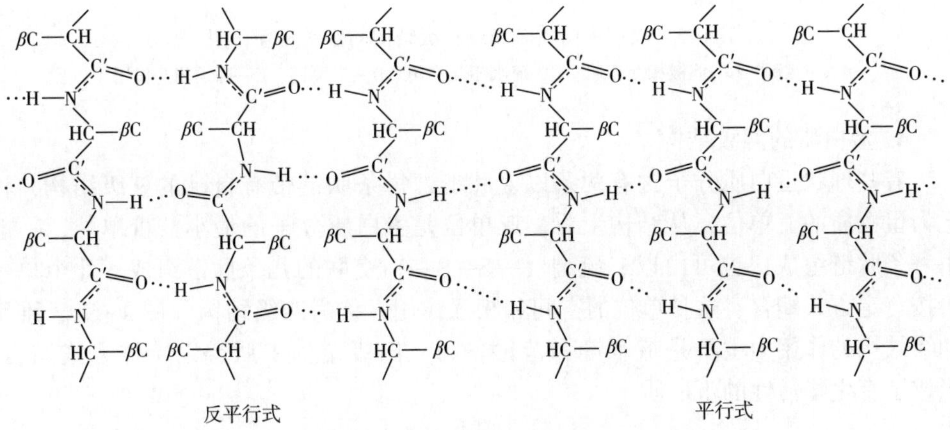

图 4-3　β-折叠分子结构式

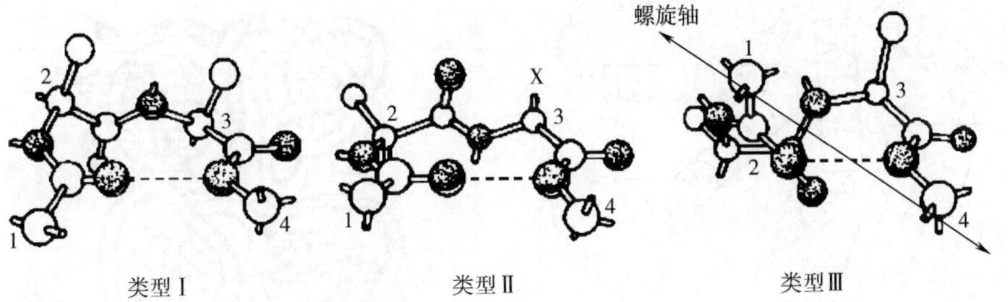

图 4-4　β-转角原子棍棒模型结构

3. 蛋白质的三级结构

蛋白质的三级结构是指多肽链中相距较远的氨基酸之间的相互作用而使多肽链弯曲或折叠形成的繁密而具有一定刚性的结构，是二级结构的多肽链进一步折叠，卷曲形成复杂的球状分子结构，如图 4-5 所示。多肽链所发生的盘旋是由蛋白质分子中的氨基酸残基链（R 基团）的顺序决定的，产生与维持三级结构的作用力是肽链中 R 基团间的相互作用，即二硫键（共价键），盐键（离子键），氢键及疏水键的相互作用（图 4-5）。

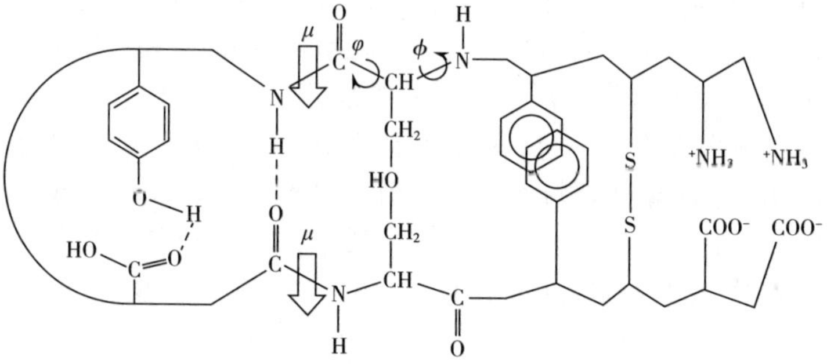

图 4-5　决定蛋白质二级或三级结构的键或相互作用

A—氢键　B—偶极相互作用　C—疏水相互作用　D—二硫键　E—离子相互作用

4. 蛋白质的四级结构

有些球状蛋白质分子含有两条以上肽链，每条肽链带有自己的三级结构，称之为蛋白质的亚单位，从结构上看，亚单位是蛋白质分子的最小共价单位，一般由一条肽链组成，也可由以二硫键（—S—S—）交联的几条肽链组成。几个单位再按一定方式缩合，这种单位的空间和相互作用，称为四级结构（图 4-6），维系四级结构的作用力主要是疏水键和范德华力。四级结构中肽链以特殊方式结合，形成了有生物活性的蛋白质。

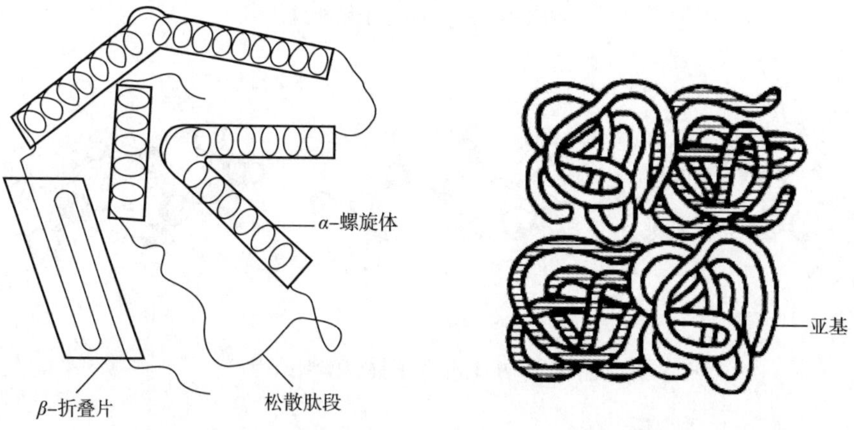

（1）三级结构　（2）四级结构

图 4-6　蛋白质的高级结构

研究表明，各种蛋白质（包括酶）的生物功能不同，其基数也不同，有些蛋白质分子由一条多肽链组成三级结构，但大多数蛋白质是在三级结构的基础上组装成四级结构。

四、 蛋白质的性质

蛋白质是由许多氨基酸组成的高分子化合物，其性质由构成其氨基酸的化学结构、种类和数量所决定。

（一）蛋白质的理化性质

1. 蛋白质的两性解离与等电点

（1）蛋白质的两性解离　蛋白质分子中除了仍具有末端 α-氨基和 α-羧基外，还有 β-羧基、γ-羧基、ε-氨基、咪唑基、胍基、酚基、巯基等侧链酸性基团和碱性基团，在不同的 pH 条件下，这些基团发生不同程度的解离，使蛋白质呈酸性或碱性，所以，蛋白质与氨基酸相似，是一种同性电解质，只是可解离基团增多，同性解离情况比氨基酸复杂，在一定 pH 条件下产生多价解离，其分子所带电荷的性质和数量是由蛋白质分子中可解离基团的种类以及 pH 所决定。

（2）蛋白质的等电点　在一定 pH 条件下，蛋白质分子以酸性基团解离为主时所带净电荷为负，在电场中间向正极迁移，当某一 pH 时该蛋白质分子所带正负电荷相等，净电荷为零，就成为偶极电子（两性电子）。在电场中既不向正极也不向负极迁移，此时溶液的 pH 即为该蛋白质的等电点（pI）。不同带电性质和不同大小、形状的蛋白质分子在电场中的迁移方向和速度不同，因此，可用电泳的方法分离、纯化、鉴定和制备蛋白质。

蛋白质的等电点决定于其所含氨基酸的种类和数目（即碱性氨基酸与酸性氨基酸的比例）。所含碱性和酸性氨基酸数目相近的蛋白质称中性蛋白质，等电点大多为中性偏酸（因羧基解离度略大于氨基）；含碱性氨基酸较多的碱性蛋白质，等电点在碱性区域，含酸性氨基酸较多的蛋白质，等电点则在酸性区域。

蛋白质分子在等电点时，导电率、渗透压、溶解度、黏度等均达到其最低值。这是因为等电点时，蛋白质分子以两性离子存在，本身所带净电荷为零。这样的蛋白质分子间无电荷作用，最不稳定，极易结合成较大的聚集体而沉淀析出，利用蛋白质在等电点时溶解度最小的性质可分离和纯化蛋白质。

2. 蛋白质的胶体性质

（1）蛋白质是水溶胶　蛋白质是高分子化合物，分子质量大，它在水溶液中所形成的单分子颗粒，已达到胶体颗粒直径 1～100nm 的范围；蛋白质又是两性电解质，在非等电点时同种蛋白质分子带相同电荷而相互排斥；同时，蛋白质分子表面有许多极性亲水基团，为水分子所包围形成水化膜，是蛋白质胶体溶液形成的三个必要条件。故蛋白质分子是亲水溶胶，它的水溶液具有胶体溶液的通性，如布朗运动、丁达尔现象、不能透过半透膜、具有吸附能力等。

（2）蛋白质的溶解性与沉淀　由于蛋白质在非等电点溶液中形成带电离子，则溶液的离子强度不同其溶解性不同。在一定范围内，加入少量中性盐离子增加溶液的离子强度其溶解性将增大，这种现象称为盐溶（图 4-7）。这是因为低离子强度时蛋白质分子吸附盐离子带电表层使它们彼此排斥，有利于克服蛋白质分子间的聚集作用力。

当加入高浓度趋中性盐时，大量的盐离子将破坏蛋白质分子表面的水化层，中和它们的电荷，使蛋白质沉淀析出，这种现象称盐析。各种蛋白质的吸水性及荷电性均有差别。因此，不同蛋白质所需中性盐浓度也不同，只要调节中性盐浓度，就可使蛋白质溶液中的几种蛋白质分段沉淀析出，这种方法称为分段盐析。所沉淀的蛋白质仍保持原有的生物活性，因此，是分离制备蛋白质常用的方法。

不仅加入大量中性盐可以使蛋白质沉淀，任何使蛋白质稳定的因素受破坏的措施都能使蛋白质沉淀。因此，常用沉淀蛋白质的方法还有以下四种。①有机溶剂法：有机溶剂可破坏蛋白质分子的水化膜使蛋白质沉淀。②重金属离子沉淀法：重金属离子带正电荷，能与在 $pH>pI$ 的溶液中带净负电荷的蛋白质结合成不溶性蛋白盐沉淀。误服重金属盐后采用口服大量牛乳、豆浆或生蛋清，再服催吐剂的办法解救就是利用这一原理。③生物碱和某些酸类沉淀法，蛋白质在 $pH<pI$ 的溶液中解离成带净正电荷的离子，苦味酸、单宁酸、三氯乙酸、钨酸等均能与之作用生成沉淀析出。④加热变性，变性后蛋白质溶解度降低析出沉淀。

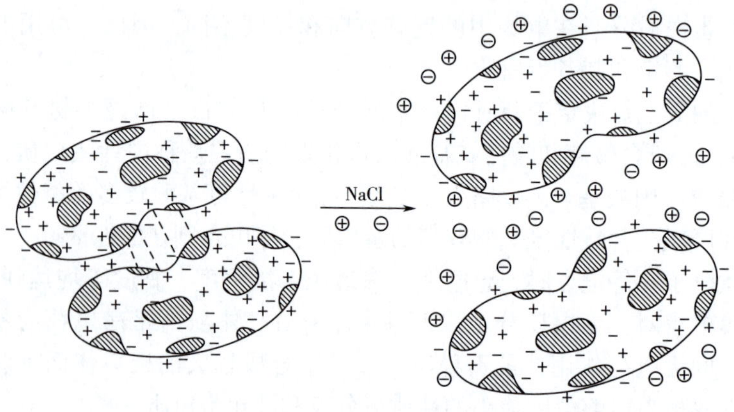

图 4-7　蛋白质的盐溶作用

3. 蛋白质的显色反应

在蛋白质分析工作中，常利用蛋白质分子中某些氨基酸或其他特殊结构与某些试剂产生颜色反应来进行定性和定量测定。其主要呈色反应有以下几种。

（1）一般反应　所谓的一般反应指游离氨基酸也具备的反应。蛋白质由氨基酸构成，除了末端 α-氨基和末端 α-羧基外，还含有众多的氨基酸侧链基团，所以氨基酸具有的反应蛋白质都具有，其主要的反应列于表 4-4。

表 4-4　　蛋白质的一般颜色反应

反应名称	试剂	颜色	反应基团
米伦反应	$HgNO_3$ 及 $Hg(NO_3)_2$ 混合物	红色	酚基
黄色反应	浓硝酸（苯丙氨酸不易硝化，需加入少量浓硫酸）	黄色	苯基
乙醛反应	乙醛酸	紫色	吲哚基
茚三酮反应	茚三酮	蓝色	自由氨基及羧酸
酚试剂反应	硫酸铜及磷钨酸-磷钼酸	蓝色	酚基、吲哚基
萘酚次氯酸盐反应	萘酚次氯酸盐	红色	胍基

(2) 双缩脲反应　尿素加热到 180℃生成双缩脲，双缩脲在碱性溶液中与硫酸铜反应产生紫红色化合物，故称双缩脲反应。因为蛋白质中的肽键与双缩脲的结构相似，所以蛋白质与硫酸铜在碱性条件下作用也发生双缩脲反应，产生紫红色化合物，这一反应是蛋白质具有的特殊呈色反应，可用于蛋白质或肽的定性和定量分析。

（二）蛋白质的变性

1. 影响蛋白质变性的理化因素

天然蛋白质因受物理或化学因素影响，破坏了蛋白质内部的次级键，分子构象发生变化，从有序而紧密的结构变为无序结构，致使蛋白质的理化性质和生物学功能随之发生变化，但一级结构未遭破坏，这种现象称为变性作用。变性后的蛋白质称为变性蛋白，如图 4-8 所示。中国科学家吴宪在 1931 年最先提出蛋白质变性学说“天然蛋白质之分子，因环境种种之关系从有序而紧密之构造，变为无序之构造，是为变性作用”。

蛋白质的变性
——动画视频

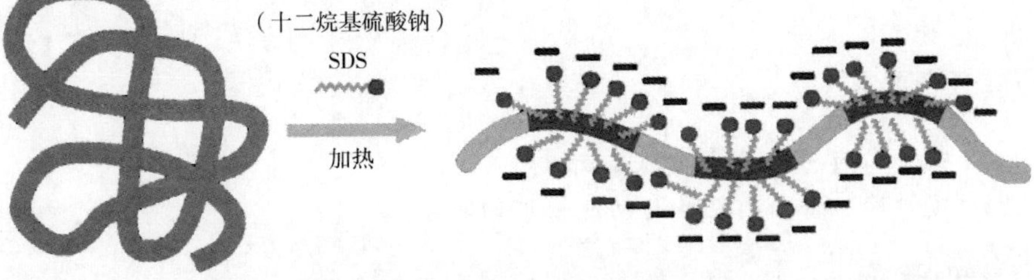

图 4-8　蛋白质的变性作用

导致蛋白质变性因素有很多，物理因素如加热、高压、紫外线辐射、X 射线、超声波、剧烈震荡和搅拌等；化学因素如强酸、强碱、脲、去污剂、重金属盐、三氯醋酸、浓乙醇等。蛋白质变性包括二硫键的断裂、非共价键的破坏，以及除肽链断裂以外的其他变化。变性结果使蛋白质出现下列特征：①蛋白质的空间结构由有序转为无序，生物活性随之丧失，如酶失去催化功能，血红蛋白丧失载氧能力等；②原本包裹在分子内部的疏水侧基外露，疏水性增加，溶解度下降，黏度增加，扩散系数降低，蛋白质易成絮状凝结；③原来埋藏在蛋白质分子内部的芳香族侧链基团暴露到分子表面，从而出现光谱吸收变化；④生物化学性质发生改变，变性蛋白分子结构伸展松散，易被蛋白水解酶作用，如熟食易被消化。

当引起变性的因素作用比较温和，蛋白质构象仅仅是有些松散时，如果除去变性因素，蛋白质可按照热力学原理缓慢地重新自发折叠恢复成原来的构象，这种现象称作复性。例如，核糖核酸酶用尿酸和β-巯乙醇处理后，构象破坏，成为变性蛋白，失去催化活性，当用透析法除去变性剂（尿素）和还原剂（β-巯基乙醇）后，天然构象恢复，酶活性也随之恢复，这种情况属可逆变性。当变性条件剧烈时，蛋白质分子变性后相互凝结成块，成为凝固状态，这样的变形是不可逆性。煮鸡蛋就是众所周知的例子，加热使鸡蛋清的构象改变，天然的多肽链产生变性，形成凝固蛋白，再也无法复性。

在生物体的生命活动中，有不少现象与蛋白质变性有关。例如，机体衰老时，有关蛋白质逐渐变性，亲水性渐弱，皮肤失去弹性；再如，种子贮存过久，蛋白质的亲水性降低而失去发芽力。

2. 变性的应用

蛋白质变性原理在生产和生活中具有重要的作用。例如，生活中把大豆蛋白质溶液加热制成豆腐；在防止病虫害、灭菌和临床常用酒精、加热、紫外线照射等方法进行消毒，使细菌菌体或病毒蛋白质变性而失去致病和繁殖能力；分析非蛋白质成分时，常常用三氯乙酸将样品中的蛋白质变性沉淀除去。另外，在制备蛋白质和酶制剂过程中，为了保持其天然构象，必须防止发生变性，操作过程中就必须注意保持低温，避免各种因素引起蛋白质变性。

任务二 鸡蛋蛋清蛋白功能性质的测定

任务要求

1. 掌握蛋白质功能性质的测定方法。
2. 会定性检验蛋白质结构与功能性质的联系。

知识贮备

蛋白质的功能性质一般是指对食品的加工、贮藏、销售过程中发生有利作用的性质，可分为水化性质、表面性质、蛋白质与蛋白质相互作用三个主要类型，主要包括有吸水性、溶解性、保水性、分散性、黏度和黏着性、乳化性、起泡性、凝胶作用等。这些性质与蛋白质在食品体系中的用途有着十分密切的关系，是开发和有效利用蛋白质资源的重要依据。

任务实施

1. 任务分组

学生依据任务工作要求和任务具体内容，并结合自身兴趣爱好和对任务了解的基本情况自由组合，2~3 人为一组，开展任务实施。

2. 材料准备

（1）仪器　烧杯（250mL、100mL、50mL）、试管、电动搅拌器、显微镜、冰箱、恒温水浴锅。

（2）试剂准备

①2%蛋清蛋白溶液：取 2g 蛋清加 98g 蒸馏水稀释，过滤取清液。

②卵黄蛋白——鸡蛋除蛋清后剩下的蛋黄捣碎。

③大豆分离蛋白粉。

④1mol/L HCl、1mol/L NaOH、1mol/L NaCl 溶液、NaCl 饱和溶液、$CaCl_2$饱和溶液、$(NH_4)_2SO_4$饱和溶液、酒石酸（分析纯）、$(NH_4)_2SO_4$（分析纯）、NaCl（分析纯）、δ-葡萄糖酸内酯（食品级）、水溶性红色素（食品级）、明胶（食品级）。

3. 实施步骤

准备鸡蛋→蛋清蛋白制备→卵黄蛋白制备→蛋清蛋白水溶性测试→卵黄蛋白乳化性测试→蛋清蛋白起泡性测试→蛋清蛋白凝胶作用测试→测试现象记录→测试结果分析

4. 实施要点

（1）蛋白质水溶性测试

①在 50mL 的小烧杯中加入 0. 5mL 蛋清蛋白，加入 5mL 水，摇匀，观察其水溶性，有无沉淀产生。在溶液中逐滴加入饱和 NaCl 溶液，摇匀，得到澄清的蛋白质的氯化钠溶液。

鸡蛋蛋白的功能性质——操作视频

②取上述蛋白质的氯化钠溶液 3mL，加入 3mL 饱和的硫酸铵溶液，观察球蛋白的沉淀、析出；再加入粉末硫酸铵至饱和，摇匀，观察蛋清蛋白从溶液中析出，解释蛋清蛋白质在水中及氯化钠溶液中的溶解度以及蛋白质沉淀的原因。

③在四支试管中各加入 0. 1~0. 2g 大豆分离蛋白粉，分别加入 5mL 水、5mL NaCl 饱和溶液、5mL 1mol/L NaCl 溶液、5mL 1mol/L NaOH 溶液、5mL 1mol/L 的 HCl 溶液，摇匀，在温水中温热片刻观察大豆蛋白粉在不同溶液中的溶解度。

④在上述第 1、第 2 支试管中加入饱和（$(NH_4)_2SO_4$）溶液 3mL，析出大豆球蛋白沉淀；在第 3、第 4 支试管分别用 1mol/L HCl 及 1mol/L NaOH 中和至 pH 4~4. 5，观察沉淀的生成，解释大豆蛋白的溶解性以及 pH 对大豆蛋白溶解性的影响。

（2）蛋白质乳化性测试

①取 5g 卵黄蛋白加入 250mL 的烧杯中，加入 95mL 水，0. 5g NaCl，用电动搅拌器搅匀后，在不断搅拌下滴加植物油 10mL，滴加完后，强烈搅拌 5min 使其分散成均匀的乳状液，静置 10min。

②待泡沫大部分消除后，取出 10mL，加入少量水溶性红色素染色，不断搅拌直至颜色均匀，取一滴乳状液在显微镜下仔细观察，被染色部分为水相，未被染色部分为油相，根据显微镜下观察所得到的染料分布，确定该乳状液是水包油型还是油包水型。

③配制 5%的大豆分离蛋白溶液 100mL，加 0. 5g NaCl，在水浴上温热搅拌均匀，同上法加 10mL 植物油进行乳化。静止 10min 后，观察其乳状液的稳定性，同样在显微镜下观察乳状液的类型。

（3）蛋白质起泡性测试

①不同的搅拌方式对蛋白质起泡性的影响。在 3 个 250mL 的烧杯中各加入 2%的蛋清蛋白溶液 50mL，一份用电动搅拌器连续搅拌 1~2min；另一份用玻璃管不断鼓入空气泡 1~2min，观察泡沫的生成，估计泡沫的多少及泡沫稳定时间的长短。评价不同的搅拌方式对蛋白质起泡性的影响效果。

②温度对蛋白质起泡性的影响。取两个 250mL 的烧杯各加入 2%的蛋清蛋白溶液 50mL，一份放入冷水或冰箱中冷至 10℃，一份保持常温（30~35℃），同时以相同的方式搅动 1~2min，评价泡沫产生的数量及泡沫稳定性有何不同。

③酸或盐对蛋白质起泡性的影响。取 3 个 250mL 的烧杯各加入 2%的蛋清蛋白溶液 50mL，其中一份加入酒石酸 0. 5g，一份加入氯化钠 0. 1g，以相同的方法搅拌 1~2min，观察泡沫产生的多少及泡沫的稳定性。

用 2%的大豆蛋白溶液进行以上的同样实验，比较蛋清蛋白与大豆蛋白的起泡性。

（4）蛋白质凝胶作用测试

①在试管中取 1mL 蛋清蛋白，加 1mL 水和几滴饱和氯化钠溶液至溶解澄清，放入沸水浴中，加热片刻观察凝胶的形成。

②在 100mL 烧杯中加入 2g 大豆分离蛋白粉和 40mL 水，在沸水浴中加热不断搅拌均匀，稍冷。使其分成两份，一份加入 5 滴饱和 $CaCl_2$，另一份加 0. 1~0. 2g δ-葡萄糖酸内酯，放置温水浴中数分钟，观察凝胶的形成。

③在试管中加入 0. 5g 明胶、5mL 水，水浴中温热溶解形成黏稠溶液，冷却后，观察凝胶的生成。

5. 实验结果记录与分析（表 4-5）

表 4-5　　鸡蛋蛋清蛋白功能性质测定实验数据记录表

样品	测试项目	测试现象	测试结论
1			
2			
3			
4			

6. 相关提示

(1) 蛋白质起泡性测试，需注意控制搅拌温度和强度，否则会引起蛋白质变性。

(2) 蛋白质凝胶性测试，需要严格控制温度，避免温度过高导致蛋白质变性。

考核要点

(扫二维码可获得详细考核信息)

1. 蛋白质主要的功能性质。
2. 凝胶形成的条件。
3. 蛋白质水合能力的影响因素。

鸡蛋蛋清蛋白功能性质的测定考核要点

思考题

1. 分析蛋白质的溶解性和水合能力关系。
2. 蛋白质起泡性与哪些因素相关？
3. 解释 Ca^{2+} 促进蛋白质胶凝作用原因。

相关知识

一、食品蛋白质的功能性质

食品蛋白质的功能性质是指在食品加工、贮藏和销售过程中蛋白质对食品产生必要特征的物理和化学性质。食品蛋白质的功能性质分为三大类：①水合性质(取决于蛋白质与水的相互作用，包括水的吸收和保持能力、湿润性、溶胀性、黏附性、分散性、溶解度和黏度)；②表面性质（包括蛋白质的表面张力、乳化作用、起泡性、成膜性、气味吸收持续性等)；③蛋白质-蛋白质相互作用的有关性质（包括弹性、沉淀、凝胶作用和形成其他各种结构时起作用的性质)。这些性质相互关联、相互影响，如凝胶作用不仅取决于蛋白质-蛋白质相互作用，而且也受到蛋白质与水相互作用的影响。

系统测定各种食品蛋白质的功能性质，有助于在食品加工业中合理开发和使用蛋白质资源。

1. 水合性质

蛋白质的水合（Hydration）主要取决于蛋白质分子的肽键和氨基酸侧链与水分子间的相互作用。大多数食品是水合固态体系。食品中的蛋白质和其他成分的物理、化学及流变性质，不仅受到体系中水的强烈影响，而且还受到水分活度的影响。

环境因素对蛋白质水合作用有一定影响，如蛋白质的浓度、pH、温度、时间、离子强度以及其他成分的存在都能影响蛋白质-蛋白质和蛋白质-水的相互作用。

思考：怎样贮藏的牛肉鲜嫩、多汁？

①浓度的影响：蛋白质的总水吸附率随着蛋白质浓度增加而增加。

②pH 的影响：由于 pH 的变化能影响蛋白质的解离和静电荷量，因而能改变蛋白质的相互吸引力、排斥力以及它们缔合水的能力。在等电点时，蛋白质-蛋白质的相互作用达到最大，而缔合和收缩蛋白质表现最小的水合作用和膨胀力。例如，在宰后僵直期的生牛肉中，当 pH 从 6.5 降至 5.0 左右时，其持水容量明显下降，因而导致生牛肉的汁液减少，嫩度降低。

③温度的影响：温度在 0~40℃或 0~50℃时，蛋白质的水合能力会随温度的升高而提高更高温度时，蛋白质会发生变性和凝集，产生胶凝作用会降低蛋白质的表面积和侧链极性氨基酸和水结合的有效性。蛋白质中结合水的含量受温度的影响不大，但随温度升高，氢键的结合水和表面结合水会下降，可溶性也随温度的升高而降低。另外，当将结构十分致密的蛋白质加热时，会发生解离和伸展，会使原来掩蔽的肽键和极性侧链暴露到表面上来，因而提高了蛋白质的吸水能力。

④离子的种类和浓度对蛋白质的影响：蛋白质的水合性质主要用吸水能力、持水性和溶解度表示。水、盐和氨基酸侧链之间常常会发生竞争性结合，低盐浓度时，蛋白质的水合作用增加，而在高浓度时，水-盐间的相互作用会超过水-蛋白质之间的相互作用，此时可能会引起蛋白质的脱水。蛋白质吸附和保持水的能力对各种食品的质地性质起着重要的作用，尤其是对碎肉和面团。大豆蛋白质因具有良好的保水性而被广泛用于肉制品中，对于肉制品来说，添加大豆蛋白有利于保持肉汁，有助于肉制品长期保持良好的口感和风味。

如果蛋白质不溶解，则因吸水性会导致膨胀，这会改变它的质构、黏度和黏着力等特性。食品中蛋白质的水分蒸发干燥后即可得到具有多孔结构的不溶性蛋白质凝胶，吸水后又变为柔软而富有弹性。这种蛋白质干物质的吸水称为膨润。膨润在食品工业中是常见的过程，如谷类和豆类的浸泡，面团的调制，泡发明胶、鱿鱼等制品。干燥的蛋白质凝胶，由于不溶性蛋白网络内毛细血管作用力增加，而使蛋白质的吸水显著增强。

膨润过程受 pH 的影响，如酸碱物质对面筋的膨润能力影响很大，在等电点左右时由于水化作用弱，膨润程度差，使面筋变得坚硬。而在远离等电点的 pH 下，水化作用增强，面筋膨润程度好，变得易于拉长。在泡发鱼翅、海参时碱可加速膨润，也是由于 pH 增高使蛋白质的亲水性增强的缘故。若在干制时蛋白质变性程度越小，则膨润后复原性越好。膨润受温度的影响也很明显，升高温度不仅可加速膨润，而且也可提高膨润度，但若温度太高，蛋白质发生变性，则效果相反。膨润过程还与水中溶解的中性盐有关，由于中性盐也减小水化作用，可使面筋凝胶的韧性加强，若和面时加点食盐，则使面团更富于弹性。干燥蛋白质颗粒的大小、表面积内部的孔隙也会影响水吸收的速率与程度。

2. 蛋白质的溶解度

蛋白质的溶解度（Solubility）是蛋白质-蛋白质和蛋白质-溶剂相互作用达到平衡的热力学表现形式。Bigelow 认为，蛋白质的溶解度与氨基酸残基的平均疏水性和电荷频率有关。平均疏水性越小、电荷频率越大，蛋白质的溶解度越大。

蛋白质的溶解度
——动画视频

蛋白质的溶解性，可用水溶性蛋白质（WSP）、水可分散蛋白（WDP）、蛋白质分散性指标（PDI）、氮溶解性指标（NSI）来评价。

蛋白质的溶解度大小还与 pH、离子强度、温度和蛋白质浓度有关。大多数食品蛋白质的溶解度与 pH 是一条 U 形曲线，最低溶解度出现在蛋白质的等电点附近，在低于和高于等电点时，蛋白质分别带有净正电荷或净负电荷，带电的氨基酸残基的静电排斥和水合作用促进了蛋白质的溶解。但 β-乳球蛋白（p*I*5.2）和牛血清蛋白（p*I*4.8）即使在它们的等电点时，仍然是高度溶解的，这是因为其分子中表面亲水性残基的数量较多。由于大多数蛋白质在碱性 pH 8~9 是高度溶解的。因此，在此 pH 范围从植物资源中提取蛋白质，然后在 pH 4.5~4.8 处采用等电点沉淀法从提取液中回收蛋白质。

在低离子强度（<0.5mol/L）溶液中，盐离子中和蛋白质表面的电荷，从而产生了电荷屏蔽效应，如果蛋白质含有高比例的非极性区域，那么此电荷屏蔽效应使它的溶解度降低；反之，溶解度提高。当离子强度>1.0mol/L 时，盐对蛋白质溶解度具有特异的离子效应，硫酸盐和氟化物（盐）逐渐降低蛋白质的溶解度（盐析 Salting out），硫氰酸盐和过氯酸盐逐渐提高蛋白质的溶解度（盐溶 Salting in）。在相同的离子强度时，各种离子对蛋白质的溶解度的相对影响遵循 Hofmeister 系列规律，阴离子提高蛋白质溶解度的能力按下列顺序：$SO_4^{2-}<F^-<Cl^-<Br^-<I^-<ClO_4^-<SCN^-$，阳离子降低蛋白质溶解度的能力按下列顺序：$NH_4^+<K^+<Na^+<Li^+<Mg^{2+}<Ca^{2+}$，离子的这个性能类似于盐对蛋白质热变性温度的影响。

在恒定的 pH 和离子强度下，大多数蛋白质的溶解度在 0~40℃ 随温度的升高而提高，而一些高疏水性蛋白质，如 β-酪蛋白和一些谷类蛋白质的溶解度却与温度呈负相关。当温度超过 40℃ 时，由于热导致蛋白质结构的展开（变性），促进了聚集和沉淀作用，使蛋白质的溶解度下降。

假如能与水互溶的有机溶剂，如乙醇和丙酮，降低了水介质的介电常数，从而提高了蛋白质分子内和分子间的静电作用力（排斥和吸引），导致蛋白质分子结构的展开；在此展开状态下，介电常数的降低有能促进暴露的肽基团之间氢键的形成和带相反电荷的基团之间的静电相互吸引作用，这些相互作用均导致蛋白质在有机溶液-水体系中溶解度减少甚至沉淀。有机溶剂-水体系中疏水相互作用对蛋白质沉淀所起的作用是最低的，这是因为有机溶剂对非极性残基具有增溶的效果。

由于蛋白质的溶解度与它们的结构状态紧密相关，因此，在蛋白质的提取、分离和纯化过程中，它常被用来衡量蛋白质的变性程度。它还是判断蛋白质潜在应用价值的一个指标。

3. 蛋白质流体的黏度

流体的黏度反映它对流动的阻力。蛋白质流体的黏度主要是由蛋白质粒子在其中的表观直径决定（表观直径越大，黏度越大）。表观直径又依下列参数而变：①蛋白质分子的固有特性（如摩尔浓度、大小、体积、结构及电荷等）。②蛋白质-溶剂间的相互作用，这种作用会影响膨胀、溶解度和水合作用。③蛋白质-蛋白质之间的相互作用会影响凝集体的大小。

当大多数亲水性溶液的分散体系（匀浆或悬浊液）、乳浊液、糊状物或凝胶（包括蛋白质）的流速增加时，它的黏度系数降低，这种现象称为剪切稀释。剪切稀释可以用下面的现象来解释：①分子在流动的方向逐步定向，因而使摩擦阻力下降。②蛋白质水化球在流动方向变形。③氢键和其他弱键的断裂导致蛋白质聚集体或网络结构的解体。这些情况下，蛋白质分子或粒子在流动方向的表观直径减小，因而其黏度系数减小。当剪切处理停止时，断裂的氢键和其他次级键若重新生成而产生同前的聚集体，那么黏度又重新恢复，这样的体系称为触变体系。例如，大豆分离蛋白与乳清蛋白的分散体系就是触变体系。

黏度和蛋白质的溶解度无直接关系，但与蛋白质的吸水膨润性关系很大。一般情况下，蛋白质吸水膨润性越大，分散体系的黏度也越大。

蛋白质体系的黏度和稠度是流体食品如饮料、肉汤、汤汁、果酱和稀奶油的主要功能性质。蛋白质分散体的主要功能性质对于最适加工过程也同样具有实际意义。例如，在输送、混合、加热、冷却和喷雾干燥中都包括质量或热的传递。

4. 蛋白质的胶凝作用

蛋白质的胶凝作用与蛋白质在溶液中分散性降低（如缔合、聚集、聚合、沉淀、絮凝和凝结等）不同。蛋白质的缔合一般是指蛋白质在亚单位或分子水平上发生的变化；聚集或聚合一般是指大的复合物的形成；沉淀作用是指蛋白质未发生变性时的无规则聚集反应，经常发生于链间的聚集反应和蛋白质-蛋白质的相互作用大于蛋白质-溶剂的相互作用引起的聚集反应，并且可形成粗糙的凝块。而胶凝是变性的蛋

蛋白质的胶凝作用——动画视频

白质分子聚集并形成有序的蛋白质网络结构的过程。

胶凝作用可看成水分散于蛋白质所形成的具有部分固体性质的胶体，在许多食品如豆腐、皮冻、奶酪、碎肉制品等生产中都发挥着重要的作用。蛋白质的凝胶作用还能增稠，提高吸水性、颗粒黏结和乳浊液或气泡的稳定性。

大多数情况下，热处理就能产生胶凝作用。加热使蛋白分子变性，变性蛋白分子互相作用，然后冷却形成蛋白质的凝固态，如生鸡蛋蛋白溶液受热凝固。还有增加盐类，尤其是 Ca^{2+} 可以提高胶凝速率和胶凝强度，如制作豆腐时使用石膏（含 $CaCl_2$）作凝固剂。但是某些蛋白质不加热也可凝胶，通过调节 pH 到等电点附近，就可发生胶凝作用，如牛乳变酸结块。虽然许多凝胶是由蛋白质溶液形成的，但不溶或难溶性的蛋白质水溶液或盐水分散液也可以形成凝胶，如动物血浆中加入食盐后成血豆腐。因此，加热并不是胶凝作用必须的条件。

一般认为蛋白质网络的形成是由于蛋白质-蛋白质、蛋白质-溶剂间的相互作用，邻近肽链之间的吸引力和排斥力达到平衡时所引起的。当蛋白质浓度较高时，因分子间接触的概率大，更容易产生蛋白质分子间的吸引力和胶凝作用。当 pH 和等电点相差很大，静电排斥和蛋白质-水之间的相互作用有利于肽链的分离时，如果蛋白质溶液浓度较高，促进共价二硫交联键形成也能生成凝胶。当球状蛋白质的分子质量低于 23000u 时，在任何蛋白质浓度下，都不能形成热诱导凝胶（蛋白质分子中含有至少 1 个游离的—SH 基或 1 个二硫键除外）。

因为凝胶中蛋白质分子间的作用力不一样，凝胶有可逆与不可逆之分。明胶凝胶则主要通过形成氢键而保持稳定，加热时（约 30℃）会融化，而且这种凝结融化可反复循环多次而不失去胶凝性。但是以二硫键作用为主的凝胶（蛋清蛋白），在热作用下一旦形成凝胶，就成为稳定状态，即热不可逆凝胶。

5. 蛋白质的质构化

蛋白质的质构化（Texturization）或者叫组织形成性，是在开发利用植物蛋白和新蛋白质中要特别强调的一种功能性质。因为这些蛋白质本身不具有像畜肉那样的组织结构和咀嚼性，经过质构化后可使它们变为具有咀嚼性和持水性良好的片状或纤维状产品，从而制造出仿造肉或替代品。另外，质构化加工方法还可用于动物蛋白质的“重质构化”（Retexturization）或“重整”，如牛肉或禽肉的“重整”。

蛋白质的质构化
——动画视频

蛋白质的质构化技术在以下几个方面得到应用。

（1）热凝胶结和形成薄膜　浓缩的大豆蛋白质溶液能在滚筒干燥机等同类型机械的金属表面热凝，产生薄而水化的蛋白质膜，能被折叠压缩在一起切割。豆乳在 95℃ 下保持几小时，表面水分蒸发，热凝结而形成一层薄的蛋白质-脂类膜，这层膜被揭除后，又形成一层膜，可以重新反复几次再产生同样的膜，这就是我国加工腐竹（豆腐衣）的传统方法。

（2）纤维的生成　大豆蛋白和乳蛋白液都可喷丝而组织化，就像人造纺织纤维一样，这种蛋白质的功能特性就称为蛋白质的纤维形成作用。利用这种功能特性，将植物蛋白或乳蛋白浓溶液喷丝、缔合、成型、调味后，可制成各种风味的人造肉。其工艺过程：在 pH 10 以上制备质量分数为 10%～40%的蛋白质浓溶液，经脱气、澄清（防止喷丝时发生纤维断裂）后，在压力下通过一块含有 1000 目/cm^2 以上小孔（直径为 50～150μm）的模板，产生的细丝进入酸性 NaCl 溶液中，由于等电点和盐析效应致使蛋白质凝结，再通过滚筒取出。滚筒转动速度应与纤维拉直、多肽链的定位以及紧密结合相匹配，以便形成更多分子间的键，这种局部结晶作用可增加纤维的机械阻力和咀嚼性，并降低其持水容量。再将纤维置于滚筒之间压延和加热使之除去一部分水，以提高黏着力和增强韧性。加热前可添加黏结剂如明胶、蛋清、谷蛋白（面筋）或胶凝多糖，或其他食品添加剂如增香剂或脂类。凝结和调味后的蛋白质细丝，经过切割、成型、压制等处理，便加工形成与火腿、禽肉或鱼肌肉相似的人造肉制品。

（3）热塑性挤压　目前，用于植物蛋白质构化的主要方法是热塑性挤压，采用这种方法可以得到干燥的纤维状多孔颗粒或小块，当复水时具有咀嚼性质地。进行这种加工的原料不需用蛋白质离析物，可用价格低廉的蛋白质浓缩物或粉状物（含 45%～70%蛋白质）即可，其中酪蛋白或明胶既能作为蛋白质添加物又可直接质构化，若添加少量淀粉就可改进产品的质地，但脂类含量不应超过 5%～10%，氯化钠或钙盐添加量应低于 3%，否则，将使产品质地变硬。

热塑性挤压技术：含水（10%～30%）的蛋白质-多糖混合物通过一个圆筒，在高压（10～20MPa）下的剪切力和高温（在 20～150s 内，混合料的温度升高到 150～200℃）作用下转变成黏稠状态，然后快速挤压通过不同形状的模具后，进入常压环境，膨胀形成的水蒸气使内部的水闪蒸，冷却后，蛋白质-多糖混合物便具有高度膨胀、干燥的结构。

热塑性挤压可产生良好的质构化，但要求蛋白质具有适宜的起始溶解度、大的分子质量以及蛋白质-多糖混合料在管芯内能产生适宜的可塑性和黏稠性。含水量较高的蛋白质同样也可以挤压机体因热凝固而质构化，这将导致水合、非膨胀薄膜或凝胶的形成，添加交联剂戊二醛可以增大最终产物的硬度。这种技术还可用于血液、机械去骨的鱼肉及其他动物副产品的质构化。

思考：为什么小麦面粉制作的馒头松软可口、有弹性？

6. 面团的形成

小麦胚乳面筋蛋白质于室温下与水混合、揉搓，能够形成有弹性和可塑性的面团，这个过程就称为面团的形成。黑麦、燕麦、大麦的面粉也有这种特性，但是较小麦面粉差。小麦面粉中含有面筋蛋白质（麦醇溶蛋白和麦谷蛋白）外，

面团的形成
——动画视频

还含有淀粉粒、戊聚糖、极性和非极性脂类及可溶性蛋白质，所有这些成分都有助于面团网络和面团质地的形成。麦醇溶蛋白和麦谷蛋白的组成（二者含量近似相等）及大分子体积使面筋富有很多特性。面筋蛋白质富含谷氨酰胺（超过33%）、脯氨酸（15%~20%）和丝氨酸及苏氨酸，它们倾向于形成氢键，这在很大程度上解释了面筋蛋白的吸水能力（面筋吸水量为干蛋白质的180%~200%）和黏着性质；面筋中还含有较多的非极性氨基酸，这与水化面筋蛋白质的聚集作用、黏弹性和与脂肪的有效结合有关；面筋蛋白质中还含有众多的二硫键，这是面团物质产生坚韧性的原因。

麦醇溶蛋白和麦谷蛋白构成面筋蛋白质。麦谷蛋白分子相对质量比麦醇溶蛋白分子相对质量大，前者分子相对质量可达数百万，既含有链内二硫键，又含有大量链间二硫键；麦醇溶蛋白仅含有链内二硫键，相对分子质量在35000~75000。麦谷蛋白决定着面团的弹性、黏合性和抗张强度，而麦醇溶蛋白促进面团的流动性、伸展性和膨胀性。

制作面包的面团时，两类蛋白质的适当平衡是很重要的。当面团和水混合并揉搓时，面筋蛋白开始水化、定向排列和部分展开，促进了分子内和分子间二硫键的交换反应以及增强了疏水相互作用，当最初面筋蛋白质颗粒转变成薄膜时，二硫键也使水化面筋形成了黏弹性的三维蛋白质网络结构，从而形成截留淀粉粒和其他面粉成分的作用。如果面团过度黏结（麦谷蛋白过多），会抑制发酵期间所截留的CO_2气泡的膨胀，抑制面团发起和成品面包中的空气泡，加入还原剂半胱氨酸、偏亚硫酸氢盐可打断部分二硫键而降低面团的黏弹性；面团过度延伸（麦醇溶蛋白过多），产生的气泡膜易破裂和通透性好，不能很好地保留CO_2，从而使面团和面包塌陷，加入溴酸盐、脱氢抗坏血酸氧化剂可使二硫键形成而提高面团的硬度和黏弹性。面团揉搓不够，导致网络结构未形成，使其强度不够而塌陷；但面团过多揉搓，可能破坏二硫键，致使面团硬度和弹性不够。

焙烤不会引起面筋蛋白质大的再变性，因为麦醇溶蛋白和麦谷蛋白在面粉中已经部分伸展，在捏揉面团时更加被伸展，而在正常温度下焙烤面包时面筋蛋白质不会再进一步伸展。当焙烤温度高于70~80℃时，面筋蛋白质释放出的水分能被部分糊化的淀粉粒所吸收，因此即使在焙烤时，面筋蛋白质也仍然能使面包柔软和保持水分（含水分40%~50%），但焙烤能使面粉中可溶性蛋白质（清蛋白和球蛋白）变性和凝集，这种部分的胶凝作用有利于面包心的形成。

7. 蛋白质的乳化作用

许多加工食品都是蛋白质稳定的乳浊液（牛乳、牛脂、冰淇淋等）。蛋白质成分通常在稳定这些胶体系统中起着主要的作用。

天然的乳状液是靠着脂肪球"膜"来稳定。这种膜是由三酰甘油、磷脂、不溶性蛋白和可溶性蛋白质的连续吸附层所构成。牛乳的均质化能提高乳状液的稳定性，因为均质化能使脂肪球变小，新形成的酪蛋白亚胶束能取代免疫球蛋白并吸收在脂肪球上。在油/水体系中，蛋白质能自发的迁移至油-水界面和气-水界面上，疏水基定向到油相液滴和气相而亲水基定向到水相并广泛展开和散布，在界面形成一蛋白质吸附层，能使液滴产生耐凝集性的物理和流变性质（稠度、黏度等）。

蛋白质的溶解度和乳状液稳定性之间通常存在正相关。可溶性蛋白质在乳化特性中最重要的属性是它具有向油/水界面扩散和吸附的能力。不溶解的蛋白质对乳化作用的影响很小。

通常蛋白质的一部分与界面接触，其非极性氨基酸残基朝向非水相，于是系统中的自由能降低，其余部分的蛋白质可自发的吸附在界面上。球蛋白具有稳定的结构和很大的表面疏水性，不是一种良好的乳化剂，但能够在已经形成的乳状液中起到加强稳定作用，如乳清蛋白、溶菌酶和卵清蛋白。酪蛋白胶束（脱脂奶粉），肉和鱼肉蛋白、大豆蛋白（特别是大豆离析物）以及血液的血浆和球蛋白质成分都具有很好的乳化性质。吸附在界面上的蛋白质膜，由于膜薄和带有电荷，可能是导致形成最适宜、最稳定的乳浊液和泡沫的重要因素。

pH 对蛋白质的乳化性质因蛋白质不同而有所不同。有些蛋白质在等电点时具有良好的乳化性质（明胶、卵清蛋白），其他蛋白质在非等电点时，乳化作用更好（大豆蛋白、花生蛋白、酪蛋白、乳清蛋白、牛血清蛋白和肌原纤维蛋白）。

加热通常能降低吸附在界面的蛋白质膜的黏度和硬度，因而会降低乳状液的稳定性。但是具有高度水合的界面蛋白质膜的胶凝作用，能提高表面黏度和硬度，并能使乳状液稳定。因此，肌原纤维蛋白的胶凝作用对乳状液（如灌汤）的热稳定性是有好处的，其结果是提高食品对水和脂肪的保持性和增强黏结性。

另外，小分子表面活性剂（如磷脂、甘油酯等）的加入，与蛋白质分子竞争性吸附在界面表面，降低了蛋白质膜的硬度，削弱了蛋白质留在界面上的作用力，使蛋白质的乳化性能下降。

8. 蛋白质的发泡作用

食品泡沫通常是指气泡在连续的液相或含有可溶性表面活性剂的半固相中形成的分散体系。蛋白质分子是否能作为发泡剂主要决定于蛋白质的表面活性和成膜性。例如，在鸡蛋清中，水溶性蛋白质在搅打时可被吸附到气泡表面降低表面张力，又因为搅打过程的变性，逐渐凝固。

蛋白质的发泡作用——动画视频

形成泡沫方法通常有三种：一是鼓泡法，将气泡通过一个多孔分配器鼓入低质量浓度（0.1~20g/L）的蛋白质水溶液中产生泡沫，一般可膨胀 10~100 倍；二是搅打（搅拌）振荡法，通过搅打产生更强的机械应力和剪切作用，产生气泡，还使气体分散更均匀，但过于剧烈的应力会影响气泡的聚集和形成，阻碍蛋白质在界面的吸附；三是突然减压法，即将一个预先被加压的气体溶于要生成泡沫的蛋白质溶液中，突然减压膨胀形成泡沫。

具有良好起泡性的蛋白质包括蛋清蛋白质、血红蛋白和球状蛋白部分、牛血清蛋白、明胶、乳清蛋白、酪蛋白胶束、β-酪蛋白、小麦蛋白质（特别是谷蛋白）、大豆蛋白和一些水解蛋白质（低水解度）。

典型的食品泡沫应有以下特点：①含有大量的气体（低密度）；②在气相和连续的液相之间要有特大的表面积；③溶质的浓度在表面较高；④溶胀能力大，具有刚性或半刚性并有弹性的膜或壁；⑤有反射的光，所以看起来不透明。这些性质与食品的质地、感官或加工需要有关系。例如，蛋糕、搅打奶油、冰淇淋的加工需要低密度、薄壁而胀大的构造才会柔软。泡沫食品的柔软性，依气泡体积及薄层的厚度和流变学性质而定。

蛋白质起泡性质的评价指标主要有蛋白质的起泡能力、泡沫的稳定性、泡沫密度、强度、气泡平均直径等，实际最常用的是前两项指标。

当起始液中蛋白质的含量在2%~8%以内时，一般可达到最大膨胀度，这时，液相具有最好的黏度，吸附的膜也具有合适的厚度。但当蛋白质含量增加超过一定范围时（10%）则会使气泡变小，泡沫变硬。为了形成适度的泡沫，搅拌的时间和强度必须适合蛋白质的伸展，这样才能产生吸附。而过度、强烈搅拌会降低膨胀度和泡沫稳定性。例如，鸡蛋清或卵清蛋白搅拌时间超过6~8min时会引起蛋白质在空气/水界面上发生聚集凝结，这些不溶解的蛋白质不能够适当地吸附在界面上，使液体薄片的黏度不能适合泡沫稳定性的要求。

pH影响蛋白质的电荷状态，因而改变了蛋白质的溶解度、相互作用力和持水力，也就改变了蛋白质的起泡性和泡沫的稳定性。在等电点附近，有利于蛋白质-蛋白质的相互作用并形成黏稠的膜，被吸附至界面的蛋白质的数量也将增加，这两个因素均能提高蛋白质的气泡能力和泡沫稳定性。

盐类不仅影响蛋白质的溶解度、黏度、伸展和聚集，而且还能改变发泡性质。例如，氯化钠能增加膨胀量和降低泡沫的稳定性，这与蛋白质的黏度被降低有关；钙离子能同蛋白质的羧基形成桥键而提高泡沫的稳定性。通常在指定的盐溶液中蛋白质被盐析时显示较好的起泡性质，被盐溶时显示较差的起泡性质。表面活性剂可保持界面稳定性，防止气泡聚集，这是通过表面活性剂能降低表面张力和在气泡之间形成弹性保护阻挡层来实现的。

蔗糖和其他糖类通常能够抑制泡沫的膨胀，但也可以提高泡沫的稳定性。因为糖类物质能够增加体积黏度，所以制作蛋白酥皮和其他泡沫胶体时，应在泡沫膨胀时加糖。蛋清中的糖蛋白有助于泡沫体积的稳定性，因为它们能够吸附和保持薄层的水分。此外，当蛋白质沾污低浓度脂类时会严重损害蛋白质的发泡性能。因此，大豆蛋白制备液中不应含有磷脂，卵清蛋白中不应存在磷脂，乳清蛋白中含脂类含量很低。

此外，在泡沫产生前适当的加热处理可提高大豆蛋白、乳清、鸡蛋清及血清蛋白等的发泡性。热处理能够增加膨胀量，但泡沫稳定性会降低。更剧烈的热处理会损害发泡能力，加热会使泡沫中的空气膨胀，黏性降低，气泡破裂和泡沫塌陷。

9. 蛋白质与风味物质结合

风味物质能够部分被吸附或结合在食品的蛋白质中，对于豆腥味、酸败味和苦涩味物质等不良风味物质的结合常降低了蛋白质的食用性质，而对肉的风味物质和其他适宜风味物质的可逆结合，可使食品在保藏和加工过程中保持其风味。

蛋白质与风味物质的结合包括物理吸附和化学吸附。前者主要通过范德华力和毛细血管作用吸附，后者包括静电吸附、氢键结合和共价结合。

蛋白质拥有的部位与极性风味物质结合，如乙醇可与极性氨基酸残基形成氢键；有的部位则与弱极性风味物质结合，如中等链长的醇、醛和杂环风味物可能在蛋白质的疏水区发生结合；还有的部位能与醛、酮、胺等挥发物发生较强的结合，如赖氨酸的 ε-氨基可与风味物的醛和酮基形成席夫碱（Schiff′s base），而谷氨酸和天冬氨酸的游离羧基可与风味物的氨基结合成酰胺。

当风味物与蛋白质相结合时，蛋白质的构象实际发生了变化。如风味物扩散至蛋白质分子的内部则打断了蛋白质链段之间的疏水基相互作用，使蛋白质的结构失去稳定性；含活性基团的风味物，像醛类化合物，能共价地与赖氨基酸残基的 ε-氨基相结合，改变了蛋白质的净电荷，导致蛋白质分子展开，更有利于风味物的结合。因此，任何能改变蛋白质构象的因素都能影响其与风味物的结合。

水能促进极性挥发物的结合而非极性化合物则没有影响。在干燥的蛋白质中挥发物的扩散是有限的，加水就能提高极性挥发物的扩散速度和与结合部位的机会。但脱水处理，即使是冷冻干燥也使最初被蛋白质结合的挥发物质降低 50%以上。

pH 的影响一般与 pH 诱导的蛋白质构象变化有关，通常在碱性 pH 条件下比在酸性 pH 条件下更有利于与风味物的结合，这是由于蛋白质在碱性 pH 比在酸性 pH 条件下发生了更广泛的变性。

热变性蛋白质显示较高结合风味物的能力。如 10% 的大豆蛋白离析物水溶液在有正己醛存在时 90℃加热 1h 或 24h，然后冷冻干燥，发现其对正己醛的结合量比未加热的对照组分别大 3 倍和 6 倍。

化学改性会改变蛋白质的风味物结合性质。如蛋白质分子中的二硫键被亚硫酸盐裂开引起蛋白质结构的展开，这通常会提高蛋白质与风味物结合的能力；蛋白质经酶催化水解后，原先分子结构中的疏水区被打破，疏水区的数量减少，这会降低蛋白质与风味物的结合能力。因此，蛋白质经水解后可减轻大豆蛋白质的豆腥味。除此之外，蛋白质还能通过弱相作用或共价键结合很多其他物质，如色素、合成染料和致突变及致敏等其他生物活性物质，这些物质的结合可导致毒性增强或解毒，同时蛋白质的营养价值也受到了影响。

二、 食品中的蛋白质

1. 肉类蛋白质

肉类是食物蛋白质的主要来源。肉类蛋白质主要存在于肌肉组织中，肌肉组织中蛋白质含量为20%左右。肉类中的蛋白质可分为肌原纤维蛋白质、肌浆蛋白质和基质蛋白质。这三类蛋白质在溶解性质上存在着显著的差别，采用水或低离子强度的盐溶液，基质蛋白质是不溶解的。

肌浆蛋白质主要有肌溶蛋白、肌红蛋白、球蛋白 X 以及肌粒中的蛋白质等，占肌肉蛋白质总量的20%~30%。肌溶蛋白溶于水，在55~65℃变性凝固；球蛋白 X 溶于盐溶液，在50℃时变性凝固。此外，肌浆蛋白质中还包括有少量的使肌肉呈现红色的肌红蛋白。

肌原纤维蛋白质（亦称为肌肉的结构蛋白质），包括肌球蛋白（即肌凝蛋白）、肌动蛋白（即肌纤蛋白）、肌动球蛋白（即肌纤凝蛋白）和肌原球蛋白等，这些蛋白质占肌肉蛋白质总量的51%~53%。其中，肌球蛋白溶于盐溶液，其变性温度开始是30℃，肌球蛋白占肌原纤维蛋白质的55%，是肉中含量最多的一种蛋白质。在屠宰以后的成熟过程中，肌球蛋白与肌动蛋白结合成肌动球蛋白，肌动球蛋白溶于盐溶液中，其变性凝固的温度是45~50℃。由于肌原纤维蛋白质溶于一定浓度的盐溶液，所以也称盐溶性肌肉蛋白质。

基质蛋白质主要有胶原蛋白和弹性蛋白，都属于硬蛋白类，不溶于水和盐溶液。

2. 胶原和明胶

胶原蛋白（Collagen）分布于动物的筋、腱、皮、血管、软骨和肌肉中，一般占动物蛋白质的1/3以上，在肉蛋白的功能性质中起着重要的作用。胶原蛋白含氮量较高，但不含色氨酸、胱氨酸和半胱氨酸，并且酪氨酸和蛋氨酸含量也较少，而含有丰富的羟脯氨酸（10%）和脯氨酸，甘氨酸含量更丰富（约33%），还含有羟赖氨酸。因此，胶原不属于不完全蛋白质。这种特殊的氨基酸组成是胶原蛋白特殊结构的重要基础，现已发现，I 型胶原（一种胶原蛋白亚基）中96%的肽段都是由 Gly-X-Y 三联体重复顺序组成，其中 X 常为 Pro（脯氨酸），而 Y 常为 Hyp（羟脯氨酸）。

胶原蛋白可以链间和链内共价交联，从而改变了肉的坚韧性，陆生动物比鱼类的肌肉坚韧，老动物肉比小动物肉坚韧就是其交联度提高造成的。在胶原蛋白肽链间的交联过程中，首先是胶原蛋白肽链的末端非螺旋区的赖氨酸和羟赖氨酸残基的 ε-氨基，在赖氨酸氧化酶作用下氧化脱氨形成醛基，醛基赖氨酸和醛基羟赖氨酸残基再与其他赖氨酸残疾反应并经重排而产生脱氢赖氨酰正亮氨酸和赖氨酸-5-酮正亮氨酸，而赖氨酰-5-酮正亮氨酸还可以继续缩合和环化形成三条链间的吡啶交联。这些交联作用的结果形成了具有高抗张强度的三维胶原蛋白纤维，从而使肌腱、韧带、软骨、血管和肌肉的坚韧性提高。

天然胶原蛋白不溶于水、稀酸和稀碱，蛋白酶对它的作用也很弱。它在水中膨胀，可使重量增加0.5~1倍。胶原蛋白在水中加热时，由于氢键断裂和蛋白质空间结构的破坏，胶原变性（三股螺旋分离），变成水溶性物质——明胶（Glutin）。

3. 乳蛋白质

乳是哺乳动物的乳腺分泌物，其蛋白质组成因动物种类而异。牛乳由三个不同的相组成：连续的水溶液（乳清），分散的脂肪球和以酪蛋白为主的固体胶粒。乳蛋白质同时存在于各相中。

（1）酪蛋白　酪蛋白（Casein）以固体微胶粒的形式分散于乳清中，是乳中含量最多的蛋白质，占乳蛋白总量的80%~82%。酪蛋白属于结合蛋白质，是典型的磷蛋白。酪蛋白虽然是一种两性电解质，但是具有明显的酸性，所以在化学上常把酪蛋白看成是一种酸性物质。酪蛋白含有4种蛋白亚基，即α_{s1}-，α_{s2}-，β-，κ-酪蛋白，它们的比例为3∶1∶3∶1，随遗传类型不同而略有变化。

酪蛋白与钙结合形成酪蛋白酸钙，再与磷酸钙构成酪蛋白酸钙-磷酸钙复合体，复合体与水形成悬浊状胶体（酪蛋白胶团）存在于鲜乳（pH 6.7）中。酪蛋白胶团在牛乳中比较稳定，但经冻结或加热等处理，也会发生凝胶现象。130℃加热数分钟，酪蛋白胶团变性而凝固沉淀。添加酸或凝乳酶，酪蛋白胶粒的稳定性被破坏而凝固，干酪就是利用凝乳酶对酪蛋白的凝固作用而形成的。

（2）乳清蛋白　牛乳中酪氨酸凝固以后，从中分离出的清液即为乳清（Whey），存在于乳清中的蛋白质称为乳清蛋白，乳清蛋白有许多组分，其中最主要的是β-乳球蛋白和α-乳清蛋白。

①β-乳球蛋白：约占乳清蛋白质的50%，仅存在于pH 3.5以下和7.5以上的乳清中，在pH 3.5~7.5则以二聚体形式存在。β-乳球蛋白是一种简单蛋白质，含有游离的巯基（—SH），牛乳加热产生气味可能与它有关。加热、增加钙离子浓度或pH超过8.6等都能使其变性。

②α-乳清蛋白：α-乳清蛋白在乳清蛋白中占25%，比较稳定。分子中含有4个二硫键，但不含游离—SH。

乳清中还有血清蛋白、免疫球蛋白和酶等其他蛋白质。血清蛋白是大分子球形蛋白质，相对分子质量为66000，含有17个二硫键和1个半胱氨酸残基，该蛋白质结合着一些脂类和风味物，而这些物质有利于其耐变性力的提高。免疫球蛋白相对分子质量为150000~950000，它是热不稳定性球蛋白。

（3）脂肪球膜蛋白质　乳脂肪球周围的薄膜是由蛋白质、磷脂、高熔点三酰甘油、固醇、维生素、金属、酶类及结合水等化合物构成，其中起主导作用均是卵磷脂-蛋白质配合物。这层膜控制着牛乳中脂肪-水分散体系的稳定性。

4. 卵蛋白质

（1）卵蛋白质的形成　鸡蛋可作为卵类的代表，全蛋中蛋白质约占9%，蛋清中蛋白质约占10.6%，蛋黄中蛋白质约占16.6%。

思考：怎样评价“喝生鸡蛋能治病”？

（2）卵蛋白质的功能性质　从鸡蛋蛋白质的组成可以看出，鸡蛋清蛋白质中有些具有独特的功能性质。例如，鸡蛋清中由于存在溶菌酶、抗生物素蛋白、免疫球蛋白和蛋白酶抑制剂等，能抑制微生物生长，这对鸡蛋的贮藏十分有利，因为它们将易受微生物侵染的蛋黄保护起来。我国中医外科常用蛋清调制药物用于贴疮的膏药，正是这种功能的应用实例之一。

鸡蛋清中的卵清蛋白、蛋清蛋白和卵类黏蛋白都是热变性蛋白质，这些蛋白质的存在使鸡蛋清在受热后产生半固体的胶状，但由于这种半固体胶体不耐冷冻，因此不要将煮制的蛋放在冷冻条件下贮存。

鸡蛋清中的卵类黏蛋白和球蛋白是分子质量很大的蛋白质，它们具有良好的搅打起泡性，食品中常用鲜蛋或鲜蛋清来形成泡沫。在焙烤过程还发现，仅由卵黏蛋白形成的泡沫在焙烤过程中易破裂，加入少量溶菌酶对形成的泡沫有保护作用。

皮蛋的加工利用了碱对卵蛋白的部分变性和水解。加工过程中产生黑褐色、透明的蛋清凝胶，黑色稠糊或半塑状的蛋黄。

蛋黄中的蛋白质也具有凝胶性质，这在煮蛋和煎蛋中最重要，但蛋黄蛋白更重要的性质是它们的乳化性，这对保持焙烤食品的网状结构具有重要意义。蛋黄蛋白质作为乳化剂的另一个典型例子是生产蛋黄酱，蛋黄酱是色拉油、少量水、少量芥末和蛋黄及盐等调味品的均匀混合物，在制作过程中通过搅拌，蛋黄蛋白质就发挥其乳化作用而使混合物变为均匀乳化的乳状体系。

（3）卵蛋白质在加工中的变化　蛋清在巴氏杀菌中，如果温度超过60℃，会造成热变性而降低其搅打起泡力。在pH 7条件下，卵黄蛋白、卵类黏蛋白、卵黏蛋白和溶菌酶在60℃以下加热是稳定的。最不耐热的蛋白蛋白，此时也基本稳定。因此，蛋清的巴氏杀菌应控制在60℃以下。另外，加六偏磷酸钠（2%）可提高清蛋白的热稳定性。

蛋黄也不耐高温，在60℃或更高温度下，蛋黄中的蛋白质和脂蛋白就产生显著变化。在利用喷雾干燥工艺制作全蛋粉时，由于蛋清和蛋黄中的部分蛋白质受热变性，造成蛋白质的分散度、溶解度、起泡力等功能性质下降，产品颜色和风味也变劣。为了防止这种不利变化，在喷雾干燥前向全蛋糊中加入少量蔗糖或玉米糖浆，可以部分减缓蛋白质受热变性。

蛋黄制品不应在-6℃以下冻藏。否则解冻后的产品黏度增大，这是因为过度冷冻造成蛋黄中蛋白质发生凝胶作用。一旦发生这种作用，蛋白质的功能性质就会下降。例如，用这种蛋黄制作蛋糕时，产品网状结构失常，蛋糕体积变小。对于这种变化，可通过向预冷蛋黄中加入蔗糖、葡萄糖和半乳糖来抑制。

鲜蛋在贮放中质量会不断下降。主要原因是：贮藏中蛋内的蛋白质会受天然存在的蛋白酶的作用而造成蛋清部分稀化，蛋内的CO_2和水分会通过气孔向外散失，结果蛋清pH从7.6升至最大值9.7，蛋黄pH从6升至6.4左右，稠厚蛋清的凝胶结构部分破坏，蛋黄向外膨胀扩散，气室变大。

5. 鱼肉中的蛋白质

鱼肉中蛋白质的含量因鱼的种类及年龄不同而异，占10%~21%。鱼肉中蛋白质与畜禽肉类的蛋白质一样，可分为三类：肌浆蛋白、肌原纤维蛋白和基质蛋白。

鱼的骨骼肌是一种短纤维，它们排列在结缔组织（基质蛋白）的片层之中，但鱼肉中结缔组织的含量要比畜禽肉少，而且纤维也较短，因而鱼肉更为嫩软。鱼肉的肌原纤维与畜禽肉类中相似，为细条纹状，并且含有的蛋白质如肌球蛋白、肌动蛋白、肌动球蛋白等也很相似，但鱼肉中的肌动球蛋白十分不稳定，在加工和贮存过程中很容易发生变化，即使在冷冻保存中，肌动球蛋白也会逐渐变成不溶性，增加了鱼肉的硬度。例如，当肌动球蛋白贮存在稀的中性溶液中时很快发生变性并可逐步凝聚形成不同浓度的二聚体、三聚体或更高的聚合体，但多为部分凝聚，而只有一少部分是全部凝聚，这可能是引起鱼肉不稳定的主要因素之一。

6. 谷物类蛋白质

成熟、干燥的谷粒，其蛋白质含量依种类不同，占6%~20%。谷类又因去胚、麸及研磨而损失少量蛋白质。种核外面往往包着一层保护组织，不易为人消化，而要将其中的蛋白质分离出来也很困难，故仅宜用作饲料，而内胚乳蛋白常被用作人类食品。

（1）小麦蛋白　面粉主要成分是小麦的内胚乳，其淀粉粒包埋在蛋白质基质中。麦醇溶蛋白和麦谷蛋白占蛋白质总量的80%~85%，比例约为1∶1，两者与水混合后就能形成黏性和弹性的面筋蛋白，它能使面包中的其他成分如淀粉、气泡粘在一起，是形成面包孔隙结构的基础。非面筋的清蛋白和球蛋白占面粉蛋白质总量的15%~20%，它们能溶于水，具凝胶性和发泡性。小麦蛋白缺乏赖氨酸，所以与玉米一样，属于不完全蛋白质来源。但若能配以牛乳或其他蛋白，就可补其不足。

小麦面筋中的二硫键在多肽链的交联中起着重要的作用。

（2）玉米蛋白质　玉米胚乳蛋白主要是由基质蛋白和存在于基质中的颗粒蛋白体两种，玉米醇溶蛋白（Zein）就在蛋白体中，占蛋白质总量的15%~20%，它缺乏赖氨酸和色氨酸两种必需氨基酸。

思考：不完全蛋白质的谷类食品怎样食用更科学？

（3）稻米蛋白质　稻米蛋白质主要存在于内胚乳的蛋白体中，在碾米过程中几乎被全部保存，其中80%为碱溶性蛋白——谷蛋白。稻米是唯一具有高含量谷蛋白和低含量谷醇溶蛋白（5%）的谷类，因此其赖氨酸的含量也比较高。

7. 大豆蛋白质

（1）大豆蛋白质的分类和组分　大豆蛋白可分为两类：清蛋白和球蛋白。清蛋白一般占大豆蛋白的5%（以粗蛋白计）左右，球蛋白约占90%。大豆球蛋白可溶于水、碱或食盐溶液，加酸调pH至等电点4.5或硫酸铵至饱和，则沉淀析出，故又称为酸沉蛋白质，而清蛋白无此特性，则称为非酸沉蛋白质。

按照溶液在离心机中沉淀速度来分，大豆蛋白质可分为4个组分，即2S、7S、11S和15S（S为沉降系数）。其中7S和11S最为重要，7S占总蛋白的37%，而11S占总蛋白的31%。

（2）大豆蛋白质的溶解度　大豆蛋白质在溶解状态下才发挥出机能特性。溶解度受pH和离子强度影响很大。在pH 4.5~4.8时溶解度最小。加盐可使酸沉蛋白质溶解度增大，但在酸性pH 2.0时低离子强度下溶解度很大。在中性（pH 6.8）条件下，溶解度随离子强度变化不大。在碱性条件下溶解度增大。

（3）大豆蛋白质的机能特性　7S组分与大豆蛋白的加工性能密切相关，7S组分含量高的大豆制得的豆腐就比较细嫩。11S组分具有冷沉性，脱脂大豆的水浸出的蛋白液在0~2℃水中放置后，约有86%的11S组分沉淀出来，利用这一特性可以分离浓缩11S组分。11S组分和7S组分在食品加工中性质不同，由11S组分形成的钙胶冻比有7S组分形成的坚实得多，这是因为11S和7S组分同钙反应上的不同所致。

不同的大豆蛋白质组分，乳化特性也不一样，7S与11S的乳化稳定性稍好，在实际应用中，不同的大豆蛋白制品具有不同的乳化效果，如大豆浓缩蛋白的溶解度低，作为加工香肠用乳化剂不理想，而用分离大豆蛋白效果则好得多。

大豆蛋白制品的吸油性与蛋白质含量有密切关系，大豆粉、浓缩蛋白和分离蛋白的吸油率分别为84%、133%和150%，组织化大豆蛋白的吸油率为60%~130%，最大吸油量发生在15~20min内，而且粉越细吸油率越高。

大豆蛋白沿着它的肽链骨架，含有许多极性基团，在与水分子接触时，很容易发生水化作用。当向肉制品、面包、糕点等食品添加大豆蛋白时，其吸水性和保水性平衡非常重要，因为添加大豆蛋白之后，若不了解大豆蛋白的吸水性和保水性以及不相应地调节工艺，就可能会因为大豆蛋白质从其他成分中夺取水分，而影响面团的工艺性能和产品质量。相反，若给予适当的工艺处理，则对改善食品质量非常有益，不但可以增加面包产量、改进面包的加工特性，而且可以减少糕点的收缩、延长面包和糕点的保质期。

大豆蛋白质分散于水中形成胶体。这种胶体在一定条件（包括蛋白质的浓度、加热温度、时间、pH以及盐类和巯基化合物等）下可转变为凝胶，其中大豆蛋白质的浓度及其组成是凝胶能否形成的决定性因素，大豆蛋白质浓度越高，凝胶强度越大。在浓度相同的情况下，大豆蛋白质的组成不同，其凝胶性也不同，在大豆蛋白质中，只有7S和11S组分才有凝胶性，而且11S形成凝胶的硬度和组织性高于7S组分凝胶。

大豆蛋白制品在食品加工中的调色作用表现在两个方面：一是漂白，二是增色。如在面包加工过程中添加活性大豆粉，一方面，大豆粉中的脂肪氧合酶能氧化多种不饱和脂肪酸，产生氧化脂质，氧化脂质对小麦粉中的类胡萝卜素有漂白作用，使之由黄变白，形成内瓤很白的面包；另一方面，大豆蛋白又与面粉中的糖类发生美拉德反应，可以增加其表面的颜色。

三、 加工贮藏对蛋白质的影响

食品加工通常能延长食品的保质期，并可以使各种季节性的食品能以稳定的形式供应，对蛋白质的营养价值起到改善作用。有时也发生一些不需要的反应，使蛋白质一级结构改变，使必需氨基酸降低或形成抗营养的可能有毒的衍生物。当破坏的氨基酸并未构成膳食中营养限制因素时，或者受损坏的蛋白质仅为膳食中蛋白质很少的一部分时，营养价值降低是不重要的。如果膳食是由有限几类食品所构成时，如牛乳、谷类或豆类，或者膳食仅具有营养要素的最低含量的蛋白质时，那么这种损坏就十分有害了。

（一）加热处理的影响

热处理是常见的一种加工手段，对蛋白质质量影响较大，影响的程度与结果取决于热处理的时间、温度、湿度以及有无其他还原性物质存在等因素。热处理时蛋白质可能发生的变化包括：变性、分解、氨基酸氧化等。

1. 单纯热处理

从有利方面看，绝大多数蛋白质加热后营养价值得到提高，因为在适宜的加热条件下，蛋白质发生变性以后，肽链因受热而使肽键断裂，蛋白质原来折叠部分的肽链松散，容易受到消化酶的作用，从而提高消化率和必需氨基酸的生物有效性。

思考： 加热处理蛋白食品，有何益处？

热烫或蒸煮使酶蛋白失活（如酯酶、脂肪氧合酶、蛋白酶、多酚氧化酶和酵解酶类），从而防止食品产生颜色、风味、质地变化和维生素的损失。食品中存在的大多数天然蛋白质毒素或抗营养素都可加热而变性钝化，如大豆中的胰蛋白酶抑制剂和胰凝乳蛋白酶抑制剂，在一定条件下加热，可消除其毒性；少数微生物蛋白需高温灭活，如肉毒毒素在100℃下加热10min可被破坏，而金黄色葡萄球菌产生的毒素，必须经218~248℃下加热30min，才使毒素完全消除。

蛋白质加热凝固有利于食品的成形。在食品加工中热处理达到凝固程度后，起到食品骨骼支撑作用，赋予食品特殊的形态和硬度。如饼干、面包中的面筋蛋白，糖果中的发泡剂（植物蛋白、鸡蛋蛋白和明胶），肉糜罐头中的肌肉蛋白和胶原蛋白等。

热处理过程中，蛋白质及赖氨酸、精氨酸、色氨酸、苏氨酸和组氨酸等，很容易与还原糖（如葡萄糖、果糖、乳糖）发生羰氨反应，即美拉德反应。使产品带有金黄色至棕褐色的焙烤食品特有色泽，这在糖果、焙烤食品、熏制食品等的加工过程中有广泛的应用。但美拉德反应往往使蛋白质和氨基酸的营养价值下降。

对食品进行单纯热处理，食品中的蛋白质也可能发生各种不利的化学反应。最典型的是导致蛋白质中的氨基酸残基脱硫、脱氨、异构化及其他化学改性，甚至会伴随着有毒物质的产生。

热处理温度高于100℃，就能使部分氨基酸残基脱氧，释放的氮主要来自谷氨酰氨和天冬酰胺残基，这类反应不损失蛋白质的营养，但是由于氨基酸脱除后，在蛋白质侧链间会形成新的共价键，一般会导致蛋白质等电点和功能性的改变。

食品杀菌的温度大多在115℃以上，在此温度下半胱氨酸及胱氨酸会发生部分不可逆的分解，产生硫化氢、二甲基硫化物、磺基丙氨酸等物质，如加工动物源性食品时，烧烤的肉类风味就是由氨基酸分解的硫化氢及其他挥发性成分组成。这种分解反应一方面有利于食品特征风味的形成；另一方面严重的损失含硫氨基酸，色氨酸残基在有氧的条件下加热，也会破坏部分结构。

高温（200℃）处理可导致氨基酸残基的异构化，在这一反应过程中部分L-氨基酸转化为D-氨基酸，最终产物是内消旋氨基酸残基混合物，既D-构型和L-构型氨基酸各占1/2，由于D-氨基酸基本无营养价值，另外D-氨基酸的肽键难水解，因此导致蛋白质的消化性和蛋白质的营养价值显著降低。此外，某些D-氨基酸被人体吸收后还有一定毒性。因此在确保安全的前提下，食品蛋白质应尽可能避免高温加工。

色氨酸是一种不稳定的氨基酸，高于200℃处理时，会产生强致突变的物质咔啉（Carbol-ine）。高温处理蛋白质含量高而碳水化合物含量低的食品，如畜肉、鱼肉等，会形成蛋白质之间的异肽键交联。异肽键是指由蛋白质侧链的自由氨基和羧基形成的肽键。从营养学角度考虑，形成的这类交联，不利于蛋白质的消化吸收，另外也使食品中的必需氨基酸损失，明显降低蛋白质的营养价值。

思考：为什么不提倡食用烧烤、油炸蛋白类食品？

2. 碱性条件下的热处理

食品加工中碱处理常常与加热同时进行，蛋白质在碱性条件下处理，一般是为了植物蛋白的增溶，制备酪蛋白盐、油料种子除去黄曲霉毒素、煮玉米等。如果需要改变蛋白质的功能特性，使其具有或增强某种特殊功能如起泡、乳化或使溶液中的蛋白质连成纤维状，也要靠碱处理。

该种条件下处理食品，典型的反应是蛋白质的分子内及分子间的共价交联。这类交联反应对食品营养价值的损坏也较严重，不仅降低了蛋白质的消化吸收率，降低含硫氨基酸与赖氨酸，有些产物还危害人体健康。一项研究指出，小白鼠摄入含赖丙氨酸残基的蛋白质，出现拉稀、胰腺增生、脱毛等现象。制备大豆分离蛋白时，若以pH 12.2、40℃处理4h，就会产生赖丙氨酸残基，温度越高，时间越长，生成的赖丙氨酸残基就越多。

（二）低温处理的影响

食品的低温贮藏可延缓或阻止微生物的生长并抑制酶的活性及化学变化。

1. 冷藏

冷却（冷藏）即将温度控制在稍高于冻结温度之下，蛋白质较稳定，微生物生长也受到抑制。

2. 冻藏

冷冻（冻藏）及将温度控制在低于冻结温度之下（一般为-18℃），对食品的风味多少有些损害，但若控制得好，蛋白质的营养价值不会降低。

肉类食品经冷冻、解冻，细胞及细胞膜被破坏，酶被释放出来，随着温度的升高酶活性增强致使蛋白质降解，而且蛋白质-蛋白质间的不可逆结合，代替了水和蛋白质间的结合，使蛋白质的质地发生变化，保水性也降低，但对蛋白质的营养价值影响很少 。

鱼蛋白质很不稳定，经冷冻和冻藏后，肌球蛋白变性，然后与肌动蛋白反应，使肌肉变硬，持水性降低，因此，解冻后鱼肉变得干而强韧，而且鱼中的脂肪在冷藏期间仍会进行自动氧化作用，生成过氧化物和自由基，再与肌肉蛋白作用，使蛋白质聚合，氨基酸被破坏。蛋黄能冷冻并贮于-6℃，解冻后呈胶状结构，黏度也增大，若在冷冻前加 10%的糖或盐可防止此现象。而牛乳经巴氏低温杀菌，以-24℃冷冻，可贮藏 4 个月，但加糖炼乳的贮藏期却很短，这是因为酪蛋白在解冻后形成不易分散的沉淀。

关于冷冻使蛋白质变形的原因，主要是由于蛋白质质点分散密度的变化造成的。由于温度下降，冰晶逐渐形成，使蛋白质分子中的水化膜减弱甚至消失，蛋白质侧链暴露出来，同时加上冰晶的挤压，使蛋白质质点相互靠近而结合，致使蛋白质质点凝集沉淀。这种作用主要与冻结速度有关，冻结速度越快，冰晶越小，挤压作用也越小，变性程度就越小。食品工业根据此原理常采用快速冷冻法以避免蛋白质变性，从而保持食品原有的风味。

（三）脱水干制的影响

脱水是食品加工的一个重要的操作单元，其目的在于保藏食品、减轻食品重量及增加食品的稳定性，但脱水处理也会给食品加工带来许多不利的变化。当蛋白质溶液中的水分被全部除去时，由于蛋白质-蛋白质之间的相互作用，引起蛋白质大量聚集，特别是在高温下除去水分时可导致蛋白质溶解度和表面活性急剧降低。

干燥处理是制备蛋白质配料的最后一道工序，应该注意干燥处理对蛋白质功能性质的影响；干燥条件直接影响粉末颗粒的大小以及内部和表面孔径，这将会改变蛋白质的可湿润性、吸水性、分散性和溶解度，从而影响这类食品的功能性质。

食品工业中常用的脱水方法有多种，引起蛋白质变化的程度也不相同。

(1) 传统脱水　以自然的湿热空气干燥脱水的畜禽肉、鱼肉会变得坚硬、萎缩且复水性差，烹调后感觉坚韧而无其原来风味。

(2) 真空干燥　这种干燥方法较传统脱水法对肉的品质损害较小，因无氧气，所以氧化反应较慢，而且在低温下还能减少非酶褐变及其他化学反应的发生。

(3) 冷冻干燥　冷冻干燥的食品可保持原形及大小，具有多孔性，有较好的复水性，是肉类脱水的最好方法。但会使部分蛋白质变性，肉质坚硬，保水性下降。与通常的干燥方法相比，冷冻干燥肉类其必需氨基酸含量及消化率与新鲜肉类差异不大，冷冻干燥是最好的保持食品营养成分的方法。

(4) 喷雾干燥　蛋乳的脱水常用此法。喷雾干燥对蛋白质损害较小。

(5) 鼓膜干燥　将原料置于蒸汽加热的旋转鼓表面，脱水成膜。例如，浓缩的大豆蛋白质溶液加工生产腐竹（豆腐衣）。

(四) 氧化处理的影响

在食品加工过程中常会使用一些氧化剂，如过氧化氢、过氧化苯甲酰、次氯酸钠等。过氧化氢在乳品工业中用于牛乳冷灭菌；还可以用来改善鱼蛋白质浓缩物、谷物面粉、麦片、油料种子蛋白质离析物等产品的色泽；也可用于含黄曲霉毒素的面粉，豆类和麦片脱毒以及种子去皮。次氯酸钠具有杀菌作用，在食品工业上应用也非常广泛，如肉品的喷雾法杀菌，黄曲霉毒素污染的花生粉脱毒等。

很多食品体系自身也会产生各种具有氧化性的物质。例如，脂类氧化产生的过氧化物及其降解产物，它们通常是引起食品蛋白质成分发生交联的原因。很多植物中存在多酚类物质，有氧存在、中性或碱性 pH 条件下，易被氧化生成醌类化合物，这种反应生成的过氧化物属于强氧化剂。氨基酸残基的氧化可明显改变蛋白质的结构与风味，损失蛋白质营养，形成有毒物质，因此显著氧化了的蛋白质不宜食用。

(五) 机械处理的影响

机械处理对食品中的蛋白质有较大的影响。例如，充分干磨的蛋白质粉或浓缩物可形成小的颗粒和大的表面积，与未磨细的对应物相比，它提高了吸水性、蛋白质溶解度、脂肪的吸收和起泡性。

蛋白质悬浊液或溶液体系在强剪切力的作用下（如牛乳均质），可使蛋白质聚集体（胶束）碎裂成亚单位，这种处理一般可提高蛋白质的乳化能力。在空气/水界面施加剪切力，通常会引起蛋白质变性和聚集，而部分蛋白质变性可以使泡沫变得更稳定。某些蛋白质，如过度搅打鸡蛋蛋清时会发生蛋白质聚集，使形成泡沫的能力和泡沫的稳定性降低。

机械力同样对蛋白质的质构化过程起重要作用。例如，面团受挤压加工时，剪切力能促使蛋白质改变分子的定向排列、二硫键交换和蛋白质网络的形成。

(六) 酶处理的影响

食品加工中常常用到酶制剂对食物原料进行处理。例如，从油料种子中分离蛋白质；制备浓缩鱼蛋白质；改进明胶生产工艺；凝乳酶和其他蛋白酶应用于干酪生产；从加工肉制品的下脚料中回收蛋白质和对猪（牛）血蛋白质进行酶法改性脱色等。

蛋白质经蛋白酶的作用最终可水解为氨基酸。蛋白酶可以作为食品添加剂用来改善食品的品质。例如，以蛋白酶为主要成分配制的肉类嫩化剂；啤酒生产的浸麦过程中，添加蛋白酶（主要为木瓜蛋白酶和细菌蛋白酶），提高麦汁 α-氨基氮的含量，从而提高发酵能力，加快发酵速度，加速啤酒成熟；用羧肽酶 A 来除去蛋白水解物中的苦味肽等。

（七）专一的化学改性

改变天然动、植物蛋白质的物化性和功能性，以满足食品加工和食品营养性的需要，已成为食品科学家研究的课题。目前，用于蛋白质改性的方法大致有如下几种：①选择合适的酶解蛋白质为肽化合物；②用醋酸酐或琥珀酸酐进行酰基化反应；③增加蛋白质分子中亲水性基团。

1. 蛋白质有限水解处理

水解蛋白质为肽化合物有三条途径：酸水解、碱水解和酶水解。三种方法相比，酶水解蛋白质具有水解时间短、产物颜色浅、容易控制水解产物分子质量的大小等优点。常用于水解蛋白质的酶有木瓜蛋白酶、胰蛋白酶和胃蛋白酶。从食品角度考虑，蛋白质水解产物不要求产生氨基酸，只要水解为平均分子质量 900u 的低聚肽即可。

为了提高果汁饮料的营养价值，常常添加牛乳水解蛋白。牛乳水解蛋白与原料乳相比，营养价值略有下降，但其在中性或酸性介质中都是 100%溶解的。因此，用它制的果汁饮料仍是透明清澈的。牛乳水解蛋白还可以作为胃和食道疾病严重的病人的疗效食品，牛乳本身营养价值较高，水解后成为极易消化和吸收的食物，非常适合于上述病人使用。

2. 蛋白质的酰基化反应

蛋白质的酰基化反应是在碱性介质中，用醋酸酐或琥珀酸酐完成的，此时中性的乙酰基或阴离子型的琥珀酸基结合在蛋白质分子的亲核残基（如 δ-氨基、巯基、酚基、咪唑基等）上。引入大体积的乙酰基或琥珀酸根后，由于蛋白质的净负电荷增加、分子延伸，离解为亚单位的趋势增加，所以，溶解度和脂肪吸收容量都能获得改善。例如，燕麦蛋白质经过酰基化后，功能特性大为改善。

燕麦蛋白酰基化后，乳化活性指数和乳液稳定性都比没有酰基化后大，其中琥珀酰化的又比乙酰化后大。酰基化能提高蛋白质的持水性和脂肪结合力，这是由于所接上去的羰基与邻近存在的羰基之间产生了静电排斥作用，引起蛋白质分子伸展，增加与水结合的机会。类似情况，在酰基化的豌豆蛋白质中也同样可以观察到。

酰基化燕麦蛋白质的溶解度一般比未酰基化大，但在 pH 3.0 的介质中，接入酰基量多的样品溶解度低于酰基化前的样品。另外琥珀酰化时无论加入酰基试剂多少，此时溶解度比原始样的低。

蛋白质酰基化反应还能除去一些抗营养分子，如豆类食物中的植酸，主要是因为蛋白质接入酰基试剂后，对蛋白质-植酸的结合产生了较大位阻，植酸-蛋白质-矿物质三元结合物的稳定性遭到破坏，其离解为可溶性的蛋白质盐和可溶性的植酸钙。

蛋白质酰基化处理的方法：取豆类蛋白质分离物加水调成100g/L分散体系，加入琥珀酸酐或乙酰酐（0.018～0.186g/g蛋白质），用氢氧化钠调整pH 8.5，室温下进行酰基化反应1h，取上清液，用盐酸调整pH 3.0～3.5，搅拌15min，使蛋白质析出。然后于1000r/min下离心25min，弃去上清液，沉淀用去离子水洗涤两次，离心，弃去洗涤水。沉淀物用冷冻干燥或真空干燥，粉碎成能通过100目（149μm）的粉末即为植酸含量低且功能性得到改善的豆类蛋白质。

3. 蛋白质分子中添加亲水性基团

在蛋白质分子中增加亲水性基团的方法有两种：一是在蛋白质本身分子中脱去氨基，如将谷氨酰胺基和天冬酰胺基转化为谷氨酰基和天冬酰基；二是在蛋白质分子中接入亲水性氨基酸残基、糖基或磷酸根。

在小麦和谷类食物的蛋白质分子中谷氨酰基可占总氨基酸量的很大比例，有的多到1/3。它对蛋白质性质有很大影响。在高温下，保持pH 8～9，可完成天冬氨酰基的脱氧作用。

蛋白质的磷酸化也可用于改善蛋白质功能性。蛋白质分子中的—OH、$—NH_2$、—COOH等基团可与$POCl_3$或三聚磷酸钠反应，生成磷酸化蛋白质。例如，大豆分离蛋白用3%三聚磷酸钠于35℃下保温3.5h处理后，大豆蛋白的等电点p*I*由4.5变化为3.9，引入的磷酸基还有很高亲水性，大豆蛋白的功能性如水化能力、乳化能力、发泡能力和持水能力也有了很大的改善。

项目小结

本项目以完成牛乳中酪蛋白的分离和鸡蛋蛋清蛋白功能性质的测定两个工作任务驱动项目化教学，介绍了氨基酸、蛋白质的基本组成、结构、理化性质，在分子水平剖析了蛋白质的变性及其影响因素，进行蛋白质的分离；着重阐述食品蛋白质的水合、胶凝、质构化、溶胀、发泡、乳化和溶解度等功能性质及条件控制，运用现代加工技术于食品加工和贮藏过程，提升对食品品质和营养成分的控制能力。

项目思考

1. 怎样发挥乳浊液中蛋白质的功能性质？
2. 碱性条件下加热处理高蛋白食品，其蛋白质会有哪些变化？
3. 畜禽肉蛋白质在热处理过程中营养和安全性有哪些变化？

项目五

酶类的性能与控制

学习目标

【知识目标】

1. 熟悉酶的分类、命名、酶的固定方法及固定化酶。

2. 熟知酶的组成、结构及催化作用的本质。

3. 熟知食品中酶促褐变的机理及影响因素。

4. 熟悉食品工业中重要的酶。

【技能目标】

1. 能够测定影响酶活力的因素。

2. 能运用与控制食品生产中的酶促褐变。

3. 具备使用酶提高食品质量的能力。

【素质目标】

1. 以果汁生产为实例，在实际生产过程中某果胶酶活力总达不到预期，试调整生产工艺提高果胶酶活力，解决生产技术难题。培养面对问题冷静沉着、耐心分析、科学严谨的工匠精神。

2. 根据任务工单要求，设计控制苹果、马铃薯的酶促褐变实验，培养逻辑分析能力和理论指导实践的能力。

3. 分析酶促褐变实验现象，讨论控制褐变的方法，分组汇报控制酶促褐变的有效措施，培养实事求是、团队协作、认真仔细的科学素养。

项目导入

酶是由生物活细胞产生的、具有催化功能的大分子。只要不是变性状态，无论在细胞内还是细胞外，都可以发挥催化作用。在生物体内除少数几种酶为核酸分子以外，大多数的酶类都是蛋白质。

在食品加工中，利用酶可以改善食品的质量和开发新的食品。研究果蔬采摘、动物宰杀后体内酶的生化过程，可以实现食品原料在贮藏、运输过程中品质的保持和改善。应用酶学理论及酶制剂，使食品产生特殊的颜色、风味和质地，进行食品成分分析，达到控制食品质量的目的。目前，在食品工业应用的酶都是蛋白质。

任务一 唾液中淀粉酶活性影响因素的测定

任务要求

1. 熟悉影响淀粉酶活性的因素。
2. 能够测定温度、pH、激活剂、抑制剂对淀粉酶活性的影响。

知识贮备

酶促反应（Enzyme catalysis）是指由酶作为催化剂进行催化的化学反应。生物体内的化学反应绝大多数属于酶促反应，酶作为生物催化剂，其活性受到多种因素调节，这是酶自身的特点，也是生物体能够调控代谢速度，从而适应环境的物质基础。酶促反应的影响因素，主要是 pH、温度、激活剂和抑制剂四大类。了解这些影响因素，不论对于生产、生活，还是科学研究，都有重要作用。

一般酶的最适 pH 在 6.0~8.0，少数酶需偏酸或碱性条件。如人体胃蛋白酶最适 pH 为 2.0，而肝脏精氨酸酶为 9.7。大部分酶的 pH-酶活曲线是钟形曲线，但也有少数酶只有钟形的一半，甚至是直线。如木瓜蛋白酶底物的电荷变化对催化没有影响，在 pH 4~10 之间是一条直线。

酶活随温度变化的曲线也是钟形曲线，有一个最高点，即最适温度。温血动物的酶最适温度一般是 35.0~40.0℃，植物酶通常在 40.0~50.0℃。这是温度升高时化学反应加速（每升温 10℃反应速度加快 1~2 倍）与酶失活综合平衡的结果。一般酶在 60.0℃以上变性，少数酶可耐高温，如牛胰核糖核酸酶加热到 100.0℃仍不失活。因为酶的变性过程需要水参与，所以干燥的酶可耐受高温，而液态酶失活较快。最适温度也不是固定值，它受反应时间影响，酶可在短时间内耐受较高温度，反应时间延长则最适温度降低。热失活的活化能一般为 2.1~4.2eV，比一般反应的活化能高 10 倍，所以一般酶在 30.0℃以下是稳定的。

任务实施

1. 任务分组

学生依据任务工作要求和任务具体内容，并结合自身兴趣爱好和对任务了解的基本情况自由组合，2~3 人为一组，开展任务实施。

2. 材料准备

（1）仪器　试管（3.0cm×20cm）、试管架、4 孔恒温水浴锅、冰浴、吸量管（1.00mL、2.00mL、5.00mL）、滴管、量筒、玻璃棒、白瓷板、秒表、烧杯、棕色瓶。

（2）试剂

①新鲜唾液稀释液（唾液淀粉酶液）：每组同学进实验室自己制备，先用蒸馏水漱口，以消除食物残渣，再含一口蒸馏水，0.5min 后使其流入量筒并稀释到 200 倍（稀释倍数因人而异）混合备用。

②10g/L 淀粉溶液 A（含 0.3%氯化钠）：称取 1.00g 可溶性淀粉和 0.30g 氯化钠溶于 5mL 蒸馏水中，搅动后，缓慢倒入沸腾的 60mL 蒸馏水中，搅动煮沸 1min，冷却至室温，加水到 100mL，置于冰箱中保存。

③缓冲溶液系统，按表 5-1 混合配制缓冲溶液。

表 5-1　　缓冲溶液的配制

pH	0.20mol/L 磷酸氢二钠溶液体积/mL	0.10mol/L 柠檬酸溶液体积/mL
5.0	5.15	4.85
5.8	6.05	3.95
6.8	7.72	2.28
8.0	9.72	0.28

④10g/L 淀粉溶液 B（不含氯化钠）：称取 1.00g 可溶性淀粉溶于 5mL 蒸馏水中，搅动后，缓慢倒入沸腾的 60mL 蒸馏水中，搅动煮沸 1min，冷却至室温，加水到 100mL，置于冰箱中保存。

⑤10g/L 碘液：称取 2g 碘化钾溶于 5mL 蒸馏水中，再加入 1g 碘，待碘完全溶解后，加蒸馏水 295mL，混匀储于棕色瓶中。

⑥10g/L 氯化钠溶液：称取 1.00g 氯化钠溶于 50mL 蒸馏水中，转移到 100mL 容量瓶加蒸馏水定容。

⑦10g/L 硫酸铜溶液：称取 1.00g 硫酸铜溶于 50mL 蒸馏水中，转移到 100mL 容量瓶加蒸馏水定容。

⑧10g/L 硫酸钠溶液：称取 1.00g 硫酸钠溶于 50mL 蒸馏水中，转移到 100mL 容量瓶加蒸馏水定容。

3. 实施步骤

淀粉溶液配制→温度影响→ pH 影响→激活剂抑制剂影响→现象记录与分析

4. 实施要点

（1）温度对淀粉酶活性的影响

取 3 支试管，编号后按表 5-2 操作。

下述各管在不同温度下保温 10min 后，立即取出，流水冷却 3min，向各管分别加入碘液 1 滴。仔细观察各试管颜色并记录。

表 5-2　　温度对酶活性影响

试管	淀粉酶体积/mL	酶液处理温度/℃	pH 6.8 缓冲溶液体积/mL	10g/L 淀粉溶液 A 体积/mL	反应温度 10min/℃	观察结果
1	1	0	2	1	0	
2	1	37~40	2	1	37~40	
3	1	70	2	1	70	

（2）pH 对淀粉酶活性的影响

取一支试管，加入 10g/L 淀粉溶液 A 2mL，pH 6.8 缓冲溶液 3mL，淀粉酶液 2mL，摇匀后，向试管内插入一支玻璃棒，置 37℃水浴保温。每隔 1min 用玻璃棒从试管中取出 1 滴混合液于白瓷板上，随即加入碘液 1 滴，混匀后，观察溶液的颜色，确认淀粉水解程度后，记录从加入酶液到加入碘液的时间，此时间为保温时间。取 4 支试管编号，按表 5-3 进行操作。

表 5-3　　pH 对酶活性的影响

试管	缓冲溶液体积/mL				10g/L 淀粉溶液体积/mL	淀粉酶液体积（每隔 1min 逐管加入）/mL	观察结果
	pH 5.0	pH 5.8	pH 6.8	pH 8.0			
1	5	0	0	0	2	2	
2	0	5	0	0	2	2	
3	0	0	5	0	2	2	
4	0	0	0	5	2	2	

将上述各试管摇匀后，再以 1min 间隔依次将 4 支试管置于 37℃水浴保温。达到保温时间后，依次将各管迅速取出，并立即加入碘液 1 滴，观察各试管溶液的颜色并记录。分析 pH 对酶活性的影响，确定最适 pH。

（3）激活剂、抑制剂对淀粉酶活性的影响

取 4 支试管编号，按表 5-4 所示，加入各试剂。

表 5-4　　激活剂、抑制剂对酶活性的影响

试管	10g/L 淀粉液 B	10g/L NaCl 溶液	10g/L $CuSO_4$溶液	10g/L Na_2SO_4溶液	蒸馏水	淀粉酶液	观察结果
1	2	1	0	0	0	2	
2	2	0	1	0	0	2	

续表

试管	10g/L 淀粉液 B	10g/L NaCl 溶液	10g/L $CuSO_4$溶液	10g/L Na_2SO_4溶液	蒸馏水	淀粉酶液	观察结果
3	2	0	0	1	0	2	
4	2	0	0	0	1	2	

将上述各试管溶液混匀后，向 1 号试管内插入一支玻璃棒，4 支试管同时置于 37℃水浴保温 1min 左右，用玻璃棒从 1 号试管中取出 1 滴混合液，检查淀粉水解程度［方法同实施要点（2）］。待混合液遇淀粉不变色时，从水浴中迅速取出 3 支试管，各加碘液 1 滴，摇匀后观察各试管溶液的颜色并记录。

5. 实验现象记录与分析（表 5-5）

表 5-5　　唾液中淀粉酶活性影响因素实验数据记录表

序号	实验名称	结论分析	备注
1	温度对淀粉酶活性的影响		
2	pH 对淀粉酶活性的影响		
3	激活剂、抑制剂对淀粉酶活性的影响		

6. 相关提示

（1）加入酶液后，要充分摇匀，保证酶液与全部淀粉液接触反应，得到理想的颜色梯度变化。

（2）用玻璃棒取液前，应将试管内溶液充分混匀，取出试液后，立即放回试管中一起保温。

考核要点

（扫二维码可获得详细考核信息）

1. 确定淀粉酶的最适温度的操作过程。
2. 确定淀粉酶的最适的操作过程。
3. 判定淀粉水解程度。
4. 表述影响淀粉酶活性的激活剂、抑制剂。

唾液中淀粉酶活性影响因素的测定考核要点

思 考 题

1. 为什么在咀嚼馒头时，会感觉到甜味？
2. 糖类在口腔中经淀粉酶分解成哪些成分？
3. 为什么不同人群唾液对淀粉的分解效果不一样？

相关知识

生物体内每时每刻都进行着新陈代谢。新陈代谢是由无数复杂的、连续的化学反应组成，这些反应之间相互联系、相互制约，而且这些反应通常是在生物体内、温和的条件下进行。究其原因是这些化学反应几乎都是在生物体内特异的生物催化剂即酶的催化下进行的。酶的存在是生物体进行新陈代谢的必要条件，没有酶的催化作用，新陈代谢就不能进行，所以没有酶就没有生命。

在20世纪80年代之前，人们根据纯酶的结晶状态、酶的化学结构和立体结构以及人工合成酶的成功实践，一致认为酶的化学本质是蛋白质。直到1982年，在生物体内发现了一种具有催化功能的核酸分子即核酸酶。人们对酶的本质又有了新的认识。

一、 酶的基本知识

酶是一类由活细胞产生的具有催化作用和高度专一性的生物大分子物质。

酶的概述
——教学视频

人类对酶的认识起源于生产实践，早在几千年前，人类已开始利用微生物酶来加工食品。我国在4000多年前，就已经在酿酒、制酱、制饴等过程中，不自觉地利用了酶的催化作用。如夏禹时代就已知道酿酒，周朝已经能制麦芽糖和造酱、醋，到春秋时代，就有用曲霉治腹泻的记载了。

酶的系统研究起始于对发酵本质的研究。直到19世纪开始，才真正地认识酶的存在和作用。1833年，佩恩和帕索兹从麦芽的抽提物中，用酒精沉淀得到一种可使淀粉水解成可溶性糖的物质，这就是后来被称作淀粉酶的物质；同时指出了它的热不稳定性，初步触及了酶的一些本质问题。1897年，法国科学家巴斯德等人对酵母的酒精发酵进行了大量研究，指出酵母中存在一种使葡萄糖转化为酒精的物质。1878年，库尼首先把这种物质称之为酶。1897年，德国学者巴赫纳发现酵母的无细胞抽取液也能将糖发酵成酒精。由此，证明了生命体内有酶，而且在细胞外也可在一定条件下进行催化作用。1926年，萨姆纳首次从刀豆提取液中分离得到脲酶结晶，证明它具有蛋白质的性质，提出酶的化学本质是蛋白质的观点。以后陆续实验得到了胃蛋白酶、胰蛋白酶和胰凝乳蛋白酶的结晶，并进一步证明了酶是蛋白质。直至1982年，美国切赫等人首次发现四膜虫的26s rRNA前体能在完全没有蛋白质的情况下进行自我加工，发现RNA有催化活性，提出核酶的概念。核酶是具有高效、特异催化作用的核酸，是近年来发现的一类新的生物催化剂。

到目前为止，已发现的酶的总数已达到3000多种，其中数百种已被提纯、结晶。分子质量一般在5000u以上。细胞内的蛋白质90%都有催化活性。本项目中提及的酶均指蛋白质酶。

二、 酶的组成

绝大多数的酶是蛋白质。具有酶催化活性的蛋白质根据自身的组成成分可分为简单蛋白酶和结合蛋白酶。

酶的分类
——教学视频

1. 简单蛋白酶

此酶也称单纯酶，是仅由蛋白质构成的酶。除了蛋白质外，不含其他物质，如脲酶、蛋白酶、脂酶等。一般催化水解反应的水解酶类多属于此类。

2. 结合蛋白酶

除了蛋白质外，还有一些对热稳定的非蛋白质小分子物质。蛋白质部分为酶蛋白，非蛋白部分为辅助因子。由酶蛋白和辅助因子共同构成的酶称为结合酶。催化氧化还原作用的酶大多数属于结合蛋白酶。

辅助因子是酶催化活性的必要条件，缺少了它们，酶的催化作用就会消失。酶蛋白和辅助因子各自单独存在时，均无催化作用，因此，结合蛋白酶也叫全酶。全酶才具有催化活性，辅助因子按其与酶蛋白结合的紧密程度有辅酶和辅基之分，但二者没有严格的区别。通常辅酶指与酶蛋白结合（非共价键）得比较松散的小分子有机物，可用透析法除去，主要为水溶性的 B 族维生素参与组成；辅基是指与酶蛋白结合（共价键）比较紧密的金属离子，透析法不易除去，需经过一定的化学处理才可与蛋白质分开，如二价镁离子、亚铁离子和二价锌离子等。

在催化反应中，酶蛋白与辅助因子所起的作用是不同的。酶蛋白部分决定酶促反应的特异性及其催化机制，即决定酶促反应的专一性和高效率；而辅助因子则直接对电子、原子或某些化学基团起传递作用，决定酶促反应的性质与类型，参与化学反应。

三、 酶的结构

酶具有高效率、高度专一性等催化特性，这些特性都与酶本身的特殊结构有关。酶多为蛋白质类生物大分子，具有蛋白质的化学组成和完整的空间结构，在酶蛋白分子肽链上有许多的侧链基团。酶分子中存在的各种化学基团并不一定都与酶的活性有关，只有少数特定的氨基酸残基的侧链基团和酶的催化活性直接有关。在一级结构上可能相距很远的必需基团，在空间结构上彼此靠近，形成具有特定空间结构的区域，能与底物特异地结合并催化底物转化为产物。通常将这一区域称为酶的活性中心，如图 5-1 所示。

必需基团是酶表现催化活性不可缺少的基团。酶活性依赖活性中心必需基团的严格空间构象，如构象改变（异构、变性等）则酶活性改变。

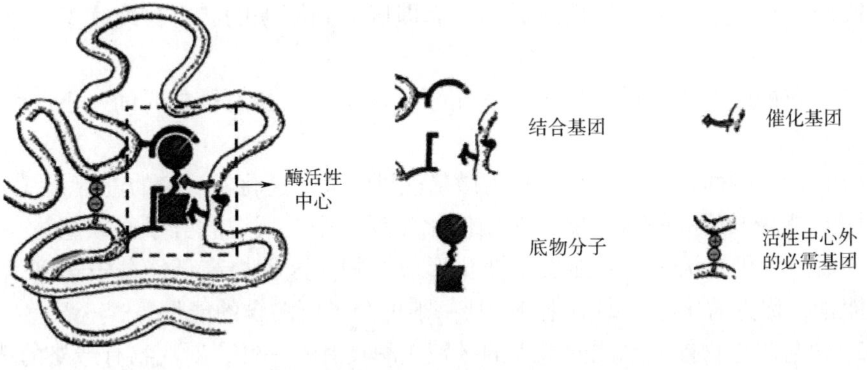

图 5-1　酶活性中心与必需基团示意图

对于不需要辅酶的酶来说，酶活性中心是酶分子中具有三维结构的区域，成为裂缝，成为凹陷，深入到酶分子内部，是由酶分子三维结构上比较靠近的少数氨基酸残基或是这些残基上的某些基团组成，且多为氨基酸残基的疏水基团组成。对于结合酶来说，辅酶或辅基参与酶活性中心的组成，是连接底物和酶分子的桥梁。

具体说来，虽然各种酶在结构和专一性等方面差别很大，但作为酶的活性部位有其共同的特点：

（1）活性部位在整个酶分子中只占很小一部分。

（2）活性部位是具有三维结构的裂隙。

（3）底物与酶活性部位是通过次级键结合的。

（4）活性部位的裂隙具有高度疏水性（疏水口袋），可增进与底物的结合，是酶具有高效率的原因之一。

（5）活性部位构象上具有柔性，能够与底物在物理作用力下相互结合。

活性中心的必需基团：包括结合基团和催化基团。结合基团是指与底物相结合的氨基酸残基，负责与底物分子结合，形成酶-底物复合物。结合部位决定酶的专一性；催化基团是指参与催化底物转变成产物的基团，负责催化反应，即底物的化学键在此被打断或形成新的化学键，催化底物转化为产物。催化部位决定酶所催化反应的性质。

活性中心外的必需基团：活性中心的形成要求酶蛋白分子具有一定的空间构象，当外界物理化学因素破坏了酶的结构时，首先就可能影响酶活性中心的特定结构，结果就必然影响酶的活性。

四、 酶催化特点

酶的催化特性
——教学视频

1. 酶与一般催化剂有相似的性质

（1）改变化学反应速度，本身在化学反应前后没有质和量的改变。参与完一次化学反应后，会立即恢复到原来的状态，继续参与下一次反应。

（2）仅能改变化学反应的速度，缩短反应达到平衡所需的时间，不改变化学反应的平衡点。

（3）用量少而催化效率高，只需微量就可大大加速化学反应的进行。

（4）能降低反应的活化能，在任何化学反应中，反应物分子必须超过一定的能阈，成为活化的状态，才能发生变化形成产物。这种提高低能分子达到活化状态的能量，称为活化能，即活化分子比一般的分子所多含的能量。

2. 酶与非生物催化剂之间最大的区别是酶具有专一性，对底物有严格的选择

不同的反应需要不同的酶。只能作用于一种底物、一类化合物、一定的化学键、一种异构体或催化一定的化学反应并生成一定的产物，酶的这种特性称为酶作用的专一性或特异性。这种专一性是由酶蛋白的立体结构所决定的。

根据酶对底物选择的严格程度不同，还可细分为以下几种类型。

（1）绝对专一性　有些酶只能催化一种底物，发生一定的化学反应并生成一定的产物，而不能作用于任何其他物质，这种酶的专一性称为绝对专一性。例如，脲酶只能催化尿素，水解生成 CO_2 和 NH_3，如果尿素一个氨基上的氢被氯或甲基取代，其化学结构虽然与原尿素相似，可脲酶与它的反应却不能进行了。又如，麦芽糖酶仅能催化麦芽糖生成葡萄糖，但它只能使葡萄糖苷键断裂，不能水解葡萄糖苷键，也就是说只能水解麦芽糖不能水解葡萄糖。大多数酶属于此类。

（2）相对专一性　这类酶能够催化一种底物（具有相同的化学键或基团），发生一定的化学反应并生成一定的产物，这种不太严格的选择称为相对专一性。这种类型又可根据专一程度分为键专一性和基团专一性。

酶只要求底物分子上有合适的化学键就能起催化作用，对成键两端的结构没有严格要求，称为键的专一性。例如，蔗糖酶不仅能够水解蔗糖，也能水解棉籽糖中的同一类糖苷键。还有脂肪酶不仅能水解脂肪，也能水解简单的脂类化合物。

有些酶除要求底物有合适的化学键以外，还对其作用化学键两端的基团也具有专一性要求，称为基团专一性。例如，胰蛋白酶仅对精氨酸或赖氨酸的羧基形成的肽键起作用。

（3）立体异构专一性（光学专一性）　有些酶对底物的立体构型具有特异的选择性，酶的这种催化专一性称为立体异构专一性。酶只对某一种特定的旋光或立体异构体能起催化作用，而对其对映体则完全没有作用。例如，单糖、氨基酸和部分取代酸都有 L-型和 D-型两种旋光异构体，L-乳酸脱氢酶只能以 L-乳酸为底物氧化，对 D-乳酸不能作用，由此，可用酶法来分离消旋化合物。酶的专一性能应用于食品分析，在食品加工方面也极为重要。

3. 酶促反应条件温和

酶的化学本质是蛋白质（仅少数几种酶为核酸分子），酶蛋白只能在常温（反

应温度范围20~40℃)、为常压和近中性的pH条件(一般在pH 5~8水溶液中进行)下保持活性，催化反应。例如，蛋白质、脂肪和糖类在体外需要长时间与浓酸或浓碱作用或加热、加压，才能分解生成相应的单体，但在生物体内这些反应在相应酶的作用下，温和条件就能完成。

4. 酶的催化效率高

酶具有高效的催化性，少量的酶就可以起到很强的催化作用。酶催化反应速度与不加催化剂相比可提高$10^8 \sim 10^{20}$倍，与加普通催化剂相比可提高$10^7 \sim 10^{13}$倍。过氧化氢酶催化过氧化氢水解比亚铁离子快10^{11}倍；脲酶催化尿素水解是H^+催化效率的7×10^{12}倍；蔗糖酶催化蔗糖水解是氢离子的2.5×10^{12}倍。

5. 酶易失活

一般催化剂在一定条件下会因中毒而失去催化能力，较其他催化剂酶更加脆弱，更易失去活性。一切使蛋白质变性的因素，如强酸、强碱、重金属盐，有机溶剂、高温、剧烈搅拌、紫外线等因素，均能使酶失去催化活性。

五、 酶的分类和命名

1. 酶的分类

1961年，国际酶学委员会制定了一套完整的酶学分类系统，将所有酶按照催化的反应类型将酶分为以下六大类：氧化还原酶(EC 1)、移换酶(EC 2)、水解酶(EC 3)、裂合酶(EC 4)、异构酶(EC 5)和连接酶(EC 6)。2018年8月，国际生物化学与分子生物学联合会(IUBMB)在原有六大酶类之外，又增加了一种新的酶类——转位酶，也称为易位酶，系统编号为EC 7。

(1) 氧化还原酶类　催化底物进行氧化还原反应的酶类。例如，乳酸脱氢酶、细胞色素氧化酶、过氧化氢酶、过氧化物酶和琥珀酸脱氢酶等。凡是失电子脱氢或得到氧的反应为氧化反应，反之则为还原反应。氧化反应和还原反应总是伴随发生。

(2) 转移酶类　催化底物之间进行基团转移或交换的酶类。例如，甲基转移酶、氨基转移酶、磷酸化酶等。可以转移的基团有甲基、氨基、醛基、酮基、磷酸基、糖苷基和酰基等。

(3) 水解酶类　催化底物发生水解反应的酶类。例如，溶菌酶、脂肪酶、淀粉酶等，它们在食品工业中很重要。在一般情况下，水解酶催化的反应多数是不可逆的。

(4) 裂合酶类　催化一种化合物裂解为两种化合物，或两种化合物合成一种化合物。例如，柠檬酸合成酶和醛缩酶等。

(5) 异构酶类　催化同分异构体相互转化的酶类。例如，磷酸丙糖异构酶，磷酸葡萄糖变位酶等。异构酶催化的反应都是可逆的。

(6) 连接酶类　催化两分子底物合成一分子化合物，同时伴有 ATP 高能磷酸键断裂的酶类，又称为连接酶。例如，谷氨酰胺合成酶、天冬酰胺合成酶、丙酮酸羧化酶等。

(7) 转位酶类　催化离子或分子穿越膜结构的酶或其膜内组分。这类酶中的一部分因为能够催化 ATP 水解，所以曾经被归类到 ATP 水解酶中，现在则认为催化 ATP 水解并非其主要功能，所以划归到转位酶中。

2. 酶的编号

根据酶所催化的反应类型，将酶分为七大类，依次用编号 1、2、3、4、5、6、7 来表示，再根据底物中被作用的基团或键的特点将每一大类分为若干个亚类，每个亚类再分为若干个次亚类，仍用 1、2、3、…编号。故每一个酶的分类编号用“”隔开的四个数字组成。

编号前常冠以酶学委员会的缩写 EC。酶编号的前三个数字表明酶的特性，即反应性质类型、底物类型、键的类型；第四个字则是酶在次亚类中的顺序号。

3. 酶的命名

(1) 习惯命名法　酶的结构相对复杂，种类繁多，多年来普遍使用的是酶的习惯名称。

①根据酶催化底物命名：例如，催化淀粉水解的酶称为淀粉酶；催化脂肪水解的酶称为脂肪酶；催化蛋白质水解的酶称为蛋白酶；催化尿素水解的酶称为脲酶。它们的底物分别是淀粉、脂肪、蛋白质和尿素。

②根据酶催化的化学反应性质来命名：例如，催化氧化作用的酶称为氧化酶或脱氢酶；催化水解反应的酶称为水解酶；催化氨基转换反应的酶称为转氨酶。另外，还有异构酶、合成酶等。

③将酶的作用底物与催化反应的性质结合起来命名：例如，催化葡萄糖进行氧化反应的酶称为葡萄糖氧化酶；催化乳酸脱氢反应的酶称为乳酸脱氢酶。

④根据酶的来源分类：例如，胃蛋白酶、木瓜蛋白酶等。

⑤将酶的来源与作用底物结合起来命名：例如，酶作用底物分别为淀粉和蛋白质，来源于细菌时，分别称为细菌淀粉酶和细菌蛋白酶。

⑥将酶作用的最适 pH 和作用底物结合起来命名：例如，酶作用底物为蛋白质，作用最适 pH 为中性的称为中性蛋白酶；最适 pH 为碱性的称为碱性蛋白酶。

酶的习惯命名法比较通俗、简单和方便，没有统一的规则，所以会出现一酶多名或一名多酶的现象，而且有些酶命名也不甚合理。鉴于新酶的不断发展，为了避免名称的重复和混乱的现象，使酶的命名科学化、系统化。1961 年，国际生化学会酶学委员会根据酶催化反应的性质规定了酶的系统命名法。

(2) 系统命名法　系统名称包括底物名称、构型、反应性质，最后加一个酶字，同时附有分类编号。

①标明底物催化反应的性质。例如，6-磷酸葡萄糖异构酶。

②两个底物参加反应时应同时列出，中间用冒号“:”分开。例如，丙氨酸：酮戊二酸氨基转移酶。系统命名可以清除习惯名称中的一些混乱现象，但名称很长，使用不便尚未广泛采用，目前仍采用习惯名称。

六、 酶促反应的影响因素

研究酶促反应的规律以及各种因素对酶促反应影响的科学称为酶促反应动力学。研究酶促反应动力学对于深入了解酶催化作用本质、控制酶促反应的措施、酶的分离纯化和在食品加工的应用都具有重要意义。

酶促反应速度是以单位时间内底物的减少量或产物的生成量来表示。为了正确表示酶促反应速度和催化能力，就必须采用反应起始阶段时的速度，即在产物生成量或底物减少量与时间成正比关系的一段时间内测定反应速度。因此，表征酶催化能力的反应速度，常以反应开始时的初速度而言。

在研究某一因素对酶促反应的影响时，应保持反应体系中的其他因素不变。

1. 底物浓度对酶活力的影响

在其他因素不变的情况下，底物浓度对反应速度的影响呈矩形双曲线关系（图 5-2）。当底物浓度［S］较低时，底物没有完全和酶结合，反应速度随底物浓度［S］的增加而急剧加快，两者成正比关系，反应为一级反应，即 $v=K\cdot[S]$；随着底物浓度的增高，反应速度 v 不再与底物浓度［S］成比例的明显加快，反应速度增加的幅度不断下降，反应为混合级反应；当底物浓度高到一定程度，达到底物与酶的完全结合时，反应速度不再增加，此时酶已被底物所饱和，达到最大反应速度反应为零级反应。解释酶促反应中底物浓度和反应速度关系的最合理学说是中间产物学说。酶首先与底物结合生成酶底物中间复合物，此复合物再分解为产物和游离的酶。1913 年德国化学家 Michaelies 和 Menten 根据中间产物学说对酶促反应的动力学进行研究，提出表示整个反应中反应速度与底物浓度关系的著名数学方程式，即米-曼氏方程式，简称米氏方程式。

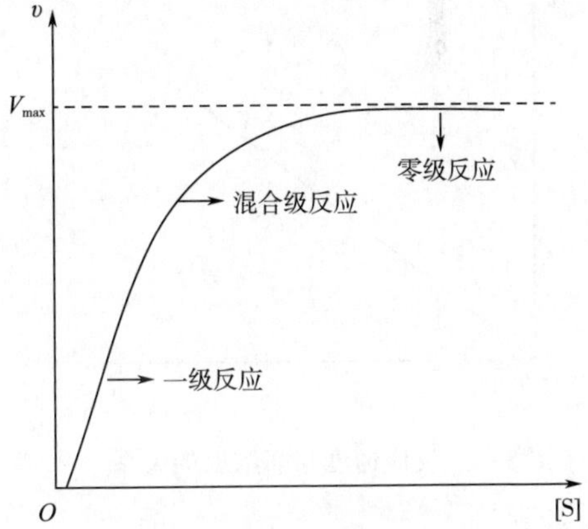

图 5-2 底物浓度对酶活力的影响

$$v=\frac{v_{max}[S]}{K_m+[S]}$$

式中　[S]——底物浓度，mol/L；

v——不同 [S] 时的反应速度，mol/（L×min^{-1}）；

v_{max}——最大反应速度，mol/（L×min^{-1}）；

K_m——米氏常数，等于酶促反应速度为最大反应速度一半时的底物浓度，mol/L。不同的酶具有不同的 K_m，K_m 只与酶的种类（结构、性质）有关，与酶的浓度无关。

2. 酶浓度对酶活力的影响

所有的酶促反应，如果其他条件恒定，则反应速度决定于酶浓度和底物浓度。酶促反应体系中，在一定的温度和 pH 条件下，当 [S] >> [E]，酶可被底物饱和的情况下，反应速度与酶浓度成正比关系，即酶浓度越高，反应速度越快。这种关系正是酶活性测定的依据（图 5-3）。

3. pH 对酶活力的影响

大部分酶的活性受其环境 pH 的影响，随介质 pH 的变化而变化。每一种酶只能在特定的 pH 范围内表现出它的活性，使酶促反应速度达到最大值的 pH 称为该酶的最适 pH。用酶反应速率（活力）对 pH 作图，酶促反应随 pH 的变化曲线一般呈钟形，如图 5-4 所示。但不是所有的酶都如此，有的酶曲线只有钟形的一半。溶液的 pH 在最适 pH 两侧，即高于或低于最适 pH 时都会使酶的活性降低，远离最适 pH 时甚至导致酶的变性失活。

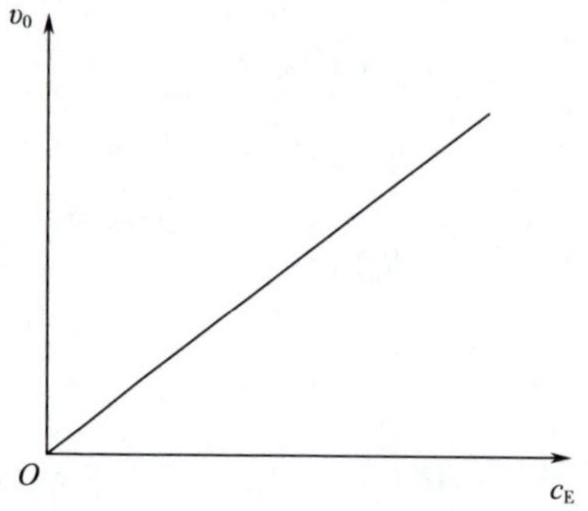

图 5-3　反应速度与酶浓度的关系

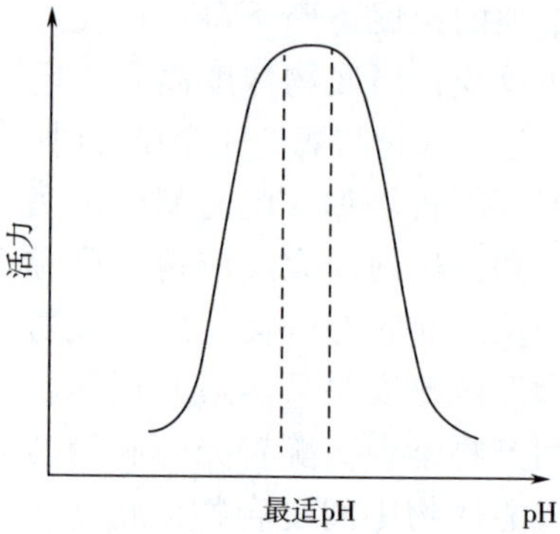

图 5-4　pH 对酶活力的影响

各种酶的最适 pH 各不相同，大多数酶的最适 pH 接近中性，在 4.5~8.0，其中微生物和植物来源的最适 pH 在 4.5~6.5；动物来源的酶最适 pH 在 6.5~8.0。但有不少例外，如霉菌酸性蛋白酶最适 pH 为 2.0，地衣芽孢杆菌碱性蛋白酶则为 11.0，胃蛋白酶为 1.5~2.0。

4. 温度对酶活力的影响

化学反应的速度随温度增高而加快。不过，酶是蛋白质，温度过高会发生酶蛋白的变性，因此，温度对酶促反应速度具有双重影响。在温度较低时，前一影响较大，反应速度随温度升高而加快，一般来说，温度每升高 10℃，反应速度大约增加一倍；在温度较高时，当超过一定数值后，酶受热造成其高级结构发生变化或变性，反应速度随温度的上升而减缓，导致酶活性降低甚至丧失。如果以反应速率对温度作图，可以得到一条倒 V 形或倒 U 形曲线（图 5-5）。

在某一条件下，每一种酶在某一温度下才表现出最大的活力，这个温度称为该酶的最适温度。每一种酶都有一个最适反应温度。一般来说，从动物组织提取的酶，其最适温度多在 30~40℃；植物来源的酶的最适温度在 40~45℃；大部分微生物酶的最适温度则在 30~40℃。温度升高到 60℃以上时，大多数酶开始变性，80℃以上，多数酶的变性不可逆。

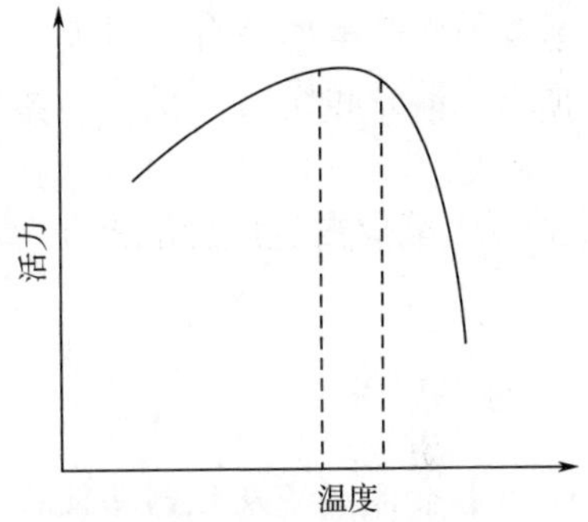

图 5-5　温度对酶活力的影响

特别提示，酶的活性虽然随温度的下降而降低，但低温一般不破坏酶的活性。随着温度的回升，酶又可恢复原有的活性，甚至比原有活性更高。

在食品生产中，酶对低温的稳定性是食品保藏的理论基础，运用冷藏的方法防止食品腐败就是要降低食品本身和微生物中酶的活性；而酶的热变性又是高温灭菌的依据，如在生产中巴氏杀菌、灭菌、热熏、漂烫等过程就是利用高温使食品中酶和微生物酶变性，以防止食品的腐败变质。

5. 抑制剂对酶活力的影响

有些物质能与酶分子上某些必需基团结合，使酶的活性中心的化学性质发生改变，导致酶活力下降或丧失，这种现象称为酶的抑制作用。能够引起酶的抑制作用的化合物则称为抑制剂。即凡能使酶的催化活性下降而不引起酶蛋白变性的现象称为酶的抑制。酶发生变性的作用不属于酶的抑制作用，抑制剂对酶有一定选择性，而引起变性的因素对酶没有选择性。

抑制剂与激活剂
——教学视频

抑制剂大多与酶活性中心内、外必需基团结合。直接或间接的影响酶的活性中心，从而抑制酶的催化活性。通常抑制作用分为不可逆性抑制和可逆性抑制两大类。

（1）不可逆性抑制作用　产生不可逆抑制作用的抑制剂，通常与酶活性中心的必需基团以共价键方式进行不可逆结合，而引起酶的永久性失活。

根据抑制剂作用的对象，不可逆抑制作用又有专一性及非专一性之分。

（2）可逆性抑制作用　抑制剂与酶蛋白以非共价方式结合，引起酶活性暂时性丧失。抑制剂可以通过透析等方法被除去，并能部分或全部恢复酶的活性，即抑制剂与酶的结合是可逆的。

根据抑制剂与酶结合的情况分为竞争性抑制、非竞争性抑制及反竞争性抑制。

6. 激活剂对酶活力的影响

凡能使酶由无活性变为有活性或使酶活性增加的物质称为酶的激活剂。从化学本质看，激活剂包括无机离子和小分子有机物。这些离子可与酶分子活性部位上的氨基酸侧链基团结合；可能与底物或中间产物结合；也可能作为辅酶或辅基的一个组成部分起作用。

任务二 酶促褐变反应的控制

任务要求

1. 掌握食品褐变及控制酶促褐变的方法。
2. 会在食品加工中运用非酶褐变。

知识贮备

褐变是食品中较普遍的变色现象，包括酶促反应、美拉德反应、焦糖化反应和抗坏血酸反应。酶促褐变多发生在水果蔬菜等新鲜植物性食物中，是酚酶催化酚类物质形成醌及其聚合物的结果。植物组织中含有酚类物质，在细胞中作为呼吸作用的传递物质，在正常的情况下，氧化还原反应之间（酚和醌的互变）保持着动态平衡，当组织破坏后氧就大量侵入，打破了氧化还原反应的平衡，于是发生了氧化产物醌的积累和进一步聚合及氧化，形成黑色。

食品加工过程中发生的酶促褐变，少数是我们期望的，但大多数会对食品特别是新鲜的水果蔬菜的色泽造成不良的影响，必须加以控制。酶促褐变的发生需要三个条件，即适当的酚类底物、酚氧化酶和氧，缺一不可。实践中控制酶促褐变的方法主要从控制酚酶和氧两方面入手，主要途径有：①钝化酚酶的活性（热烫、抑制剂等）。②改变酚酶作用的条件（pH、水分活度等）。③隔绝氧气的接触。④使用抗氧化剂（抗坏血酸、SO_2等）。

任务实施

1. 任务分组

学生依据任务工作要求和任务具体内容，并结合自身兴趣爱好和对任务了解的基本情况自由组合，2~3 人为一组，开展任务实施。

酶促褐变的控制
——操作视频

2. 材料准备

（1）仪器　小刀、恒温水浴、表面皿、烧杯。

（2）材料　苹果、马铃薯、西瓜、橘子。

（3）试剂

①50g/L 抗坏血酸溶液：称取 5. 00g 抗坏血酸溶于 50mL 蒸馏水中，并转移至 100mL 容量瓶中定容。

②50g/L 亚硫酸氢钠溶液：称取 5. 00g 亚硫酸氢钠溶于 50mL 蒸馏水中，并转移至 100mL 容量瓶中定容。

③50g/L 柠檬酸和 3g/L 抗坏血酸等体积混合液：称取 0. 50g 柠檬酸和 0. 30g 抗坏血酸溶于 50mL 蒸馏水中，并转移至 100mL 容量瓶中定容。

3. 实施步骤

原料→水洗→去皮→切片→护色→干燥→选片→包装

4. 实施要点

（1）样品处理

①苹果、马铃薯、西瓜、橘子去皮切片后，分别置于表面皿上，20 min 后观察各样品颜色的变化，记录结果，分析原因。

②取 8 个烧杯，编号 1~8，依以下要求操作：

1 号烧杯空杯置于空气中；

2 号烧杯加近沸的蒸馏水；

3 号烧杯加蒸馏水（室温）；

4 号烧杯加 50g/L 抗坏血酸溶液；

5 号烧杯加 50g/L 亚硫酸氢钠溶液；

6 号烧杯加 5g/L 柠檬酸和 3g/L 抗坏血酸等体积混合液；

将马铃薯（或苹果）去皮后，切成 5. 0cm×1. 5cm×0. 5cm 的薄片（7 片）分置于 1~6 号烧杯中，3 号烧杯置两片，溶液均要浸没样品。

（2）酶促褐变控制

①0. 5min 后从 2 号烧杯中取出样品，置于干燥的 7 号烧杯中。

②20min 后，观察各烧杯中马铃薯颜色的变化，并与 1 号烧杯样品比较，分析原因。

③从 3 号烧杯中取出其中一片样品置于干燥的 8 号烧杯中，再过 20min 后，观察马铃薯片颜色的变化，分析原因。对比、总结出控制酶促褐变的方法。

5. 实验现象记录与分析（表 5-6）

表 5-6　　酶促褐变控制实验数据记录表

实验组别	处理方式	实验现象	结论分析
1			

续表

实验组别	处理方式	实验现象	结论分析
2			
3			
4			
5			
6			
7			
8			

6. 相关提示

（1）样品选择应该注意选取含有多酚氧化酶丰富的原料。

（2）溶液添加量需要保证样品不能全部浸没到溶液当中。

考核要点

（扫二维码可获得详细考核信息）

1. 对比试验的操作与记录。
2. 褐变色泽对比分析。

酶促褐变反应的控制考核要点

思考题

1. 酶促褐变控制途径有哪些？
2. 酶促褐变发生机理是什么样的。

相关知识

无论是进行试验研究还是实际生产，使用酶制剂时都涉及酶的定量问题。作为生物制剂，酶不易制成纯品，酶制剂中常含有很多杂质，通常酶的含量都用它催化某一特定反应的能力来表示。

一、 酶活力

酶活力又称为酶活性，是酶催化一定化学反应的能力，也就是酶催化反应的速度。因此，酶活力通常以在一定条件下酶所催化的化学反应速度来表示，即在一定量酶作用下单位时间内产物（P）的生成（增加）量或底物（S）的消耗（减少）量，单位为 mol/min。

酶的活力——教学视频

酶促反应速度越大，表明酶活力越高；反之，反应速度越小，酶的活力就越弱。所以，通过测定酶促反应速度，可以了解酶活力大小。测定酶活力，实质上是在测定酶促反应速度的基础上进行计算的。

1. 酶活力测定

酶活力测定就是测定一定条件下，酶所催化的化学反应速度。测定酶活力常用以下两种方法。

（1）测定一定时间内发生的化学反应量　在一个反应体系中，加入一定量的酶液，开始计时反应，经一定时间反应后，终止反应，测在这一时间间隔内发生的化学反应量（终止时与起始时的浓度差），实际测得的是酶促反应的初速度（如蛋白酶活力的测定）。酶活力测定时要注意以下两个点。

①反应计时必须准确：反应体系必须预热至规定温度后，加入酶液并立即计时。反应时间到时，要立即使酶失去活性（灭活），终止反应，并记录结束时间。

终止酶促反应的方式通常是使酶立刻变性。最常用的方法是加入三氯乙酸或过氯酸使酶蛋白沉淀，也可用十二烷基硫酸钠（SDS）使酶变性，或迅速加热使酶变性。有些酶也可用非变性法来停止反应或破坏其辅因子来停止反应。

②反应量的测定：测底物减少量或产物生成量均可。在反应过程中产物是从无到有，变化量明显，极利于测定，所以大都测定产物的生成量。物质反应量的测定一般根据被测定物质的物理化学性质，通过定量分析法来测定。

（2）测定完成一定量反应所需要的时间　在一定条件下，加入一定量底物（规定），再加入适量的酶液，测定完成该反应（底物反应完）所需的时间。

酶活力测定是工业生产和科学研究中经常涉及的问题，对指导食品生产具有极大的重要性。

2. 酶活力单位

酶活力单位（activity unit），又称酶单位（enzyme unit），是人为规定的一个对酶进行定量描述的基本量单位，其含义是在规定条件（最适条件）下，酶促反应在单位时间内生成一定量的产物或消耗一定量的底物所需要的酶量。

（1）国际单位（IU）　国际生化学会酶学委员会于1976年规定。在特定条件下，每分钟催化1μmol底物转化为产物所需要的酶量为一个酶活力国际单位。

（2）催量单位（kat）　国际生化学会酶学委员会于1979年推荐。1催量（1kat）是指在特定条件下，每秒钟使1mol底物转化为产物所需的酶量。换算：$1IU=16.67\times10^{-9}kat$。

（3）比活力　比活力是指每毫克酶蛋白所含酶的活力单位，即

比活力=酶活力（IU）/酶蛋白质量（mg）

比活力是在酶学研究和提纯酶时常用到的表示酶制剂纯度的一个指标。制备酶制剂时，不仅要得到一定量的酶，而且要求得到不含或尽量少含其他杂蛋白的酶制品。因此，在纯化过程中，除了要测定一定体积或一定质量的酶制剂中含有

多少活力单位外，还要测定制剂中所含蛋白质浓度，通过计算，得到比活力。当然，比活力越高，表示酶制剂的纯度越高。

（4）习惯单位

① α-淀粉酶活力单位：每小时分解 1g 可溶性淀粉的酶量为一个酶单位。也有规定每小时分解 1mL 20g/L 可溶性淀粉溶液为无色糊精的酶量为一个酶单位。

②糖化酶活力单位：在规定条件下，每小时转化可溶性淀粉产生 1mg 还原糖（以葡萄糖计）所需的酶量为一个酶单位。

③蛋白酶活力单位：规定条件下，每分钟分解底物酪蛋白产生 1μg 酪氨酸所需的酶量为一个酶单位。

二、 酶的固定化

将酶制剂应用于食品工业，不仅可以改进食品的传统加工方法，大大缩短发酵时间，简化某些食品的加工工艺，使食品的风味和营养价值的保持方面优于老工艺，而且创立了食品加工的一些新技术。但是，由于酶的分离与提纯有许多技术性难题，造成酶制剂来源有限，成本高、活力不稳定、易失活、不利于大规模使用，使酶在食品加工中的应用受到制约，酶的循环使用是个很有经济价值的研究课题。

固定化酶是酶学近年来发展起来的重要技术之一，固定化酶在食品加工中的应用，是酶的最重要的进展（表 5-7）。

表 5-7　食品加工中已应用及有发展潜力的固定化酶

酶	在食品加工中的应用
葡萄糖氧化酶	除去食品中的氧气、除去蛋白中的糖
过氧化氢酶	牛乳巴氏杀菌
脂肪酶	乳脂产生风味
α-淀粉酶	淀粉液化
β-淀粉酶	高麦芽糖浆
葡萄糖淀粉酶	由淀粉生产葡萄糖、淀粉去支链
β-半乳糖苷酶	水解乳制品中的乳糖
转化酶	水解蔗糖转成转化糖
橘皮苷酶	除去柑橘汁中的苦味
蛋白酶	牛乳的凝聚、改善啤酒澄清度、生产蛋白质水解液
氨基酰化酶	分离左旋与右旋氨基酸
葡萄糖异构酶	由葡萄糖制果糖

1. 固定化酶

固定化酶（Immobilized enzyme），又称固定酶或水不溶酶，是通过吸附、偶联、交联和包埋等物理、化学的方法把水溶性酶连接到某种载体上，制成仍具有酶催化活性的水不溶性酶，属于具有酶活力的酶的衍生物。固定化酶既保持了酶的天然活性，又便于与反应液分离，可以重复使用，它是酶制剂中的一种新剂型。

1971 年的国际酶工程会议正式确定了采用“固定化酶”一词，固定化酶被定义为在一定空间内呈闭锁状态的酶，能够连续地进行反应，并且反应后的酶可以回收重复利用，在酶的分类上，固定化酶属于修饰酶。

2. 固定化酶的特点

酶经固定化以后，由于受到载体等因素的影响，其特征可能会发生某些改变。为此，在固定化酶的应用过程中，必须了解固定化酶的性质与游离酶之间的差别，并对操作条件加以适当调整。与水溶性酶相比，固定化酶具有以下特点：

（1）稳定性提高　在催化反应中，固定化酶以固相状态作用于底物，并保持酶的高度特异性和催化效率。固定化酶的稳定性一般比游离酶的稳定性好，主要表现在对热及各种变性剂的耐受性增强，使用和保存的稳定性提高。

（2）可以循环反复使用　使用固定化酶可实现生产连续化、自动化，提高了酶的利用价值，极大地降低了成本。例如，采用固定化酶反应器连续生产果葡糖浆奶，低乳糖甜味酸奶及有机酸等。

（3）简化提纯工艺　固定化酶易与底物、产物分离，简化了提纯工艺，在大规模的生产中所需工艺设备比较简单易行。

固定化酶也有缺点：

（1）只能用于水溶性底物，比较适用于小分子底物，对大分子底物不适宜。

（2）与完整菌体细胞相比，它不适合于多酶反应，特别是需要辅助因子的反应。

（3）酶固定化时，需利用有毒性的化学试剂促使酶与支持物结合；连续生产时，反应体系会滋生一些微生物残留于食品，都会对人类健康产生很大影响。

3. 酶固定化的方法

酶的催化活性取决于酶的空间结构及活性中心，所以在制备固定化酶时，要防止酶蛋白的天然结构及活性中心基团受到破坏。

制备固定化酶就是将酶固定在不溶解的膜状或颗粒状聚合物上。目前制备固定化酶的主要方法有载体结合法、交联法和包埋法等，这些方法也可以并用，称为混合法。例如：交联加包埋、载体结合加包埋等。包埋法最简单，而且对大多数酶、粗酶制剂，甚至完整的微生物细胞都是适用的，但是它只适合于小分子底物的反应，而且固定的酶活性不高，牢度也不强。在化学聚合过程中，反应条件比较剧烈，还会导致酶的失活。故在设计包埋条件时要充分考虑这一因素。

三、 酶促褐变

褐变是食品比较普通的一种变色现象。当食品原料进行加工，贮存或受到机械损伤后，易使原料原来的色泽变暗，或变成褐色，这种现象称为褐变。在食品加工过程中，有些食品需要利用褐变现象，如面包、糕点等在烘烤过程中生成的金黄色；但有些食品原料在加工过程中产生褐变，不仅影响外观，还降低了营养价值，如水果、蔬菜等原料。

1. 酶促褐变的概念

褐变作用按其发生机制可分为酶促褐变及非酶褐变两大类。

在酚酶的作用下，果蔬中的酚类物质被氧化而呈现褐色，这种现象称为酶促褐变。新鲜果蔬的加工、贮存和保鲜过程中，因机械性的损伤（如削皮、切开、压伤、虫咬、磨浆等）及处于异常的环境条件下（受冻、受热等）时，就会发生氧化产物的积累，造成变色。在大多数情况下，酶促褐变是一种不希望出现于食物中的变化。例如，香蕉、苹果、梨、茄子、马铃薯、莲藕等很容易在切开后发生褐变。伴随食品褐变的发生，不但降低其营养价值，还会影响其风味、外观品质及产品运销，商业价值也会大大降低。特别是在热带鲜果中，酶促褐变导致的直接经济损失达50%。所以，食品中的酶促褐变是评定食品品质的一个重要指标。

非酶褐变是不需要酶的作用而能产生的褐变作用，主要包括焦糖化反应和美拉德反应。焦糖化反应是食品在加工过程中，由于高温使含糖食品产生糖的焦化作用，从而使食品着色。因此，在食品加工过程中，根据工艺要求添加适量糖有利于产品的着色。美拉德反应是食品在加热或长期贮存后发生褐变的主要原因，反应过程非常复杂。在实际工作中，若需要控制非酶引起的褐变，可采用降温、亚硫酸处理、降低pH、降低成品浓度或使用不易发生褐变的糖类等方法控制非酶褐变。

2. 酶促褐变机理

酶促褐变是在有氧的条件下，多酚氧化酶（Polyphenol oxidase，PPO）催化组织中的酚类质形成醌，醌再进一步氧化聚合形成褐色色素的结果。即植物组织中含有酚类物质，在完整的细胞中作为呼吸传递物质，在酚-醌中保持着动态平衡；当细胞组织被破坏后，氧就大量侵入，造成醌的形成和其还原反应之间的不平衡，在多酚氧化酶的作用下，发生了醌的积累，醌再进一步氧化聚合，就形成了褐色色素，称为黑色素或类黑精。

3. 酶促褐变控制

（1）酶促褐变的生化条件　虽然目前对酶促褐变的生理生化过程研究还不尽完善，但可以肯定的是酶促褐变的发生需要三个条件：适当的酚类底物、酚氧化酶和氧气，只有这三个因素同时具备，褐变才能发生。

①酚类底物：PPO 作用的底物是酚类物质。酚类物质的种类和含量在果蔬生长和成熟过程中会发生变化，且在果蔬贮存过程中随贮存时间的延长其含量会下降，而 PPO 活性增加，所以褐变增加。一般认为，在贮存期间酚类物质含量的下降是被 PPO 氧化的结果。

②酚氧化酶：目前对 PPO 的研究日趋深入，发现 PPO 是一种含铜的金属酶，必须以氧为受氢体，是一种末端氧化酶，可以用一元酚和二元酚作底物。PPO 是发生酶促褐变的主要酶，存在于大多数果蔬中，且在果蔬细胞组织中，PPO 存在的位置因原料的种类、品种及成熟度不同而有差异。

③氧气：氧气是果蔬酶促褐变的另一个主要因素。正常的果蔬是完整的有机体，外界的氧气不能直接作用于酚类物质和 PPO 而发生酶促褐变。原因是酚类物质分布于液泡中，而 PPO 则位于质体中，PPO 与底物不能相互接触，阻止了正常组织酶促褐变的发生。而当果蔬受到机械损伤等时，氧气可促进酶促褐变。

（2）酶促褐变的控制方法　控制酶促褐变的主要途径：钝化酶的活性（热烫、抑制剂等）；改变酶作用的条件（pH、水分活度等）；隔绝氧气的接触；使用抗氧化剂（抗坏血酸、SO_2 等）。目前，食品加工中控制酶促褐变的方法主要从控制酶和氧两方面入手。

①加热钝化酶的活性：在适当的温度和时间条件下加热新鲜果蔬，使多酚氧化酶失活，是广泛使用控制酶促褐变的方法。对 PPO 热稳定性研究结果表明，PPO 是一种热稳定性酶，在 60℃以上仍有部分活性。最常用方法是高温瞬时灭酶，一般在 80℃下，灭酶 10~20min；或 100℃下，灭酶 15~30s。总之，加热处理的关键是在最短时间内达到钝化酶的要求，否则过度加热会影响质量；相反，如果热处理不彻底，热烫虽破坏了细胞结构，但未钝化酶，反而会加强酶和底物的接触而促进褐变。

②调节 pH 法：多数 PPO 最适 pH 为 6~7。PPO 是一种含铜离子的金属酶，当 pH≤3.0 时，铜离子被解离，与酶蛋白脱离，使 PPO 几乎完全失活，其后再提高 pH，酶的活性也不能恢复。常使用的酸有苹果酸、柠檬酸、抗坏血酸、琥珀酸等有机酸。但不同的有机酸对不同来源 PPO 活性的抑制效果不同，具体选用何种有机酸要通过实验来确定。

③PPO 活性抑制剂：实践中通常用 PPO 活性抑制剂来抑制果蔬的酶促褐变。抑制剂可分为化学抑制、物理控制和分子生物学方法 3 种。常规的化学抑制剂包括铜试剂、硫脲、EDTA、巯基乙醇、亚硫酸钠、半胱氨酸、抗坏血酸等。这些化学元素抑制剂在适宜的浓度条件下，一般都具有较好的抑制效果。此外，为了更加有效地控制 PPO 的活性，人们还从植物中寻找到一些具有抑制效应的天然物质，如皂角苷、三萜配糖、谷胱甘肽、环庚三烯酚酮的类似物、含羞草酸、内源抗氧化剂、β-环糊精、L-抗坏血酸-2-三磷酸盐等。这些天然抑制物在达到较好的抑制效果的同时，还避免了化学试剂所引起的污染。物理控制（如改变贮藏环境中的气体组分、

热处理、辐射、超声处理等）与化学抑制手段相比，专一性较差，但是由于其可以避免化学抑制带来的污染。因此，往往作为一种辅助手段和化学抑制结合使用。分子生物学方法一般包括 RNA 抑制和转基因抑制等，该法效果好，很有发展潜力。

④隔绝、去除氧气：氧气是 PPO 的底物之一。理论上，如果除去果蔬贮存、加工过程中的氧气，就能防止酶促褐变的发生。实际的果蔬加工过程中，一般采用在破碎时充入氮气或用水蒸气排除系统中的空气，既可防止产品酶促褐变，又保持了原料的天然色、香、味和营养价值。

⑤去除酚类物质：聚乙烯聚吡咯烷酮（PVPP）是一种无毒、安全、稳定的聚合物，具有很强的吸附能力，能与多酚物质的羟基缔合成较强的氢键，有选择地吸附多酚物质从而除去酶体系中的底物，阻止酶促褐变的发生。

四、 食品加工中常用酶

酶的作用对食品质量有着深远的影响。例如，蔬菜、水果等食品原料中的内源酶，不仅在自身生长和成熟中起作用，而且在采摘后、保藏及加工过程中也会改变食品原料的特性，加快氧化速度、形成特殊风味以至提高产品质量。

食品加工中重要的酶——教学视频

目前，食品工业中应用的酶制剂众多，主要品种如表 5-8 所示。

表 5-8　食品工业中应用的酶制剂

酶	来源	主要用途
α-淀粉酶	枯草杆菌、米曲霉、黑曲霉	淀粉液化、生产葡萄糖、醇等
β-淀粉酶	麦芽、巨大芽孢杆菌、多黏芽孢杆菌	麦芽糖生产、啤酒生产、焙烤食品
糖化酶	根霉、黑曲霉、红曲霉、内孢酶	糊精降解为葡萄糖
蛋白酶	胰脏、木瓜、菠萝、无花果、枯草杆菌、霉菌	肉软化、乳酪生产、啤酒去浊、香肠和蛋白胨及鱼胨加工
纤维素酶	木霉、青霉	食品加工、发酵
果胶酶	霉菌	果汁、果酒的澄清
葡萄糖异构酶	放线菌、细菌	高果糖浆生产
葡萄糖氧化酶	黑曲霉、青霉	保持食品的风味和颜色
橘苷酶	黑曲霉	水果加工、去除橘汁苦味
脂肪氧化酶	大豆	焙烤中的漂白剂
橙皮苷酶	黑曲霉	防止柑橘罐头和橘汁浑浊
氨基酰化酶	霉菌、细菌	D-氨基酸生产 L-氨基酸
乳糖酶	真菌、酵母	水解乳清中的乳糖

续表

酶	来源	主要用途
脂肪酶	真菌、细菌、动物	乳酪后熟、改良牛乳风味、香肠熟化
溶菌酶		食品中的抗菌物质

1. 淀粉酶

凡是能够催化淀粉和糖原水解的酶称为淀粉酶。淀粉酶广泛存在于动物、高等植物和微生物中，是生产最早、用途最广的一类酶。淀粉在食品中主要提供黏度和质地，如果在食品贮藏和加工中淀粉被淀粉酶水解，将显著影响食品的品质。淀粉酶被广泛应用于食品、发酵及其他工业中。目前，商品淀粉酶制剂最重要的应用是用淀粉制备麦芽糊精、淀粉糖浆和果葡糖浆等。

淀粉酶包括α-淀粉酶，β-淀粉酶和葡萄糖淀粉酶三种主要类型，此外，还有异淀粉酶、异麦芽糖酶、环状麦芽糊精酶等。

（1）α-淀粉酶　α-淀粉酶是一种内切酶，从淀粉分子内部随机水解α-1，4-糖苷键，但不能水解α-1，6-糖苷键。α-淀粉酶对直链淀粉的作用可分为两步：第一步先将直链淀粉任意地迅速降解为短链的糊精，使黏稠的淀粉糊黏度迅速下降成稀溶液状态，与碘的呈色反应消失。工业上称这种作用为“液化”，因此通常又称其为液化淀粉酶。第二步是缓慢地将短链的糊精水解为α-麦芽糖和少量的葡萄糖。α-淀粉酶作用于支链淀粉时，由于它不能水解α-1，6-糖苷键，所以水解产物除α-麦芽糖、少量的葡萄糖外，还有含α-1，6-糖苷键的各种分支糊精或异麦芽糖。因为它生成的还原糖的结构是α-型，所以称为α-淀粉酶。

α-淀粉酶相对分子质量在50000左右，每一个酶分子含有一个结合很牢的Ca^{2+}，Ca^{2+}的作用是维持酶蛋白的空间结构，使其具有最大的稳定性和活性，所以在提纯α-淀粉酶时，往往加Ca^{2+}来促进酶的结晶和稳定。不同生物组织的α-淀粉酶的氨基酸组成不同，其最适pH、最适温度不同。最适pH在4.5~7.0，pH低于3.3时，α-淀粉酶失活。最适温度为55~70℃，但一些细菌淀粉酶的最适温度为92℃，当淀粉浓度为30%~40%时，甚至在110℃条件下仍具有短时的催化能力。

α-淀粉酶广泛分布于动植物、微生物中。动物的胰脏、人的唾液、发芽的种子及许多微生物如枯草芽孢杆菌、黑曲霉、米曲霉、根霉中都有α-淀粉酶存在。

α-淀粉酶用途很广，由于α-淀粉酶水解淀粉是在分子的内部进行，因此，α-淀粉酶对食品的主要影响是降低黏度，同时也影响其稳定性。例如，布丁、奶油沙司等。唾液和胰α-淀粉酶对于食品中淀粉的消化吸收是很重要的，一些微生物中含有较高水平的α-淀粉酶，它们具有较好的耐热性。另外，米曲霉α-淀粉酶比较耐酸，可用作消化药物。霉菌α-淀粉酶耐热性差适用于制作面包，以改良面团性质。芽孢杆菌的α-淀粉酶耐热性好，适用于淀粉原料的工业液化处理等。

（2）β-淀粉酶　β-淀粉酶主要存在于高等植物的种子中，如麦芽、麸皮、大豆、甘薯，大麦芽内尤为丰富。少数细菌和霉菌中也含有此酶，如芽孢杆菌、链霉菌，但哺乳动物中还尚未发现。

β-淀粉酶是一种外切酶，它只能水解淀粉分子中的α-1，4-糖苷键，不能水解α-1，6-糖苷键。β-淀粉酶在催化淀粉水解时，是从淀粉分子的非还原性末端开始，依次切下一个个麦芽糖单位，并将切下的α麦芽糖转变成β-麦芽糖，所以称它为β-淀粉酶。β-淀粉酶在催化支链淀粉水解时，因为它不能断裂α-1，6-糖苷键，也不能绕过支点继续作用于α-1，4-糖苷键。因此，β-淀粉酶分解淀粉是不完全的。β-淀粉酶作用的终产物是β-麦芽糖和分解不完全的极限糊精。

β-淀粉酶的热稳定性普遍低于α-淀粉酶，最适温度62~64℃，但比较耐酸。相对分子质量一般高于α-淀粉酶。最适pH为5.0~6.0，pH在3.0时不受破坏，利用这一性质可以从大麦中将α、β两种淀粉酶分离。

（3）葡糖淀粉酶　葡糖淀粉酶又名葡糖糖化酶，主要由微生物的根霉、黑曲霉和红曲霉等产生。是一种外切酶，它不仅能水解淀粉分子的α-1，4-糖苷键，而且能水解α-1，6-糖苷键和α-1，3-糖苷键，但对后两种键的水解速度较慢。水解淀粉时，是从非还原性末端开始逐次切割下α-1，4-糖苷键，切下一个个葡萄糖单位，将葡萄糖由α型转变成β型。当作用于淀粉支点时，速度减慢，但可切割支点，使α-1，6-糖苷键水解。因此，葡萄糖淀粉酶作用于直链淀粉或支链淀粉时，能将淀粉分子全部分解为葡萄糖。

葡萄糖淀粉酶的相对分子质量为69000左右，最适pH为4~5，最适温度在50~60℃。

2. 果胶酶（Pectic enzymes）

果胶酶是能水解果胶类物质的一类酶的总称。它存在于高等植物和微生物中，在高等动物中不存在，但蜗牛是例外。根据其作用底物的不同，可分为果胶酯酶、聚半乳糖醛酸酶和果胶裂解酶三种类型。其中果胶甲酯酶和聚半乳糖醛酸酶存在于高等植物和微生物中，而果胶酸裂解酶仅在微生物中发现。

（1）果胶酯酶（Pectin esterase）　果胶脂催化果胶脱去甲酯基生成聚半乳糖醛酸链和甲醇的反应。当有二价金属离子，例如Ca^{2+}存在时，果胶酯酶水解果胶物质生成果胶酸，由于Ca^{2+}与果胶酸的羧基发生交联，从而提高了食品的质地强度。

不同来源的果胶酯酶的最适pH不同，霉菌来源的果胶酯酶的最适pH在酸性范围，细菌来源的果胶酯酶在偏碱性范围，植物来源的果胶酯酶在中性附近。不同来源的果胶酯酶对热的稳定性也有差异，例如，霉菌果胶酯酶在pH 13.5时，50℃加热0.5h，酶活力无损失，当温度提高到62℃时，酶基本上全部失活；而番茄和柑橘果胶酯酶在pH 6.1时，70℃加热1h，酶活力也只有50%的损失。

（2）聚半乳糖醛酸酶（Polygalacturonase）　聚半乳糖醛酸酶是降解果胶酸的酶，即水解果胶物质分子中脱水半乳糖醛酸单位的α-1，4-糖苷键，将半乳糖醛酸逐个地水解下来，引起某些食品原料物质（如番茄）的质地变软。根据对底物作用方式不同可分两类：一类是随机地水解果胶酸（聚半乳糖醛酸）的苷键，这是聚半乳糖醛酸内切酶；另一类是从果胶酸链的末端开始逐个切断苷键，作用于分子内部，这是聚半乳糖醛酸外切酶。聚半乳糖醛酸内切酶多存在于高等植物、霉菌、细菌和一些酵母中；聚半乳糖醛酸外切酶多存在于高等植物和霉菌中，在某些细菌和昆虫中也有发现。

聚半乳糖醛酸酶来源不同，它们的最适 pH 也稍有不同，大多数内切酶的最适 pH 在 4.0~5.0 范围以内，大多数外切酶最适 pH 在 5.0 左右。

（3）果胶裂解酶（Pectate lyase） 果胶裂解酶是内切聚半乳糖醛酸裂解酶、外切聚半乳糖醛酸裂解酶和内切聚甲基半乳糖醛酸裂解酶的总称。果胶裂解酶主要存在于霉菌中，在植物中尚未发现。

3. 蛋白酶（Protease，Proteinas）

蛋白酶从动物，植物和微生物中都可以提取得到，也是食品工业中重要的一类酶。生物体内蛋白酶种类很多，以来源分类，可将其分为动物蛋白酶、植物蛋白酶和微生物蛋白酶三大类。根据它们的作用方式，可分为内肽酶和外肽酶两大类，还可根据最适 pH 的不同，分为酸性蛋白酶、碱性蛋白酶和中性蛋白酶。

（1）动物蛋白酶 在人和哺乳动物的消化道中存在有各种蛋白酶。例如，胃黏膜细胞分泌的胃蛋白酶，可将各种水溶性蛋白质分解成多肽；胰腺分泌的胰蛋白酶、胰凝乳蛋白酶、弹性蛋白酶和羧肽酶等内肽酶和外肽酶，可将多肽链水解成寡肽和氨基酸；小肠黏膜能分泌氨肽酶、羧肽酶和二肽酶等，将小分子肽分解成氨基酸。人体摄取的蛋白质就是在消化道中被这些酶综合作用消化吸收的，胃蛋白酶、胰蛋白酶、胰凝乳蛋白酶等都分别以无活性前体的酶原形式存在，在消化道需经激活后才具有活性。

在动物组织细胞的溶酶体中有组织蛋白酶，最适 pH 为 5.5 左右。当动物死亡之后，随组织的破坏和 pH 的降低，组织蛋白酶被激活，可将肌肉蛋白质水解成游离氨基酸，使肌肉产生肉香风味。但从活细胞中提取和分离组织蛋白酶很困难，限制了它的应用。

在哺乳期小牛的第四胃中还存在一种乳酶，是由凝乳酶原激活而成，pH 5 时可由已有活性的乳酶催化而激活，在 pH 2 时主要由 H^+（胃酸）激活。随小牛长大，由摄取母乳改变成青草和谷物时，乳酶逐渐减少，而胃蛋白酶增加。凝乳酶也是内肽酶，能使牛乳中的酪蛋白凝聚，形成凝乳，用来制作乳酪等。

动物蛋白酶由于来源少，价格昂贵，所以在食品工业中的应用不甚广泛。胰蛋白酶主要应用于上医药上。

（2）植物蛋白酶 蛋白酶在植物中存在比较广泛，最主要的三种植物蛋白酶，即木瓜蛋白酶、无花果蛋白酶和菠萝蛋白酶已被大量应用于食品工业。均属巯基蛋白酶，都为内肽酶。

木瓜蛋白酶是番木瓜胶乳中的一种蛋白酶，在 pH 5 时稳定性最好，低于 pH 3

和高于 pH 1 时，酶会很快失活。该酶的最适 pH 虽因底物不同而有不同，但 pH 一般在 5~7。与其他蛋白酶相比，其热稳定性较高。很久以前民间就有用木瓜叶包肉，使肉更鲜嫩、更香的经验。无花果蛋白酶存在于无花果胶乳中，含量可高达 1%左右。无花果蛋白酶在 pH 6~8 时最稳定，但最适 pH 在很大程度上取决于底物。若以酪蛋白为底物，活力曲线在 pH 范围 6~7 和 pH 9.5 两处有峰值；以弹性蛋白为底物时，最适 pH 为 5.5；而对于明胶，最适 pH 则为 7.5。

菠萝汁中含有很强的菠萝蛋白酶，从果汁或粉碎的茎中都可提取得到，其最适 pH 范围在 6~8。

（3）微生物蛋白酶　细菌、酵母菌、霉菌等微生物中都含有多种蛋白酶，是生产蛋白酶制剂的重要来源。生产用于食品和药物的微生物蛋白酶的菌种主要是枯草芽孢杆菌、黑曲霉、米曲霉。

4. 脂肪酶（Lipase）

脂肪酶存在于含有脂肪的组织中。人和动物的消化液中、植物的种子里都含有脂肪酶。许多微生物如根霉、黑曲霉、白地霉也能分泌脂肪酶。一般是以液体形式存在，固体脂肪酶催化水解较慢。

脂肪酶能将脂肪催化水解为甘油和脂肪酸。最适 pH 一般偏碱性在 8~9，也有部分脂肪的最适 pH 偏酸性。微生物分泌的脂肪酶最适 pH 在 5.6~8.5。脂肪酶的最适温度一般在 30~40℃。也有某些食物中脂肪酶在冷冻到-29℃时仍有活性。盐的存在对脂肪酶的作用有一定影响，对脂肪具有乳化作用的胆酸盐能提高酶的活性，重金属盐一般具有抑制脂肪酶的作用。Ca^{2+} 的存在能提高脂肪酶活性及热稳定性。

5. 多酚氧化酶（Polyphenol oxidase）

多酚氧化酶是一种含铜的酶，广泛存在于植物、动物和一些微生物（特别是霉菌）中。在果蔬中，多酚氧化酶分布于叶绿体和线粒体中，但也有少数植物，如马铃薯块茎，几乎所有的细胞结构中都有分布。

该酶是许多酶的总称，通常又称为酪氨酸酶（Tyrosinase）、多酚酶（Polyphenolase）、酚酶（Phenolase）、儿茶酚氧化酶（Catechol oxidase）、甲酚酶（Cresolase）或儿茶酚酶（Catecholase），这些名称的使用是由测定酶活力时使用的底物以及酶在植物中的最高浓度所决定。

多酚氧化酶的最适 pH，随酶的来源不同或底物不同而有差别，但一般接近 7。同样，不同来源的多酚氧化酶的最适温度也有不同，一般多在 20~35℃，比较耐热。在大多数情况下，从细胞中提取的多酚氧化酶在 70~90℃下热处理，短时就可发生不可逆变性。低温也影响多酚氧化酶活性。较低温度可使酶失活，但这种酶的失活是可逆的。阳离子洗涤剂、Ca^{2+} 等能活化多酚氧化酶。抗坏血酸、二氧化硫、亚硫酸盐、柠檬酸等都对多酚氧化酶有抑制作用，苯甲酸、肉桂酸等有竞争性抑制作用。

多酚氧化酶要在有氧的情况下，催化酚类底物反应形成黑色素类物质。在果蔬加工中常常因此而产生不受欢迎的褐色或黑色，严重影响果蔬的感官质量；不过红茶、咖啡的加工需要利用该种现象。许多果蔬中存在多酚氧化酶，是加工贮藏中引起酶促褐变的主要原因。多酚氧化酶催化的褐变反应多数发生在新鲜的香蕉、苹果、梨、茄子、马铃薯等水果、蔬菜中。当这些果蔬的组织碰伤、切开、遭受病害或处在不正常的环境中时，很容易发生褐变。

6. 脂肪氧合酶（Lipoxygenase）

脂肪氧合酶在动植物组织中均存在，广泛地存在于植物中。各种植物的种子，特别是豆科植物的种子含量丰富，尤其以大豆中含量最高。

该酶能催化多不饱和脂肪酸（包括游离的或结合的）的直接氧化作用，形成自由基中间产物并产生氢过氧化物，氢过氧化物会进一步发生非酶反应导致醛类（包括丙二醛）和其他不良异味化合物的生成。自由基和氢过氧化物会引起叶绿素和胡萝卜素等色素的损失，以及维生素和蛋白质的破坏。

由于脂肪氧合酶耐受低温能力强，因此，低温下贮藏的青豆、大豆、蚕豆等最好也能经热烫处理，使脂肪氧合酶钝化，否则易造成质量变劣。例如，在加工豆奶时，将未浸泡的脱壳大豆在80～100℃的热水中研磨10min左右，可去除因脂肪氧合酶作用产生的豆腥味。显然，控制食品加工时的温度是使脂肪氧合酶失活的有效方法。另外，食品中存在的一些抗氧化剂如维生素E、没食子酸丙酯（PG）、去甲二氢愈创木酸（NDGA）等也能有效阻止自由基和氢过氧化物引起的食品损伤。

脂肪氧合酶对食品质量的影响较复杂，它在一些条件下可提高某些食品的质量。例如，制作面团时，在面粉中加入含有活性脂肪氧合酶的大豆粉，在脂肪氧合酶的作用下，有助于形成硫键（氢过氧化物起着氧化剂的作用，可促进蛋白中的—SH氧化成—S—S—，强化了面筋蛋白质的三维网状结），使得面筋网络更好地形成，从而较好地改善了面包的质量。在焙烤食品中，应用大豆粉对小麦粉起漂白作用，面粉中添加1%的大豆粉可漂白面粉，原因是其氢过氧化物对胡萝卜素具有漂白作用；做成面条，可使产品漂白，口感滑润；另外，存在于番茄、豌豆、香蕉、黄瓜等果蔬中的脂肪氧合酶，为这些果蔬的良好风味也发挥了作用。

但是脂肪氧合酶在很多情况下又能损害一些食品的质量。例如，脂肪氧合酶能直接或间接地影响肉类的酸败；破坏叶绿素和胡萝卜素，从而使色素降解而发生褪色；或者产生具有青草味的不良异味；减少食品中不饱和脂肪酸的含量和使高蛋白食品产生不良风味等。

7. 过氧化物酶（Peroxidase）

过氧化物酶是由微生物或植物所产生的一类氧化还原酶，广泛存在于自然界中，也存在牛乳中。过氧化物酶能催化很多反应，通过氧化、羟化等引起食品品质变化，主要以过氧化氢为电子受体催化底物氧化。目前，对辣根的过氧化物酶研究最为清楚。

过氧化物酶具有很高的耐热性，且广泛存在于植物中，测定其活性的比色测定法既灵敏又简单易行，通常将过氧化物酶作为一种控制食品热处理温度的指示剂。当食物进行热处理后如果检测证明过氧化物酶的活性已消失，则表示其他的酶一定受到了彻底破坏，热烫处理已充分了。同样，根据酶作用产生的异味物质作为衡量酶活力的灵敏方法。

过氧化物酶在改变食品风味、颜色和营养价值方面起到非常重要的作用。例如，过氧化物酶能导致维生素 C 的氧化降解而破坏其生理功能；能催化类胡萝卜素漂白和花色苷失去颜色；还能促进不饱和脂肪酸的过氧化物降解，产生挥发性的氧化风味化合物。此外，过氧化物酶在催化过氧化物分解的历程中产生的自由基也能引起食品许多组分的破坏。

8. 过氧化氢酶（Catalase）

过氧化氢酶普遍存在于能呼吸的生物体内，主要存在于植物的叶绿体、线粒体、内质网、动物的肝和红细胞中。过氧化氢酶主要是从微生物中提取。

H_2O_2是食品用葡萄糖氧化酶催化葡萄糖氧化时生成的一种产物，是食品中少数几种氧化反应的产物。过氧化氢酶在食品工业中被用于除去过剩的过氧化氢，包括制造奶酪的牛乳中的过氧化氢。过氧化氢酶也被用于食品包装，防止食物被氧化。

9. 植酸酶

植酸酶是近年来受到极大关注的热点酶，又称肌醇六磷酸酶，是催化植酸和植酸盐水解成肌醇和磷酸（或盐）的一类酶的总称。属于磷酸单脂水解酶，是一类特殊的酸性磷酸酶，能水解植酸最终释放出无机磷。根据来源可分为植物植酸酶、动物植酸酶、微生物植酸酶。

植酸酶最早是在植物中发现的，存在于多种植物的种子和花粉中，其活性随着植物的种类不同而有很大差别。植酸最适 pH 一般在 2.0~6.0；植物来源的植酸酶最适 pH 为 4.0~7.5，大多数在 pH 5.0~6.0，不适合在酸性胃中起作用；细菌来源的植酸酶最适 pH 一般为中性或偏碱性；真菌植酸酶的最适 pH 为 2.5~7.0，最适温度在 40~60℃。

植酸酶主要用于饲料工业、食品工业、环境保护中。此外，利用植酸酶还可降解米糠等农产品中的植酸盐，可生产肌醇或肌醇磷酸盐等产品。

五、 食品工业酶的应用

在食品加工中应用最多的酶是水解酶类，其中主要是淀粉酶，其次是蛋白酶和脂肪酶，还有少量的氧化还原酶类。

1. 淀粉酶在食品加工中的应用

以淀粉为原料，采用酶法可生产高麦芽糖浆、高果糖浆、

酶对食品品质的影响——教学视频

糖醇等。

玉米淀粉的转化已经有许多成功的产品，例如，采用 α-淀粉酶、糖化酶和葡萄糖异构酶催化玉米淀粉生产不同聚合度的糖浆、葡萄糖、果糖、饴糖以及麦芽糖等。在这些甜味剂的生物催化加工中，酶起着极为关键的作用。

高果糖玉米糖浆是运用生物技术生产甜味剂的成功实例。生产中使用的酶都是固定化的，因为 α-淀粉酶固定化后，不存在外部扩散限制，可以多次连续反应；通过酶的固定化还能提高酶的耐热性。表 5-9 列出了生物催化生产的某些甜味剂。

表 5-9　　　　生物催化生产的某些甜味剂

原料	产品	应用的酶
淀粉	玉米糖浆	α-淀粉酶、支链淀粉酶
	葡萄糖	α-淀粉酶、糖化酶
	果糖	α-淀粉酶、糖化酶，葡萄糖异构酶
淀粉+蔗糖	蔗糖衍生物	环状糊精葡萄糖基转移酶和支链淀粉酶（或异构酶）
蔗糖	葡萄糖+果糖	转化酶
蔗糖	异麦芽寡糖	β-葡萄糖基转移和异麦芽寡糖合成酶
蔗糖+果糖	明串珠菌二糖	α-1，6-糖基转移酶
乳糖	葡萄糖+半乳糖	β-半乳糖苷酶
半乳糖	半乳糖醛酸	半乳糖氧化酶
	葡萄糖	半乳糖表异构酶
几种化合物	L-天冬氨酰-L-苯丙氨酸甲酯	嗜热菌蛋白酶、青霉素酰基转移酶
甜菊苷	α-糖苷化甜菊苷	α-葡萄糖苷酶

此外，在焙烤食品的生产中，为了保证面团的质量，通常添加 α-淀粉酶，以调节麦芽糖的生成量，使产生的二氧化碳和面团气体的保持力相平衡。在面包制造过程中，添加适量的 α-淀粉酶和蛋白酶，以缩短面团的发酵时间和改善面包质量及防止老化。制造糕点中加入转化酶，使蔗糖水解为转化糖，防止糖浆中的蔗糖结晶析出。

β-淀粉酶主要用于淀粉糖的生产，如饴糖、高麦芽糖浆等。用 β-淀粉酶与异淀粉酶配合水解淀粉，麦芽糖产率可达 95%；在啤酒酿造传统工艺中，用大麦芽的 β-淀粉酶将淀粉糖化。21 世纪发展起来的微生物 β-淀粉酶制剂为啤酒工业提供了新的酶源。

用葡萄糖淀粉酶来生产葡萄糖，广泛应用于食品加工领域。例如，在果葡糖浆生产中，葡萄糖淀粉酶可大量用作淀粉糖化剂，是淀粉工业转化的主要水解酶，所以也称为糖化酶葡萄糖淀粉酶与 α-淀粉酶一起广泛用于淀粉糖生产和发酵生产领域。在酒精、白酒发酵生产中代替酒曲，可提高糖化率。用于啤酒加工中，可生产低糖啤酒等。

2. 果胶酶在食品加工中的应用

果胶酶在食品工业中具有很重要的作用，尤其在果汁的提取、提高产率和果汁澄清中应用最广。通过降低黏度，使悬浊物质失去保护胶体而沉降。如在苹果汁的提取中，应用果胶酶处理方法生产的汁液具有澄清和淡棕色外观，如果用直接压榨法生产的苹果汁不经果胶酶处理则表现为浑浊，感官性状差，商品价值受到较大影响。经果胶酶处理生产葡萄汁，不但感官质量好，而且能大大提高葡萄的出汁率；柑橘汁的色泽和风味依赖于果汁中的混浊成分，混浊是由果胶、蛋白质构成的胶态不沉降的微小粒子的作用，若橘汁中果胶酶不失活，其作用结果会导致柑橘汁中的果胶分解，橘汁沉淀、分层，从而成为不受欢迎的饮料。因此，柑橘汁加工时必须先经热处理，使果胶酶失活。

脱果胶的果汁即使在酸糖共存的情况下也不致形成果冻。因此，可用来生产高浓缩果汁和固体饮料。例如，苹果、无花果、葡萄汁的生产，在果肉被破坏后有较高的黏稠度，很难过滤和提高果汁的产率，当加入果胶酶后即可使黏度降低，有利于汁、渣分离。

值得注意的是，在一些果蔬的加工中，若果胶酯酶在环境因素下被激活，将导致大量的果胶脱去甲酯基，从而影响果蔬的质构。生成的甲醇也是一种对人体有毒害作用的物质，尤其对视神经特别敏感。在葡萄酒、苹果酒等果酒的酿造中，由于果胶酯酶的作用，可能会引起酒中甲醇的含量超标。因此，果酒的酿造，应先对水果进行预热处理，使果胶酯酶失活以控制酒中甲醇的含量。

3. 脂肪酶在食品加工中的作用

脂肪酶不仅存在于生物体内，有催化脂类物质代谢的重要生理功能；在食品工业中也有重要作用，主要用于食品的特殊风味形成。在许多含脂食品如牛乳、干酪、干果的加工中，利用脂肪酶作用后释放一些短链的游离脂肪酸（丁酸、已酸等），当它们浓度低到一定水平时，会产生良好的风味和香气。若浓度高时，则产生陈腐气味、苦味或者类似山羊的膻气味。许多含脂食品产生不良风味均与其有关。在巧克力乳的制作中，利用脂肪酶对牛乳中的脂肪进行限制性水解，可以增强产品的“牛乳风味”。

4. 蛋白酶在食品加工中的应用

蛋白质是食品中的主要营养成分之一，所有的生物质中都含有蛋白质，在肉、豆类、坚果谷物中含2%~35%的蛋白质。通常蛋白质在水中溶解度较小，可以被来自植物和微生物中的蛋白酶迅速水解。几乎在所有的生物材料中都含有内切和外切蛋白酶。在啤酒、乳酪酱油和肉制品生产中蛋白酶的应用较为普遍。蛋白质和肽的序列分析中蛋白酶的应用也十分广泛。

食品加工中应用的蛋白酶主要有中性蛋白酶和酸性蛋白酶。包括木瓜蛋白酶、菠萝蛋白酶、无花果蛋白酶、胰蛋白酶、胃蛋白酶、凝乳酶、枯草杆菌蛋白酶、嗜热菌蛋白酶等。

通常利用木瓜蛋白酶或菠萝蛋白酶配制肉类嫩化剂，用以分解肌肉结缔组织的胶原蛋白使肉质嫩化。也可涂抹、浸肉、宰前肌肉注射等。凝乳酶水解牛乳中的酪蛋白生产干酪。在啤酒发酵完后，添加木瓜蛋白酶、菠萝蛋白酶或霉菌酸性蛋白酶降解蛋白质，以防止啤酒浑浊延长啤酒的保质期。酱油和豆浆生产中，利用微生物蛋白酶催化大豆蛋白水解，不仅使生产周期大大缩短，而且还可提高蛋白质的利用率和改善产品风味。

随着酶科学和食品科学研究的深入发展，微生物蛋白酶在食品工业中的用途将越来越广泛。微生物蛋白酶运用于啤酒制造以节约麦芽用量。在肉类的嫩化，尤其是牛肉的嫩化上应用微生物蛋白酶代替价格较贵的木瓜蛋白酶，可达到更好的效果。

项目小结

本项目以唾液中淀粉酶活性影响因素的测定和酶促褐变反应的控制两个工作任务驱动项目化教学，学习酶的概念、结构、分类和命名，通过剖析酶的化学本质及酶的催化作用特点，引入酶活力表达、酶的固定化形式、固定化的优点及酶固定化方法；着重掌握酶促褐变机制、影响酶促反应因素及在食品加工贮藏中常用的酶，通过已经在食品加工中应用的酶，强化对酶应用意义的认识，改进工艺，降低生产成本，提高食品生产高质量。

项目思考

1. 固定化酶的评价指标及性质有哪些？
2. 请简述淀粉酶的作用机制及在食品工业中的应用？
3. 比较固定化酶与游离酶的优缺点，说明固定化酶在食品工业中的应用。
4. 如何控制食品加工中的酶促褐变？
5. 怎样评价食品生产中的脂肪氧合酶？
6. 酶的抑制作用本质是什么？

项目六

维生素的性能与控制

学习目标

【知识目标】

1. 熟悉维生素的结构特点和缺乏症表现。
2. 熟悉脂溶性维生素、水溶性维生素的食物来源及功能性。

【技能目标】

1. 会检测食品加工中维生素的含量。
2. 能够运用吸附层析技术进行食品维生素的分类、提取。
3. 具有维持食品维生素稳定性和安全性理念，能够平衡膳食。

【素质目标】

1. 根据维生素的性质，探讨脂溶性维生素的功能性质和生理功能，培养团队合作精神。

2. 根据维生素C的理化性质和化学实验室管理要求，分组设计测定热加工对果蔬维生素C含量的影响实验方案，培养严谨细心、安全责任意识。

3. 用黄桃罐头的生产案例，讨论可以从哪几个方面调整生产工艺减少维生素的损失，培养发散思维和创新精神。

项目导入

维生素、酶、激素统称为机体的“活性物质”，它们不参与机体内各种组织器官的组成，也不能为机体提供能量，而是在调节体内代谢方面起着非常重要的作用，参与细胞的物质代谢和能量代谢过程。缺乏这些活性物质会引起机体代谢紊乱，导致特定的缺乏症或综合征。

维生素除了具有重要的生理作用外，有些维生素还可以作为自由基的清除剂、风味物质的前体、还原剂以及参与褐变反应，从而影响食品的某些属性。

任务一 苹果热加工中维生素C含量变化的测定

任务要求

1. 熟悉维生素C的生理意义及其不稳定性。
2. 掌握2，6-二氯靛酚滴定法测定食物维生素C的技术。

知识贮备

维生素C是人类膳食中必需的维生素之一，如果缺乏维生素C，将导致坏血病发生。因此，维生素C又称为抗坏血酸，有防治坏血病的功效。维生素C广泛存在于水果及蔬菜中，柑橘、番茄、辣椒、苹果、鲜枣、猕猴桃、豆芽、甘蓝、洋葱等果蔬中均具有较高的含量，由于维生素具有广泛的生理功能，是人体中必须的营养成分。因此，测定水果、蔬菜及其制品中的维生素C的含量，对评价其营养价值有重要意义。

在果蔬的加工中，特别是在长时间热加工中，维生素C因氧化分解而受到很大的损失。维生素C具有烯二醇的结构，在水溶液中易被氧化，在碱性条件下易分解，在弱酸条件中较稳定，维生素C开始氧化为脱氢型抗坏血酸（有生理作用），如果进一步水解生成2，3-二酮古洛糖酸，则失去生理作用。

用蓝色的碱性染料2，6-二氯靛酚标准溶液对含维生素C的酸性浸出液进行氧化还原滴定，染料被还原为无色，当到达滴定终点时，多余的染料在酸性介质中则表现为浅红色，在没有杂质干扰时，一定量的样品提取液还原2，6-二氯靛酚标准溶液的量与样品中所含维生素C的量成正比，由染料用量计算样品中还原型抗坏血酸的含量。

任务实施

1. 任务分组

学生依据任务工作要求和任务具体内容，并结合自身兴趣爱好和对任务了解的基本情况自由组合，2~3人为一组，开展任务实施。

2. 材料准备

（1）仪器　锥形瓶（50mL）、容量瓶（250mL、100mL）、吸管（10mL、1mL）、微量滴定管（10mL）、烧杯（250mL、50mL）、漏斗、滤纸、分析天平、恒温水浴锅、组织捣碎机（研钵）、抽滤装置。

（2）试剂

①20g/L草酸溶液：称取2.00g草酸溶于50mL蒸馏水中，并转移至100mL容

量瓶中定容。

②1g/L 抗坏血酸标准溶液：准确称取 100mg（准确至 0.1mg）抗坏血酸溶于 2.00g/100mL 草酸溶液中，并稀释至 100mL 定容，现配现用。

③1g/L 2，6-二氯靛酚溶液：称取碳酸氢钠 52mg 溶解在 200mL 热蒸馏水中，然后称取 2，6-二氯靛酚 50mg 溶解在上述碳酸氢钠溶液中，冷却定容至 500mL，过滤至棕色瓶中，贮存于冰箱内，每星期标定一次。

④0.0167mol/L KIO_3 标准溶液：准确移取经 105℃ 烘干 2h 的基准 KIO_3 0.3567g，用水溶解，转移至 100mL 容量瓶中，定容。

⑤$1.67\times10^{-4}$mol/L KIO_3 标定溶液：准确吸取 0.0167mol/L KIO_3 标准溶液 1mL，放入 100mL 容量瓶内，定容，摇匀。此溶液每毫升相当于抗坏血酸 0.088mg。

⑥5g/L 淀粉溶液：称取 0.50g 淀粉溶于 50mL 蒸馏水中，并转移至 100mL 容量瓶中定容。

⑦60g/L KI 溶液：称取 6.00g 碘化钾溶于 50mL 蒸馏水中，并转移至 100mL 容量瓶中定容。

（3）材料　含维生素 C 的果蔬，如柑橘、苹果、番茄、辣椒等，白陶土、辛醇等。

3. 实施步骤

原料→水洗→去皮→切片→护色→干燥→选片→包装

4. 实施要点

（1）样品处理

取适量的苹果样品在组织捣碎机中捣成浆状物，分别称取两份，每份 25.0g，各加入 50mL 蒸馏水。

第一份移入 250mL 容量瓶中，用 2g/100mL 草酸溶液稀释至刻度，摇匀，过滤备用，如滤液颜色较深，可按每克样品加 0.4g 白陶土脱色后再过滤。第二份样品放入沸水浴中加热 30min 后，按第一份样品处理方法处理。

（2）2，6-二氯靛酚溶液标定

吸取 1mL 已知浓度抗坏血酸标准溶液于 50mL 锥形瓶中，加 10mL 2.00g/100mL 草酸，摇匀，用染料 2，6-二氯靛酚滴定至溶液呈粉红色，在 15s 不褪色为终点，同时另取 10mL 2.00g/100mL 草酸做空白实验。计算滴定度（T）。

$$滴定度\ T\ (\mathrm{mg/mL}) = cV/(V_1-V_2)$$

式中　T——每毫升 2，6-二氯靛酚溶液相当于抗坏血酸的质量，mg/mL；

C——抗坏血酸标液浓度，mg/mL；

V——吸取抗坏血酸标准溶液的体积，mL；

V_1——滴定抗坏血酸溶液所用酚 2，6-二氯靛酚溶液的体积，mL；

V_2——滴定空白所用 2，6-二氯靛酚的体积，mL。

（3）抗坏血酸标准溶液标定

吸取抗坏血酸溶液 1mL 于盛 10mL 2.00g/100mL 草酸溶液的锥形瓶中，加入 6.0g/100mL 碘化钾溶液 0.5mL 和 0.50g/100mL 淀粉溶液 5 滴，摇匀。用 1.67×10^{-4}mol/L 碘化钾标准溶液滴定，终点为极淡蓝色。

$$抗坏血酸溶液浓度\rho\ (mg/mL) = V_1\times0.088/V_2$$

式中 V_1——滴定时消耗 1.67×10^{-4}mol/L 碘化钾标准溶液的体积，mL；

V_2——所取抗坏血酸溶液的体积，mL；

0.088——1.00mL 碘化钾溶液（1.67×10^{-4} mol/L）相当于抗坏血酸的质量，mg。

（4）样品测定

分别吸取 10mL 滤液放入 50mL 锥形瓶中，用已标定过的 2，6-二氯靛酚溶液滴定，直至溶液呈粉红色 15s 不褪色为止。同时做空白实验（样品液和空白对照均至少各做 3 份，滴定结果取平均值）。随时分别做好数据记录。

（5）结果与计算

$$样品维生素C含量\ (mg/100g) = \frac{(V-V_0)\times T\times A\times100\%}{m}$$

式中 V——滴定样液时消耗染料溶液的体积，mL；

V_0——滴定空白时消耗染料溶液的体积，mL；

T——2，6-二氯靛酚染料滴定度，mg/mL；

A——稀释倍数；

m——样品质量，g。

平行测定结果用算术平均值表示，取三位有效数字，含量低的保留小数点后两位数字。

5. 实现结果记录与分析

（1）2，6-二氯靛酚溶液标定（表 6-1）

表 6-1　2，6-二氯靛酚溶液标定实验数据记录表

序号	T/（mg/mL）	ρ/（mg/mL）	V/mL	V_1/mL	V_2/mL。
1					
2					
3					

（2）抗坏血酸标准溶液标定（表 6-2）

表 6-2　抗坏血酸标准溶液标定实验数据记录表

序号	ρ/（mg/mL）	V_1/mL	V_2/mL
1			

续表

序号	ρ/（mg/mL）	V_1/mL	V_2/mL
2			
3			

（3）样品测定（表6-3）

表6-3　　维生素C含量测定数据记录表

样品名称	V/mL	V_0/mL	T/（mg/mL）	A	m/g	维生素C含量/（mg/100g）

6. 相关提示

（1）2，6-二氯靛酚法测定的是还原型抗坏血酸，方法简便，较灵敏，但特异性差。整个操作过程中要迅速，避免还原型抗坏血酸被氧化。

（2）染料2，6-二氯靛酚的颜色反应表现两种特性，一是取决于其氧化还原状态，氧化态为深蓝色，还原态变为无色；二是受其介质的酸度影响，在碱性溶液中呈深蓝色，在酸性介质中呈深红色。

（3）在处理各种样品时，如遇有泡沫产生，可加入数滴辛醇消除。

（4）整个操作过程要迅速，尤其在滴定时，一般不要超过2min。滴定所耗染料应为1~4mL，在过高或过低时应酌量增减样液。

（5）若样液有色，影响滴定终点判断，可用对维生素C无吸附力的优质白陶土脱色后再行滴定。

考核要点

（扫二维码可获得详细考核信息）

1. 果蔬样液的制备及抽滤。
2. 维生素C测定技术。
3. 结果计算与评价。

苹果热加工中
维生素C含量变化的
测定考核要点

思 考 题

1. 怎样控制富含维生素果蔬的热加工过程？
2. 如何评价水溶液性维生素的来源及生理性能？

相关知识

维生素是人和动物维持正常的生理功能所必需的一类有机化合物。人体所需的维生素大多数在体内不能合成，或即使能合成但合成的速度很慢，不能满足需要，加之维生素本身也在不断的代谢，所以必须由食物供给。食物中的维生素含量较低，许多维生素稳定性差，在食品加工、贮藏过程中常常损失较大。因此，要尽可能最大限度地保存食品中的维生素，避免其损失或与食品中其他组分间发生反应。

在维生素发现早期对它们了解甚少，一般按其先后顺序命名如维生素 A、维生素 B、维生素 C、维生素 D、维生素 E 等；或根据其生理功能或化学结构特点等命名，例如，维生素 C 称抗坏血病维生素，维生素 B_1 因分子结构中含有硫和氨基，称为硫氨素。后来人们根据维生素在脂类溶剂或水中溶解性特征将其分为两大类：脂溶性维生素和水溶性维生素。前者包括维生素 A、维生素 D、维生素 E、维生素 K，后者包括 B 族维生素和维生素 C。主要维生素的分类，功能及来源如表 6-4 所示。

表 6-4　　主要维生素的分类、功能及来源

类别	名称	其他名称	生理功能	主要来源
脂溶性维生素	维生素 A（A_1、A_2）	抗干眼病维生素 视黄醇	预防干眼病，参与视力作用 预防表皮细胞角化，促进生长	鱼肝油、胡萝卜 绿色蔬菜
	维生素 D（D_1、D_2）	骨化醇 抗佝偻病维生素	调节钙、磷代谢 预防佝偻病与软骨病	鱼肝油、奶油、蛋黄
	维生素 E	生育酚、生育酚维生素	预防不育症	谷类的胚芽及其油
	维生素 K（K_1、K_2、K_3）	止血维生素	促进血液凝固	菠菜、肝脏
水溶性维生素	维生素 B_1	硫胺素、抗神经炎维生素	抗神经炎、预防脚气病	酵母、米糠、肝、蛋类
	维生素 B_2	核黄素	预防唇炎、舌炎、脂溢性皮炎，促进生长	酵母、肝
	烟酸		辅酶 A 的组成成分，参与机体代谢	酵母、肝
	泛酸		预防癞皮病	酵母、肝、花生
	维生素 B_6	吡哆素	与氨基酸代谢有关	酵母、米糠、谷类、肝
	叶酸		预防恶性贫血	肝、植物叶
	维生素 B_{12}	钴维素、钴胺素	预防恶性贫血	肝
	生物素	H	预防皮肤病、促进脂类代谢	肝、酵母
	维生素 C	抗坏血酸	预防及治疗坏血病 促进细胞间质生长	蔬菜、水果

一、 维生素 C

维生素又名抗坏血酸，是一个羟基羧酸的内酯，具烯二醇结构，有较强的还原性，如图 6-1 所示。维生素 C 有四种异构体；D-抗坏血酸、D-异抗坏血酸、L-抗坏血酸和脱氢抗坏血酸。其中以抗坏血酸生物活性最高。

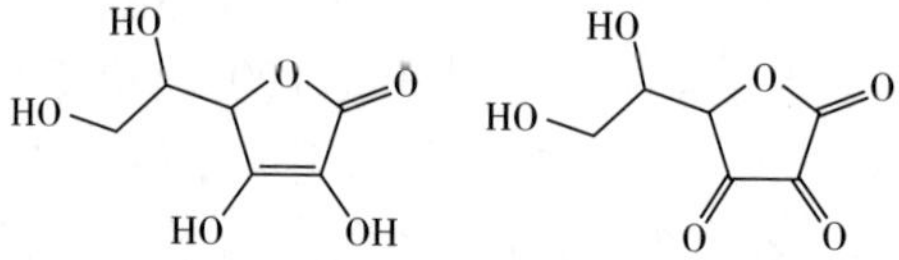

L-抗坏血酸　　脱氢抗坏血酸

图 6-1　维生素 C 结构

维生素 C 主要存在于水果和蔬菜中。猕猴桃、刺梨和番石榴中含量高；柑橘类、番茄、辣椒及某些浆果中也较丰富。动物性食品中只有牛乳和肝脏中含有少量维生素 C。

维生素 C 是最不稳定的维生素，对氧化非常敏感。光、Cu^{2+} 和 Fe^{2+} 等可以加速其氧化；pH、氧浓度和水分活度（A_W）等也影响其稳定性。此外，含有铁酮的酶如抗坏血酸氧化酶、多酚氧化酶、过氧化物酶和细胞色素氧化酶对维生素 C 也有破坏作用。水果受到机械损伤、成熟或腐烂时，由于其细胞组织被破坏，导致酶促反应的发生，使维生素 C 降解。某些金属离子螯合物对维生素 C 有稳定作用；亚硫酸盐对维生素 C 具有保护作用。

维生素 C 降解最终阶段中的许多物质参与风味物质的形成或非酶褐变。降解过程中生成 L-脱氢抗坏血酸和二羰基化合物与氨基酸共同作用生成糖胺类物质，形成二聚体、三聚体和四聚体。维生素 C 降解形成风味物质和褐色物质的主要原因是二羰基化合物及其他降解产物按糖类非酶褐变的方式转化为风味物和类黑素。

维生素 C 广泛用于食品中。它可保护食品中其他成分不被氧化；可有效地抑制酶促褐变和脱色；在腌制肉品中促进发色并抑制亚硝胺的形成；在啤酒工业中作为抗氧化剂；在焙烤工业中作面团改良剂；对维生素 E 或其他酚类抗氧化剂有良好的增效作用；能捕获单线态氧和自由基，抑制脂类氧化；作为营养添加剂能抗应激、加速伤口愈合、参与体内氧化还原反应和促进铁吸收等。

二、 B 族维生素

1. 维生素 B_1

维生素 B_1 又称硫胺素，是取代嘧啶环和噻唑环并由亚甲基相连的一类化合物，如图 6-2 所示。

各种结构的硫胺素均具有维生素 B_1 的活性。硫胺素分子中有两个氮原子，一个在伯胺基中，另一个在具有强碱性质的季胺基中。因此硫胺素能与酸类反应形成相应的盐。

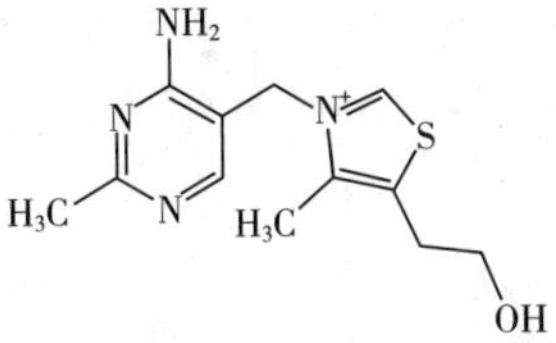

图 6-2　维生素 B_1 结构图

硫胺素是 B 族维生素中最不稳定的一种。在中性或碱性条件下易降解；对热和光不敏感酸性条件下较稳定。食品中其他组分也会影响硫胺素的降解，例如，单宁能与硫胺素形成加成物而使之失活；SO_2或亚硫酸盐对其有破坏作用；胆碱使其分子裂开，加速其降解；蛋白质与硫胺素的硫醇形式形成二硫化物阻止其降解。

硫胺素广泛分布于动植物食品中，其中在动物内脏、鸡蛋、马铃薯、核果及全粒小麦中含量较丰富。

在食品的加工和贮藏中，硫胺素也有不同程度的损失。例如，面包焙烤破坏20%的硫胺素；牛乳巴氏杀菌损失 3%~20%；高温杀菌损失 30%~50%；喷雾干燥损失 10%；滚筒干燥损失 20%~30%。部分食品在加工后硫胺素损失如表 6-5 所示。

表 6-5　　食品加工后硫胺素的存留率

食品	加工方法	存留率/%
谷物	膨化	48~90
马铃薯	浸没水中 16h 后炒制	55~60
	浸没亚硫酸盐中 16h 后炒制	19~24
大豆	水中浸泡后在水中或碳酸盐中煮沸	23~52
蔬菜	各种热处理	80~95
肉	各种热处理	83~94
冷冻鱼	各种热处理	77~100

硫胺素在低 A_W 和室温下贮藏表现出良好的稳定性，但是，在高 A_W 和高温下长期贮藏损失较大。当 A_W 在 0.1~0.65 及 37℃以下时，硫胺素几乎没有损失；温度上升到 45℃且 A_W 高于 0.4 时，硫胺素损失加快，尤其当 A_W 在 0.5~0.65 时损失最快；当高于 0.65 时硫胺素的损失又降低。

硫胺素在一些鱼类和甲壳动物类中不稳定，过去认为是硫胺素酶的作用，但现在认为至少应部分归因于含血红素的蛋白对硫胺素降解的非酶催化作用。在降解过程中，硫胺素的分子未裂开，可能发生了分子修饰。现已证实，热变性后的含血红素的蛋白参与了金枪鱼、猪肉和牛肉贮藏加工中硫胺素的降解。

硫胺素的热降解通常包括分子中亚甲基桥的断裂，其降解速率和机制受 pH、反应介质影响较大。当 pH<6 时，硫胺素热降解速度缓慢，亚甲基桥断裂释放出较完整的嘧啶和噻唑组分；pH 在 6～7 硫胺素的降解速度加快，噻唑环碎裂过程增加；在 pH 8 时降解产物中几乎没有完整的噻唑环，而是许多种含硫化合物等。因此，硫胺素热分解产生“肉香味”可能与噻唑环释放下来后进一步形成硫、硫化氢、呋喃、噻唑和二氢噻吩有关。

2. 维生素 B_2

维生素 B_2 又称核黄素，是具有糖醇结构的异咯嗪衍生物。自然状态下常常是磷酸化的，在机体代谢中起辅酶作用。核黄素的生物活性形式是黄素单核甘酸（FMN）和黄素腺嘌呤二核甘酸（FAD），二者是细胞色素还原酶、黄素蛋白等的组成部分。

维生素 B_2
——教学视频

FAD 起着电子载体的作用，在葡萄糖、脂肪酸、氨基酸和嘌呤的氧化中起重要作用。两种活性形式之间可通过食品中或胃肠道酶的磷酸酶催化而相互转变。食品中核黄素与硫酸和蛋白质结合形成复合物。动物性食品富含核黄素，尤其是肝、肾和心脏；奶类和蛋类中含量较丰富；豆类和绿色蔬菜中也有一定量的核黄素。

思考：富含核黄素的食品在存放中应该注意什么？

核黄素在酸性条件下最稳定，中性条件下稳定性降低，在碱性介质中不稳定。对热稳定，在食品加工、脱水和烹调中损失不大。引起核黄素降解的主要因素是光，光降解反应分为两个阶段：第一阶段是在光辐照表面的迅速破坏阶段；第二阶段是一级反应，为慢速阶段。光的强度是决定整个反应速度的因素。酸性条件下，核黄素光解为光色素，碱性或中性下光解生成光黄素。光黄素是一种强氧化剂，对其他维生素尤其是抗坏血酸有破坏作用。核黄素的光氧化与食品中多种光敏氧化反应关系密切。例如，牛乳在日光下存放 2h 后核黄素损失 50%以上；放在透明玻璃器皿中也会产生“日光臭味”，导致营养价值降低。若改用不透明容器存放就可避免这种现象的发生。

核黄素参与机体内许多氧化还原反应，一旦缺乏将影响机体呼吸和代谢，出现溢出性皮脂炎、口角炎和角膜炎等病症。

3. 泛酸

泛酸是辅酶的重要组成部分。泛酸在肉、肝脏、肾脏、水果、蔬菜、牛乳、鸡蛋、酵母、全麦和核果中含量丰富，动物性食品中的泛酸大多呈结合态。

泛酸在 pH 5～7 内最稳定，在碱性溶液中易分解。食品加工过程中，随温度的升高和水溶流失程度的增大，泛酸损失 30%～80%。热降解的原因可能是 β-丙氨酸和 2，4-二羟

维生素 B_3
——教学视频

基-3，3 二甲基丁酸之间的连接键发生了酸催化水解。食品贮藏中泛酸较稳定，尤其是低 A_W 的食品。

4. 烟酸

烟酸及其酰胺化合物均有烟酸活性。在生物体内其活性形式是烟酰胺腺嘌呤二核苷酸（NAD）和烟酰胺腺嘌呤二核苷酸磷酸（NADP）。它们是许多脱氢酶的辅酶，在糖酵解、脂肪合成及呼吸作用中发挥重要的生理功能。烟酸广泛存在于动植物体内，酵母、肝脏、瘦肉、牛乳、花生、黄豆中含量丰富，谷物皮层和胚芽中含量也较高。

维生素 B_5
——教学视频

烟酸是最稳定的维生素，对光和热不敏感，在酸性条件下加热可使烟酰胺转变为烟酸，其生物活性不受影响。烟酸的损失主要与加工中原料的清洗、烫漂和修整等有关。

烟酸具有抗癞皮病的作用。当缺乏时会出现癞皮病，临床表现为“三 D 症”，即皮炎、腹泻和痴呆。这种情况常发生在以玉米为主食的地区，因为玉米中的烟酸与糖形成复合物，阻碍了在人体内的吸收和利用，碱处理可以使烟酸游离出来。

5. 维生素 B_6

维生素 B_6 是指在性质上紧密相关、具有潜在维生素 B_6 活性的三种天然存在的化合物，包括吡哆醛、吡哆醇、吡哆胺。三者均可在 5′-羟甲基位置上发生磷酸化，三种形式在体内可互相转化，其生物活性形式以磷酸吡哆醛为主，也有少量的磷酸吡哆胺。它们作为辅酶参与体内的氨基酸、糖类、脂类和神经递质的代谢。

维生素 B_6
——教学视频

维生素 B_6 在蛋黄、肉、鱼、乳、全谷、白菜和豆类中含量丰富。其中，谷物中主要是吡哆醇，动物产品中主要是吡哆醛和吡哆胺，牛乳中主要是吡哆醛。

维生素 B_6 的各种形式对光敏感，光降解最终产物是 4-吡哆酸或 4-吡哆酸-5′-磷酸。这种降解可能是自由基中介的光化学氧化反应，但并不需要氧的直接参与，氧化速度与氧的存在关系不大。维生素 B_6 的非光化学降解速度与 pH、温度和其他食品成分关系密切。在避光和低 pH 下，维生素 B_6 的三种形式均表现良好的稳定性，吡哆醛在 pH 5 时损失最大；吡哆胺在 pH 7 时损失最大。其降解动力学和热力学机制仍需深入进行研究。

在食品加工中维生素 B_6 可发生热降解和光化学降解。吡哆醛可能与蛋白质中的氨基酸反应生成含硫衍生物，导致维生素 B_6 的损失；吡哆醛与赖氨酸的 ε-氨基反应生成席夫碱，降低维生素 B_6 的活性。维生素 B_6 可与自由基反应生成无活性的产物。在维生素 B_6 三种形式中，吡哆醇是最稳定的，常被用于营养强化。

6. 生物素

生物素有八种异构体，天然存在的为具有活性的 D-生物素。

生物素广泛存在于动植物食品中，肉、肝、肾、牛乳、蛋黄、酵母、蔬菜和蘑菇中含量丰富。生物素在牛乳、水果和蔬菜中呈游离态，而在动物内脏和酵母等中与蛋白质结合。人体肠道细菌可合成相当部分的生物素。生物素可因食用生鸡蛋清而失活，这是由一种称抗生物素的糖蛋白引起的，加热后就可破坏这种拮抗作用。

生物素对光、氧和热非常稳定，但强酸、强碱会导致其降解。某些氧化剂如过氧化氢使生物素分子中的硫氧化，生成无活性的生物素或生物素硫氧化物。此外，生物素环上的羰基也可与氨基发生反应。食品加工和贮藏中生物素的损失较小，所引起的损失主要是溶水流失，也有部分是由于酸碱处理和氧化造成。

叶酸——教学视频

7. 叶酸

叶酸包括一系列结构相似、生物活性相同的化合物，分子结构中含有蝶呤、对氨基苯甲酸和谷氨酸三部分。其商品形式中含有一个谷氨酸残基称蝶酰谷氨酸，天然存在的蝶酰谷氨酸有3~7个谷氨酸残基。

拓展知识　叶酸之功效

叶酸对细胞的分裂生长及核酸、氨基酸、蛋白质的合成起着重要的作用。人体缺少叶酸可导致红血球的异常，未成熟细胞的增加，贫血以及白血球减少。

叶酸是胎儿生长发育不可缺少的营养素。

绿色蔬菜和动物肝脏中富含叶酸，乳中含量较低。蔬菜中的叶酸呈结合型，而肝中的叶酸呈游离态。人体肠道中可合成部分叶酸。

叶酸对热、酸较稳定，但在中性和碱性条件下很快被破坏，光照更易分解。各种叶酸的衍生物以叶酸最稳定，四氢叶酸最不稳定，当被氧化后失去活性。亚硫酸盐使叶酸还原裂解，硝酸盐可与叶酸作用生成 N^{10}-硝基衍生物对小白鼠有致癌作用。铜离子和铁离子催化叶酸氧化，且铜离子作用大于铁离子；柠檬酸等螯合剂可抑制金属离子的催化作用；维生素C、硫醇等还原性物质对叶酸具有稳定作用。

8. 维生素 B_{12}

维生素 B_{12}——教学视频

维生素 B_{12} 由几种密切相关的具有相似活性的化合物组成，这些化合物都含有钴，又称钴胺素（图6-3），是一种红色的结晶物质。维生素 B_{12} 是一共轭复合体，中心为三价的钴离子。分子结构中主要包括两部分：一部分是与铁卟啉很相似的复合环式结构，另一部分是与核苷酸相似的5，6-二甲基-1-（α-D-核糖呋喃酰）苯并咪唑-3′-磷酸脂。其中心卟啉环体系中的钴离子与卟啉环中四个内氮原子配位，二价钴离子的第六个配位位置被氰化物取代，生成氰钴胺素。

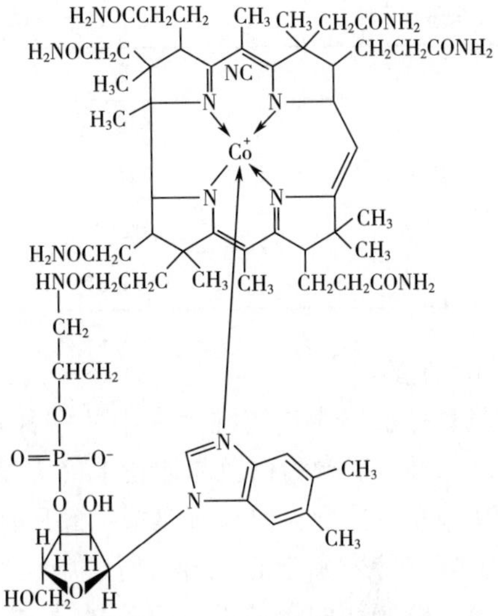

图 6-3 钴胺素结构图

植物性食品中维生素 B_{12} 很少，其主要来源是菌类食品、发酵食品以及动物性食品如肝脏、瘦肉、肾脏、牛乳、鱼、蛋黄等。人体肠道中的微生物也可合成一部分供人体利用。

维生素 B_{12} 在 pH 4～7 时最稳定；在接近中性条件下长时间加热可造成较大的损失；碱性条件下酰胺键发生水解生成无活性的羧酸衍生物；pH 低于 4 时，其核苷酸组分发生水解，强酸下发生降解，但降解的机理目前尚未完全清楚。

拓展知识　维生素 B_{12} 缺乏症

缺乏维生素 B_{12} 可能引起人的精神忧郁，有核巨红细胞性贫血（恶性贫血）、脊髓变性，神经和周围神经退化、舌、口腔、消化道的黏膜发炎、小孩缺乏早期表现为精神情绪异常、表情呆滞、少哭少闹、反应迟钝、爱睡觉等症状，最后会引起贫血。

抗坏血酸、亚硫酸盐、亚铁离子、硫胺素和烟酸可促进维生素 B_{12} 的降解。辅酶形式的维生素 B_{12} 可发生光化学降解生成水钴胺素，但生物活性不变。食品加工过程中热处理对维生素影响不大，例如，肝脏在 100℃ 水中煮制 5min 维生素 B_{12} 只损失 8%；牛乳巴氏杀菌只破坏很少的维生素 B_{12}；冷冻方便食品如鱼、炸鸡和牛肉加热时可保留 79%～100% 的维生素 B_{12}。

9. 胆碱

胆碱又称维生素 B_4，是羟基乙基三甲基胺羟化物。无色、黏滞状具强碱性的液体，易吸潮，溶于水。胆碱非常稳定，在食品加工和贮藏中损失不大。

胆碱首次由 Streker 在 1894 年从猪胆汁中分离出来，1962 年被正式命名为胆碱，现已成为人类食品中常用的添加剂。美国的《联邦法典》将胆碱列为“一般认为安全”的产品，欧洲联盟 1991 年颁布的法规将胆碱列为允许添加于婴儿食品的产品。

胆碱分布广，以动物性食品如肝脏、蛋黄、鱼和脑中含量最高，一般以乙酰胆碱和卵磷脂形式存在；绿色植物、酵母、谷物幼芽、豆科籽实、油料作物籽实是丰富的植物性食品来源。表 6-6 列出了一些食品中胆碱的含量。

表 6-6 部分食品中胆碱含量 单位：mg/kg

食品	含量	食品	含量
玉米	620	高粱	678
黄玉米	442	糙米	992～1044
小麦	1022	肉粉	2077
大麦	930～1157	玉米蛋白粉	330

10. 肌醇

肌醇是水溶性 B 族维生素中的一种。肌醇是具有 6 个羟基的六碳环状物，又称环己六醇。肌醇为白色晶体粉末（无结晶水），风化性结晶（含两分子结晶水）。它有 9 种立体构型，但只有肌型肌醇具有生物活性。

肌醇主要来源于心、肝、肾、脑、酵母、柑橘类水果中，谷物中的肌醇一般以植酸或植酸盐的形式存在，影响人体对矿物元素的吸收和利用。肌醇很稳定，一般在食品加工和贮藏中损失很少。

肌醇可促进细胞新陈代谢、助长发育、增进食欲，对治疗肝硬化、血管硬化、脂肪肝、胆固醇过高等有明显疗效，还可用于治疗 CCl_4 中毒、脱发症等。此外，肌醇还是磷酸肌醇的前体。肌醇中的三磷酸肌醇具有良好的清除自由基的功能，对心脑血管疾病、糖尿病和关节炎具有良好的预防和治疗效果。其中以肌醇-1，2，6-三磷酸即 I（1，2，6）P_3 最重要。除具有上述功能外，肌醇还是一种新型的非肽类神经肽 Y 受体拮抗剂。

任务二 使用柱层析法分离辣椒中的胡萝卜素

任务要求

1. 熟悉胡萝卜素的种类、生理功能及脂溶特性。
2. 掌握吸附层析法提取、分离色素的技术。

知识贮备

吸附层析法是利用吸附剂表面对溶液中不同物质所具有不同程度的吸附作用而使溶液中混合物分离的方法。吸附层析通常采用柱型装置。

胡萝卜素存在于胡萝卜和辣椒等植物中，因其在动物体内变成维生素 A，故又被称为维生素 A 原。胡萝卜素可用乙醇、石油醚或丙酮等有机溶剂从食物中提取出来，且能被氧化铝（$A1_2O_3$）所吸附。由于胡萝卜素与其他植物色素的化学结构不同，它们被氧化铝吸附的强度以及在有机溶剂中的溶解度都不相同，故将提取液用氧化铝吸附，再用石油醚等冲洗层析柱，即可分离成不同的色带。与植物其他色素比较，胡萝卜素吸附性最差，跑在最前面，故最先被洗脱下来。

任务实施

1. 任务分组

学生依据任务工作要求和任务具体内容，并结合自身兴趣爱好和对任务了解的基本情况自由组合，2~3 人为一组，开展任务实施。

2. 材料准备

（1）仪器　玻璃层析管（1cm×16cm）、分液漏斗（100mL）、分液漏斗架、小号抽滤瓶、恒温水浴锅、研钵、吸管（5mL）、量筒（100mL）、烧杯（100mL）、电子天平、棉花、剪刀等。

（2）试剂准备

①95%（体积分数）乙醇（医用）。

②石油醚（化学纯，沸程 60~90℃）。

③1%（体积分数）丙酮石油醚（化学纯）。

④氧化铝（$A1_2O_3$）（化学纯，层析用）。

⑤无水硫酸钠（化学纯）。

⑥干红辣椒或胡萝卜。

⑦三氯化锑-氯仿溶液。取三氯化锑（$SbCl_3$）20g，用氯仿溶解并定容至 100mL，必要时过滤。

3. 实施步骤

样品处理→提取液制备→层析柱制备→层析液制备→定型鉴定→结果记录

4. 实施要点

（1）胡萝卜素提取液制备

取干红辣椒皮 2g（或鲜红辣椒 12g），去籽剪碎后放入研钵，加 95% 乙醇 5mL，研磨至提取液呈深红色，再加石油醚 8mL 研磨 2~3min。将提取液转移到 40~60mL 分液漏斗中，再用 20mL 蒸馏水洗涤数次，直至水层透明，如此洗去提取液中的乙醇。将提取液倒入干燥试管，加少量无水硫酸钠除去水分。用软木塞塞紧试管，防止石油醚挥发。

（2）层析柱制备

取直径 1cm、高 16cm 的玻璃层析管，垂直固定在抽滤瓶上。若无专用层析管，可用直径相当的玻璃管代替，底部塞上一块棉花以支持吸附剂。在约 10g 氧化铝中加适量石油醚，制成混悬液。用吸管吸取氧化铝混悬液加入层析管中，氧化铝即均匀沉于管内，形成层析柱，柱高达 10cm 时停止加混悬液，于柱顶端加一小块脱脂棉。

（3）层析鉴定

用吸管吸取石油醚数毫升，加入层析柱中，待石油醚全部渗过氧化铝时，用吸管吸取辣椒提取液 1mL，加到层析柱上面。待提取液全部进入层析柱时，立即加入含 1%，丙酮的石油醚进行洗脱，并使柱上端始终保持一定高度的洗脱液。以 30 滴/min 左右速度加液，使吸附在柱上端的物质逐渐展开成为数条颜色不同的色带。观仔细观察并记录各色带的位置、宽度与颜色深浅。

跑在最前方的橘黄色带即为胡萝卜素，待该色素接近层析柱下端时，用一试管接收此橘黄色液体，然后倒入蒸发皿内，于 80℃ 水浴上蒸干，滴入三氯化锑-氯仿溶液数滴，可见蓝色反应，以此鉴定胡萝卜素。

5. 实验结果记录与分析（表 6-7）

表 6-7　　辣椒中胡萝卜素柱层析分离实验数据记录表

序号	样品处理	层析柱制备	鉴定现象	结论
1				
2				
3				

6. 相关提示

（1）氧化铝用 400℃ 高温活化处理 3h，以除去水分，提高吸附能力。氧化铝的细度以 100~150 目为宜。

（2）装提取液的试管必须干燥，提取液中的乙醇必须洗净，否则区带不清晰。洗脱液中丙酮可增强洗脱效果，但含量不宜过多，以免洗脱过快使色带分离不清晰。

（3）装柱时，不能使氧化铝有裂缝和气泡，否则影响分离效果。氧化铝的高度一般为玻璃柱高度的 3/4，装好柱后柱上面覆一层滤纸，保持柱上端顶部平整，若顶部不平，将导致不规则的色带。

（4）分离过程中，要连续不断地加入洗脱剂，并保持一定高度的液面，在整个操作过程中应注意不使氧化铝表面的溶液流干。

（5）如果需过滤提取液，建议用四层纱布（或棉花）过滤入分液漏斗。

（6）用新鲜红辣椒作实验材料，研磨一定要仔细，以彻底破坏植物细胞释放胡萝卜素；如果加入 4mL 丙酮有利于对胡萝卜素的提取，此法可分离得到 5~6 条色带，最前面的色素为胡萝卜素（若分离条件控制得好，该色带又可分离成 3 条较小的色带，分别为 α、β、γ 胡萝卜素），紧随其后者分别为番茄红素和叶黄素等。

（7）$SbCl_2$ 腐蚀性较强，使用过程中勿接触皮肤。$SbCl_2$ 遇水生成碱式盐［$Sb(OH)_2Cl$］再变成氯氧化锑（SbOCl），此化合物与胡萝卜素不发生作用，可出现混浊。

考核要点

(扫二维码可获得详细考核信息)

1. 胡萝卜素的种类、颜色及提取时所用溶剂。
2. 吸附层析法分离胡萝卜素的依据。
3. 吸附层析柱的制备及层析分离。

使用柱层析法分离辣椒中的胡萝卜素考核要点

思考题

1. 所测样品提取液中除胡萝卜素外，还可能有哪些色素？
2. 提取、分离、层析操作的哪些环节会对最终显色产生影响？

相关知识

一、脂溶性维生素

1. 维生素 A

维生素 A 是所有具有视黄醇生物活性的β-紫罗宁衍生物的统称，有维生素 A_1 和维生素 A_2 两种形式。维生素 A_1 即视黄醇，其生物效价最高。维生素 A_2 是在 3-位上脱氢的视黄醇，又称脱氢视黄醇，其生物活性只是维生素 A_1 的 40%。

维生素 A
——教学视频

维生素 A_1 主要存在于哺乳动物及海水鱼的肝脏中，而维生素 A_2 主要存在于淡水鱼的肝脏中。植物中虽不含维生素，但绿叶蔬菜、胡萝卜、玉米中的胡萝卜素在人体肠壁或肝脏中能转变成维生素 A。这些本身不是维生素 A，但在机体内可转变为维生素 A 的物质，称为维生素 A 原，如 α-，β-，γ-胡萝卜素和玉米黄素，其中以胡萝卜素生物活性最高。

维生素 A 为淡黄色片状结晶，不溶于水而溶于油脂和乙醇，易被空气中的氧及氧化剂破坏，高温和紫外线可促进其氧化破坏。维生素 A 及维生素 A 原对热、碱、酸较稳定，在一般烹调及加工处理中不易被破坏，但油脂发生氧化酸败时，所含的维生素 A 及维生素 A 原将受到严重破杯。

维生素 A 的主要功能是参与眼球中感光物质——视紫红质的合成，以维持正常的视觉。当机体缺乏维生素 A 时，会导致夜盲症。此外，缺乏维生素 A 还会引起干眼病、皮肤干燥，出现生长停止、发育不良等症。但长期过量摄入维生素 A 可引起中毒。

维生素 A 的含量可用国际单位（International Units，IU）表示。1IU 维生素 A 相当于 0.600μg β-胡萝卜素。国际组织新近采用了生物当量单位来表示维生素 A 的含量，即 1μg 视黄醇=1 标准维生素 A 视黄醇当量（RE）。

2. 维生素D

维生素D是固醇类衍生物，已知的维生素D主要有维生素D_2、维生素D_3、维生素D_4、维生素D_5，其中以维生素D_2和维生素D_3的活性最高。植物中的麦角固醇为维生素D_2原，人体皮肤下的7-脱氢胆固醇为维生素D_3原。麦角固醇和7-脱氢胆固醇经日光或紫外线照射，可分别转变成维生素D_2和维生素D_3。

维生素D
——教学视频

维生素D_2和维生素D_3均为无色晶体，性质稳定，耐热，不易被酸、碱、氧化剂破坏。因此，通常的加工及烹调不会造成维生素D的损失。但维生素D对光敏感，在紫外线照射下易被破坏，油脂酸败也可引起维生素D的破坏。

维生素D的主要功能是促进肠壁对钙和磷的吸收，调节钙磷正常代谢，有助于骨骼钙化和牙齿的形成。婴幼儿缺乏维生素D会引起佝偻病，产生鸡胸和弓形腿，成人则患骨质疏松、骨质增生等症。但维生素D摄入过多也会在体内蓄积，造成中毒。

维生素D主要存在于动物性食品中，如动物的肝、肾、脑、皮肤以及蛋黄、牛乳中含量都较高，尤以海产鱼肝油含量最为丰富。

维生素D的活性以维生素D_3为参考标准，在食物中的含量以胆钙化醇当量表示，1μg胆钙化醇当量=40IU维生素D。

3. 维生素E

维生素E是苯丙二氢吡喃的衍生物，又称生育酚。生育酚有十几种类型，其中已研究清楚的有α，β，γ，δ-生育酚及相应的三烯生育酚八种，其中α、β、γ、δ四种生育酚有生理活性，以α-生育酚活性最高。

维生素E为淡黄色油状液体，对酸、碱及热都稳定，但极易被氧化。利用维生素E对氧的不稳定性，食品加工中常将其作为抗氧化剂添加在食品中。

维生素E
——教学视频

维生素E有抗不育和预防流产的作用，还有延缓衰老、预防冠心病和癌症的作用。

维生素E分布广泛，各种植物油，如麦胚油、玉米油、棉籽油中都含有丰富的维生素E，此外，肉、鱼、禽、蛋、乳、豆类及绿叶蔬菜中也都含有维生素E。

食品在加工贮藏中常常会造成维生素E的大量损失。例如，谷物机械加工去胚时，维生素E损失约80%；油脂精炼能导致维生素E损失；脱水可使鸡肉和牛肉中维生素E损失36%~45%；肉和蔬菜罐头制作中维生素E损失41%~65%；油炸马铃薯在23℃下贮存一个月，维生素E损失71%；某些金属离子（如Fe^{2+}）可促进维生素E的氧化。

拓展知识　维生素 E 的功效

1. 促进垂体促性腺激素的分泌，促进精子的产生和活动，增加卵巢功能，增加卵泡数量，增大黄体细胞并增强孕酮。缺乏时引起生殖器官受损，不易受精或习惯性流产。

2. 改善脂质代谢，缺乏时导致血浆胆固醇与甘油三酯的升高，形成动脉粥样硬化。

3. 对氧敏感，易被氧化，故可保护其他易被氧化的物质，如不饱和脂肪酸、维生素 A，还可减少过氧化脂质的生成，保护机体细胞免受自由基的毒害，充分发挥被保护物质的特定生理功能。

4. 稳定细胞膜和细胞内脂类部分，减低红细胞脆性，防止溶血。缺乏时出现溶血性贫血。

5. 大剂量可促进毛细血管及小血管的增生，改善周围循环。

4. 维生素 K

维生素 K 是一类 2-甲基-1，4-萘醌的衍生物，天然维生素 K 有维生素 K_1 和维生素 K_2 两种。维生素 K 的主要功能是促进肝脏合成凝血酶原而促进血液凝固，故又称为凝血维生素。

维生素 K
——教学视频

维生素 K 分布广泛。维生素 K_1 存在于绿色植物（如苜蓿、菠菜等）及动物肝脏中；维生素 K_2 可由肠道微生物代谢产生，鱼、肉中也富含维生素 K_2。此外，人工可合成维生素 K_3，活性比维生素 K_1 和维生素 K_2 都高。因此，人体缺乏维生素 K 的现象很少。

维生素 K 是黄色黏稠油状物，对热相当稳定，遇光易降解。其萘醌结构可被还原成氢醌，但仍具有生物活性。维生素 K 具有还原性，可清除自由基，保护食品中其他成分不被氧化，并减少肉品腌制中亚硝胺的生成。

二、 维生素在食品贮藏与加工中的损失

1. 食品贮藏过程中维生素的损失

食品长时期贮藏不仅降低食品的感官质量，同时也降低营养价值。在此过程中，维生素的损失是一个重要方面。

收获的水果和蔬菜长时间存放会由于酶的分解作用，使维生素遭受严重的损失。脂溶性维生素在贮存过程中损失并不明显，而水溶性维生素，如维生素 C、维生素 B_1 较易损失。

食品贮藏中维生素的损失——教学视频

一般家庭贮存苹果仅 2~3 个月，维生素 C 的含量就可能减至原来的 1/3。绿色蔬菜维生素 C 损失则更大，若室温贮存，几天后维生素 C 几

乎全部都损失。但0℃贮存，就可以大大减少这种损失。

温度对维生素的保存率有很大影响。冷冻蔬菜在很低温度条件下（-29℃）经一年只损失原有抗坏血酸的10%，而在-12℃条件下一年后损失约55%。

透明包装的乳制品在贮藏期间会发生维生素 B_1 和维生素 D 的损失。

食品中脂类的氧化作用产生的氢过氧化物、过氧化物和环过氧化物会引起胡萝卜素、维生素 E 和维生素 C 的氧化，也能破坏叶酸、生物素、维生素 B_{12} 和维生素 D 等。

2. 清洗与整理

水果和蔬菜通常都要清洗，这一般很少有维生素的损失。但应注意防止挤压和碰撞，以免引起酶促褐变和损害；也应尽量避免切后再洗致使水溶性维生素丢失。淘米的过程中可损失维生素 B_1 30%~60%，维生素 B_2 和烟酸 20% ~ 25%，且损失的程度随搓洗次数增多、浸泡时间加长、水温升高而加重。

食品加工中维生素的损失——教学视频

此外，水果和蔬菜大都需要整理或去皮，因而可造成一定的维生素损失。据报告，水果和蔬菜的皮和皮下组织的维生素含量比其他部位高。如苹果皮中的维生素 C 含量比果肉高 3~10 倍，菠萝心的食用部分含更多的维生素 C，蔬菜叶子中的维生素含量通常也较高。若在加工过程使用碱液则损失会大大增加。

3. 烫漂及沥滤

水果和蔬菜在装罐、冷冻和脱水前大都需要烫漂。烫漂时维生素的损失可能很大，并受下列因素影响。

（1）食品单位质量的比表面积　表面面积越大，损失越多。如菠菜相比于豌豆在烫漂时维生素的损失就大。另外，水溶性维生素可经由切口表面流失。因此，应尽量避免切后再清洗、烫漂的加工操作。

（2）产品的成熟度　许多维生素的衍生物是酶的辅因子，因此，在果蔬采后或动物宰后处理过程中易被内源酶降解。如蔬菜从采摘后到运往加工厂贮水槽的lh 内，所含维生素会发生明显的还原反应。青豆成熟度越高则在烫漂时维生素 C 和维生素 B_1 的保存越好。

（3）烫漂类型　烫漂有沸水、蒸汽和微波烫漂不同的方式。维生素的损失顺序为：沸水> 蒸汽 > 微波。微波法因不需加热介质，因此，这部分损失几乎没有。

（4）烫漂时间和温度　通常短时间高温烫漂较好；烫漂时间越长，损失越大。如青豆在 71℃和 99℃分别烫漂 6min 和 2min，发现维生素 C 高温短时间下漂烫的损失较小。这可能是高温时从烫漂水中驱除了氧和钝化酶。

（5）冷却方法　蒸汽烫漂用空气冷却时无须喷淋或浸渍，其沥滤损失减到最小；沸水烫漂后用水冷却的维生素损失要比用空气冷却大得多。

烫漂时维生素的损失主要由食物的切口或对敏感表面的抽提、沥滤以及水溶性维生素的氧化和加热破坏引起的，这包括水洗、水流槽输送、烫漂、冷却和沥滤等过程。一般来说，烫漂期间的水溶性维生素的损失为0~60%，主要由沥滤和破坏所致。当用蒸汽或微波烫漂，随后在空气中冷却可使这一损失减至5%~10%。

应当指出，尽管烫漂可引起维生素损失，并应将其减到最小，但烫漂本身却又是食品保藏中保存维生素的一种方法，因为烫漂过程可以破坏酶的活性。

4. 冷冻

冷冻通常认为是保持食品的感官形状、营养质量及长期保藏的最好方法，在加工工艺上包括预冻结处理、冻结、冻藏和解冻。

预冻结期间维生素的损失在烫漂时可能有一定损失，但一般认为损失很小。冷冻过程中的冷冻速率影响维生素的损失。低温下快速冷冻可以很好地保持维生素的水平。冻藏期间食品所含维生素可有大量损失，损失的多少取决于不同的制品、预冻结处理（特别是烫漂）、包装类型（如有无糖浆）、包装材料和贮藏条件等，通常将食品冻结到-18℃以下并在该温度冻藏，可较好地保持食品的原始品质，同时可有适当的贮存期。

解冻对维生素的损失影响较小，但有水溶性维生素随解冻时的渗出物流失，其损失量与渗出的汁液量成正比。

总之，冷冻食品的维生素损失通常较小，但水溶性维生素在整个冷冻期间，由于冷冻前的烫漂或肉类解冻可发生中等、有时甚至大量的维生素损失（10%~44%）。至于冷冻水果的损失则主要是维生素C转移到解冻时的渗出物中所致。

5. 脱水

工业上有许多不同的食品脱水或干燥方法。如日光干燥、烘房干燥、隧道式干燥、滚筒干燥、喷雾干燥等，主要是将热能应用到食品上使水分蒸发的结果。水溶性维生素的损失因干燥温度、时间不同而有所不同。冷冻干燥或冷冻升华干燥因在低温和高真空条件下进行，故对食品中的营养素影响较小。脂溶性维生素的破坏与脂类氧化的机理相似，总的说来，在脱水过程中损失很小或不损失。

6. 加热

加热是食品加工中应用最多的一种方法。热加期间维生素的损失涉及许多因素，如食品和维生素的不同、加热的温度和时间、传热速度、pH、接触氧的量、有无金属离子催化剂等。

不同维生素在食品热加工中的损失范围为0~90%，其中维生素C和维生素B_1对热最不稳定。维生素B_2、烟酸、生物素、维生素K等通常较稳定，但也有可能有一定损失。通常热处理温度越高，加热时间越长，维生素B_1和维生素C的损失越大。

目前人们多采用高温瞬时加热、搅动高压蒸汽灭菌和降低容器含氧量等方法，尽量把营养素的损失减到最小。虽然这些因素可以不同程度地减少热破坏作用，但加热仍然是导致食品维生素损失的最重要因素。

7. 食品添加剂

食品贮藏加工中为防止腐败变质和提高感官性状，常添加一定量的食品添加剂，其中有的对维生素有一定影响。例如氧化剂通常对维生素 A、维生素 C 和维生素 E 有破坏作用。因此，在面粉中加入溴酸钾等改良剂时可因其所具有的氧化作用而致使某些维生素失去活性。同样，经自然氧化的陈年面粉也有类似的损失。

亚硫酸盐（或 SO_2）常用于防止水果、蔬菜的酶促褐变和非酶褐变。它可作为还原剂保护维生素 C，但作为亲和试剂则对维生素 B_1 有害。亚硝酸盐可与维生素 C 反应，用于防止肉制品生产中形成致癌物——亚硝胺。

8. 辐射

辐射是新近发展起来的食品保藏方法，也是人类和平利用原子能的一个方面。但辐射对维生素有一定影响。水溶性维生素对辐射的敏感性主要取决于它们是处在水溶液中还是在食品中，或者它们是否受食品中其他化学物质所保护，其中包括维生素彼此的保护作用。自由基、过氧化物和羰基可与维生素反应并起到破坏作用。

维生素 C 对辐射敏感，其损害程度随辐射剂量的增大而增加。B 族维生素中维生素 B_1 是对辐射最不稳定的，其破坏程度与在热加工时相当；维生素 B_2 及其他 B 族维生素受辐射的影响比维生素 B_1 小。

脂溶性维生素对辐射也敏感，其中以维生素 E 最显著，以下依次为胡萝卜素、维生素 A、维生素 D、维生素 K。对最不稳定的维生素 E，可利用低温、真空包装或充氮包装减少其损失。

在辐射下，维生素具有协同保护作用，在维生素 C 和烟酸共存时表现非常明显。当两者分别接受大剂量辐射时，维生素 C 破坏明显，而烟酸则相当稳定；当两者在水中共热时，由于烟酸对活化水分子的竞争，破坏增大，但却保护了维生素 C 免受破坏。此外，维生素 C 对维生素 B_2 也有保护作用。同样，在脂溶性维生素中也可有类似的保护作用。如添加维生素 C 和 α -生育酚可使胡萝卜素的破坏减少。

9. 碾磨

碾磨是谷类特有的加工，碾磨中各种营养素的必然损失是由籽粒的结构所决定的。

谷粒中所含各种营养素的分布很不均衡，维生素、无机盐和含赖氨酸高的蛋白质集中在谷粒的周围部分和胚芽，而向胚乳内部则逐渐降低。如谷皮中维生素 B_1 的含量占全粒含量的 33%，维生素 B_2 占 42%，泛酸占 50%，吡哆醇占 73%，烟酸则达 86%。若加工精度提高，不但导致谷皮中 B 族维生素大量损失，还会导致糊粉层、胚乳外层及胚中维生素的大量损失。因此，从营养学的角度讲，不宜常食用精米、精面。

三、维生素在强化食品中的应用

1. 维生素强化的意义

（1）弥补膳食中维生素供给量的不足。

（2）补充在加工、贮藏、运输中维生素的损失。

（3）完善膳食中营养的需要。

（4）适应军事、特殊职业和不同生理状态人群对维生素的特殊需要。

2. 强化剂及强化剂量

对于强化剂的选择，应考虑其安全性和有效性，同时还应考虑到各营养素的平衡问题。因此，各国对强化剂的种类、名称、适用范围及强化剂量等方面均有明确规定。我国标准可参见《食品添加剂使用卫生标准》。

项目小结

本项目由苹果热加工中维生素C含量变化的测定和使用柱层析法分离辣椒中的胡萝卜素两个工作任务驱动项目化教学，探讨了微量营养素——维生素的分类、生理功能、在食品中的分布、稳定性能及生理活性形式，对缺少维生素易出现的缺乏症及合理膳食提出建议，引入维生素在食品生产与贮藏中的实际应用，突出了加工、贮藏过程中对维生素的影响，提出了合理加工方式或强化手段，使食品中维生素的种类与含量能满足人体的需要。

项目思考

1. 影响食品中维生素含量的因素有哪些？
2. 如何评价“烹饪玉米制品时可适量添加食用碱”这一建议？
3. 维生素E在食品加工中有哪些应用？
4. 维生素C在食品热加工中损失很大，为什么还会应用于肉制品加工？

项目七

矿物质的性能与控制

学习目标

【知识目标】

1. 熟悉矿物质的类别与作用。
2. 熟识食品矿物质的功能、生物有效性及其影响因素。

【技能目标】

1. 能够测定食品中矿物质总量。
2. 具备测定食品中钙、铁等关键矿物质元素的能力。
3. 具备控制食品加工过程矿物质分布的能力。

【素质目标】

1. 分析精米加工对人群矿物质摄入和人体健康的影响，从日常生活点滴做起，树立可持续发展理念，提高环保意识。

2. 分析食盐中碘元素的存在方式，设计验证食盐中碘的存在形式及性质的试验方案，培养实事求是的职业精神和团队协作、相互帮助的意识。

3. 依据典型营养缺乏性疾病防治工作经验，讨论矿物质强化食品应用实例，形成敬畏科学、尊重科学的精神。

项目导入

人体内有 50 多种矿物质元素。已发现有 20 种左右的元素是构成人体组织、维持生理功能、生化代谢所必需的。在人体新陈代谢过程中，每天都有一定量的矿物质随各种途径，如粪、尿、汗液、头发、指甲、皮肤及黏膜的脱落排出体外。因此，必须通过饮食补充矿物质。

某些无机元素在体内，其生理作用剂量与毒性剂量差距较小，因此，过量摄入不仅无益反而有害。

食品矿物质的测定是评判食品的加工精度和食品品质的重要指标。食品生产因所用原料、加工方法及测定条件的不同，矿物质元素的组成和含量也不相同。如果不在正常范围内，说明食品生产中使用了不合乎卫生标准要求的原理或食品添加剂，或食品在加工、储运过程中受到了污染。

任务一 面包中钙含量的测定（高锰酸钾滴定法测定钙元素）

任务要求

1. 理解高锰酸钾法测定钙元素含量的原理。
2. 掌握样品灰化处理与定容。
3. 熟悉测定钙元素的定量检测及结果分析。

知识贮备

样品灰化后，用盐酸溶解。在酸性溶液中，钙与草酸生成草酸钙沉淀，沉淀经洗涤后，加入硫酸溶解，使草酸游离出来，用高锰酸钾标准溶液滴定与钙等量结合的草酸，稍过量一点的高锰酸钾使溶液呈现微红色，即为滴定终点。根据高锰酸钾标准溶液消耗量，即可计算出样品中钙的含量。

任务实施

1. 任务分组

学生依据任务工作要求和任务具体内容，并结合自身兴趣爱好和对任务了解的基本情况自由组合，2~3 人为一组，开展任务实施。

2. 材料准备

（1）仪器　瓷坩埚、可调温水浴锅、容量瓶 25mL（1 个）、移液管 5mL（1 个）、离心机、胶头吸管、锥形瓶 50mL（1 个）、滴定管、乳粉。

（2）试剂

①0. 02mol/L 高锰酸钾标准溶液：称取 $KMnO_4$ 1. 4g，溶于 400mL 新煮沸放冷的蒸馏水中，置棕色玻璃瓶中，于暗处放置 7～10d，用垂熔玻璃漏斗过滤，存于另一棕色试剂瓶中备用。

②0. 02mol/L 高锰酸钾标准溶液标定：精密称取在 105℃ 干燥至恒重的基准物 $Na_2C_2O_4$ 3 份，每份 0. 153～0. 167g，分别置于 3 个锥形瓶中，各加新煮沸并放冷的蒸馏水 100mL 使之溶解，再加浓 H_2SO_4 5mL 摇匀。迅速自滴定管中加入高锰酸钾标准溶液约 20mL，待褪色后，加热至 65℃ 继续滴定至溶液显淡粉红色，并保持 30s 不褪色，即为终点，记录所消耗高锰酸钾标准溶液的体积（当滴定终了时溶液

的温度应不低于55℃)。

③盐酸溶液（1∶4)：1体积的浓盐酸与4体积的蒸馏水混合配制而成。

④乙酸溶液（1∶4)：1体积的乙酸溶液与4体积的蒸馏水混合配制而成。

⑤氨水溶液（1∶4)：1体积的浓氨水与4体积的蒸馏水混合配制而成。

⑥草酸铵溶液（40g/L)：称取4.00g草酸铵溶于100mL水中。

⑦甲基红指示剂（1g/L)：称取0.10g甲基红溶于100mL 95%乙醇中。

⑧1.00mol/L硫酸溶液：量取分析纯硫酸54.3mL，缓慢倒入500mL蒸馏水中，不断搅拌，待冷却后定容至1000mL容量瓶中。

3. 实施步骤

称取样品→样品灰化→样品分离→样品净化→滴定分析→数据记录→数据处理

4. 实施要点

（1）样品灰化处理　称取适量面包样品于瓷坩埚中，干法灰化后加入盐酸5mL，溶液置于水浴上蒸干，然后再加入盐酸5mL溶解并移入容量瓶中，以热水少量多次洗涤瓷坩埚，将洗液合并于容量瓶中冷却后加水稀释至刻度，备用。

（2）样品中钙元素含量测定

①样品分离：用移液管准确吸收5mL样品处理液，置于15mL离心管中，加入1滴甲基红和2mL 40g/L草酸铵，再加入乙酸0.5mL。用氢氧化钠调节至微黄色，再用乙酸调节至微红色。静置2h以上使沉淀全部析出。

②样品净化：离心15min，小心倒出上清液，向离心管中加入少量氨水，用手指弹动离心管，使沉淀松动，再加入约10mL氨水，离心20min，用胶头吸管吸去上清液。

③滴定分析：用20mL 1mol/L硫酸溶液将离心管中沉淀洗入50mL锥形瓶中，将锥形瓶放在70~80℃水浴中加热，使沉淀全部溶解，用0.02mol/L高锰酸钾溶液滴定，至淡紫红色30s不褪色为终点，记录消耗高锰酸钾标准溶液的体积。同时做空白实验。

（3）结果与计算

按下式计算出样品中钙元素的含量：

$$X=\frac{20\times(V_1-V_0)\times V_2}{m\times V_3}\times 100$$

式中　X——样品中钙的含量，mg/100g；

V_1——滴定样品液消耗高锰酸钾标准溶液体积，mL；

V_0——滴定空白液消耗高锰酸钾标准溶液体积，mL；

V_2——样品处理液体积，mL；

V_3——测定时用样品处理液的体积，mL；

m——样品的质量，g；

20——0.02mol/L 高锰酸钾标准溶液 1mL 所相当的钙量。

5. 实验数据记录与分析（表 7-1）

表 7-1　　样品中钙含量测定实验数据记录表

序号	V_1/mL	V_0/mL	c/（mol/L）	V_2/mL	V_3/mL	m/g	X/（mg/100g）
1							
2							
3							

6. 相关提示

（1）草酸铵应在溶液酸性时加入，使测定结果准确。

（2）用高锰酸钾滴定时，要不断地摇动，使溶液混合均匀，同时应保持滴定在 70~80℃下进行。

考核要点

（扫二维码可获得详细考核信息）

1. 滴定管熟练使用。
2. 滴定过程把握与终点控制。
3. 钙元素测定结果计算与分析。

面包中钙含量的测定考核要点

思考题

1. 高锰酸钾滴定法测定钙含量时应注意哪些事项？
2. 钙含量测定中利用了钙元素的什么性质？

相关知识

在生物体内，除了碳、氢、氧、氮这 4 种元素外，其他元素统称为矿物质元素。在生物体中，矿物质大多以无机盐（即电解质）的形式存在。所谓无机盐，就是指各种以离子形式存在于生物体中的矿物质元素。将活细胞除水后的干物质放在 550℃的高温下，灼烧成灰后，除去产生的气态化合物，所得到的各种矿物质的氧化物称为灰分。从对细胞灰分物质的分析来看，磷的含量最高、约占灰分的 50%，其他依次为硫、钾、镁、钙、钠等。

矿物质在生物体内所占比例一般不大，但却是生物体不可缺少的成分。其在营养学上的重要意义在于它们的外源性，人体不能合成，必须从食物与环境中摄入。人体所需的矿物质主要来自作为食物的动植物组织、饮用水中。动物体中，矿物质含量为其干重的 4%~5%，植物体中，矿物质含量则为其干重的 1%~15%，平均为 5%左右，以植物叶部含量最高，可占叶细胞干重的 10%~15%。人体内正常的矿物质元素分布是维持人体健康必不可少的条件，参与很多重要的生理活动，不足或超量都可能对健康产生不利的影响。因此，研究食品中的矿物质的目的在于提供建立合理膳食结构的依据，保证适量有益矿物质，减少有毒矿物质，维持生命体系处于最佳平衡状态。

一、 矿物质的分类

1. 按生理作用分类

(1) 必需元素　是指存在于一切机体的正常组织中，且含量比较固定，缺乏时能发生组织上和生理上的异常，当补充这种元素后即可恢复正常的一类元素。换言之，在人体内的正常生理作用已经基本清楚的元素是必需元素。目前已经确定的人体必需的微量元素有 14 种，包括铁（Fe）、锌（Zn）、铜（Cu）、碘（I）、锰（Mn）、钼（Mo）、钴（Co）、硒（Se）、铬（Cr）、镍（Ni）、锡（Sn）、硅（Si）、氟（F）、钒（V）。

矿物质的分类
——教学视频

(2) 非必需元素　普遍存在于组织中，有时摄入量很大，但对人的生物效应和作用目前还不清楚。如铝、硼等元素。

(3) 有毒（有害）元素　能显著毒害机体的元素，在营养上无任何有益作用，当人体大量摄入被其污染的食品后，会阻碍机体的生理功能及正常的代谢，造成人体中毒，如铅（Pb）、镉（Cd）、汞（Hg）、砷（As）。

2. 按元素在人体的含量或摄入量分类

(1) 常量元素　指在人体内含量 0.01%以上的矿物元素，或日需量大于 100mg 的元素，如 Ca、Mg、K、Na、P、Cl、S 等。

(2) 微量元素　指在人体内含量小于 0.01 %，或日需量小于 100mg 的元素。如铁、碘、硒、锌、锰、铬等。

(3) 超微量元素　含量为微克（μg）数量级的元素，如 Pb、Hg、Au 等。

3. 其他分类

矿物质元素还可按照其在人体内消化代谢的末端产物呈酸性或呈碱性分为两类，分别为酸性矿物元素，如 P、C1、S、I 等和碱性矿物元素如 Ca、Mg、Na、K 等。

二、 矿物质的作用

矿物质在生物中的具体作用可以归纳为以下几个方面。

1. 构成生物体结构的重要材料

如钙、磷、镁等矿物质是构成动物体骨骼、牙齿的主要成分；硫是构成多种蛋白质的组分。细胞内液中普遍含有钾、

矿物质生理作用
——教学视频

钠等。

2. 维持生物体内环境的稳定

正常矿物质元素如钠、钾、氯、钙、镁等，与蛋白质一起维持人体细胞内外正常渗透压；许多无机离子还可以在生物体内起到酸碱缓冲作用。例如人体血液中的碳酸和碳酸氢盐离子，组成血液的缓冲系统，有些细胞则是以磷酸二氢盐和磷酸氢盐组成缓冲系统。

3. 参加生物体内的生物化学反应

许多无机离子可以直接或间接参加生物体内各种生物化学反应。如磷酸可以参加细胞内的氧化磷酸化反应，有些金属离子还是细胞内酶的辅助因子、活化剂或组成成分：如过氧化氢酶中含有铁、碳酸酐酶中含有锌。有些无机离子则是酶的激活剂，如盐酸活化胃蛋白酶原，镁离子激活多种氧化磷酸化的酶类等。

4. 保持神经肌肉兴奋

钾、钠、钙、镁等离子以一定的比例存在时，对维持神经、肌肉组织的兴奋性、细胞膜的通透性具有重要作用。

5. 构成某些激素或参与激素的作用

有些矿物质是构成激素或维生素的原料，例如，甲状腺素中碘是不可缺少的元素，钴是维生素 B_{12} 的组成成分等。

三、 食品中的矿物质

食品中矿物质分布特性——教学视频

1. 乳中的矿物质

乳类食品最常见的是牛乳。牛乳中矿物质含量为 0.70%~0.75%，含有多种矿物质，如表 7-2 所示。

表 7-2　　牛乳中的矿物质

较高含量的元素含量/（g/L）	较低含量的元素含量/（mg/L）	痕量元素含量/（mg/L）
钾 1.38	锌 3.803	铝 —
钙 1.25	铁 1.00	钡 —
氯 1.04	铜 0.30	铬 —
磷 0.96	碘 0.21	钴 —
钠 0.58	溴 0.21	铅 —
硫 0.30	氟 0.159	锂 —
镁 0.14	硼 0.159	铷 —
	镍 0.066	硅 —
	锰 0.02	银 —

续表

较高含量的元素含量/（g/L）	较低含量的元素含量/（mg/L）	痕量元素含量/（mg/L）
	钼 0.073	锶 —
		钛 —
		钒 —

注：— ——未检出。

牛乳中含量较高的矿物质有钾、钠、钙、镁、磷、氯、硫等，铁、铜、锌的量相对较低。牛乳因富含钙常作为人体钙的主要来源，而且乳中钙易被人体吸收是各种食品中生物有效性最高的。牛乳乳清中的钙占总钙的30%且以溶解态存在；剩余的钙大部分与酪蛋白结合，以磷酸钙胶体形式存在；少量钙与乳清蛋白和乳球蛋白结合而存在。

2. 肉中的矿物质

与其他食品相比，肉类富含多种矿物质，矿物质的总含量一般为0.8%~1.2%，肉类食品中钠、钾、磷、镁的含量较丰富，铁、铜、锰、锌、钴的含量也较多（表7-3）。肉中的矿物质有呈溶解状态，也有呈难溶解状态。例如，钠、钾等可溶性的矿物质主要存在于体液部分，在肉的冻融过程中容易随汁液流失；铁、铜、锌等难溶解的矿物质与蛋白质结合为存在的主要形式。所以，在加工中不易损失。肉中的铁与血红素结合，铁的化合态影响肌肉的色泽，并且与肉的食用品质有很大的关系。

表7-3　　几种动物肌肉中的矿物质含量　　单位：10mg/g

肌肉种类	钙	磷	镁	钾	钠	锌	铁
鸡腿肉（6周龄）	3.90	181	20.2	252	72.7	1.44	1.06
鸡胸肉（6周龄）	2.83	200	25.9	265	42.8	0.62	0.64
牛肉（半腱性）	4.28	216	27	417	55.2	2.92	2.00
猪肉（半腱性）	5.78	190	21.5	341	88.7	5.47	3.00

3. 植物性食品中的矿物质

植物性食品包括谷类、薯类、豆类、蔬菜水果类、食用菌及藻类等。植物性食品中的矿物质分布不均匀，但植物性食品含钾、镁较丰富。植物中富含有机酸，矿物质大多以有机酸盐的形式存在，这是植物性食品中矿物元素的共同特点。

谷类食品中，含磷较丰富，镁和锰的含量也相对较高，但钙的含量不高。矿物质主要集中在麸皮或米糠中，胚乳中含量很低（表7-4）。当谷物精加工时会造成矿物质的大量损失。

表 7-4　　小麦不同部位中矿物质含量

部位	磷/%	钾/%	钠/%	钙/%	镁/%	锰/（mg/kg）	铜/（mg/kg）
全胚乳	0.10	0.13	0.0029	0.017	0.016	24	13
全麦麸	0.38	0.35	0.0067	0.032	0.11	32	31
胚尖	0.55	0.52	0.0036	0.051	0.13	77	81
残余部分	0.41	0.41	0.0057	0.036	0.13	44	46
整麦粒	0.44	0.42	0.0064	0.037	0.11	49	54

在马铃薯、甘薯、魔芋等薯类中，马铃薯的营养价值较高；矿物元素以钾的含量较高，其他还有铁、钙、磷、镁等。

豆类食品中，矿物元素的含量在植物性食品中最为丰富，含有较多的钙，同时，也是钾、磷等矿物质的优质来源，铁、镁、锌、锰、硒等矿物质的含量也很高（表 7-5）。大豆中存在植酸，影响了人体对其他矿物质（如钙、锌等）的吸收，使其中矿物质的生物利用率不如动物性食品，不过，被吸收的绝对量仍不少。

表 7-5　　大豆（干重）中矿物质含量　　单位:%（质量分数）

矿物质	范围	平均值	矿物质	范围	平均值
灰分	3.30~6.35	4.60	磷	0.50~1.08	0.78
钾	0.81~2.39	1.83	硫	0.10~0.45	0.24
钙	0.19~0.30	0.24	氯	0.03~0.04	0.03
镁	0.24~0.34	0.31	钠	0.14~0.61	0.24

蔬菜水果中，含有丰富的钙、磷、铁、钾、钠、镁、铜、锰等矿物元素，其中钾含量高，钠含量相对较低。新鲜果蔬含水量可达 80%~95%，矿物质的含量似乎不高，如果以干物质计，它们的矿物质含量是相当丰富的，所以蔬菜和水果是日常膳食中矿物质的主要来源。蔬菜中的矿物质以钾最高（表 7-6），而水果中的矿物质含量低于蔬菜（表 7-7）。蔬菜中雪里蕻、芹菜、油菜等不仅含钙量高，而且易被人体吸收利用；菠菜、苋菜、空心菜等由于含较多的草酸，影响其中钙、铁的吸收。

表 7-6　　部分蔬菜中矿物质含量　　单位：10mg/g

蔬菜	钙	磷	铁	钾
菠菜	72	53	1.8	502
莴笋	7	31	2.0	318
芹菜	160	61	8.5	163

续表

蔬菜	钙	磷	铁	钾
韭菜	48	46	1.7	290
毛豆	100	219	6.4	579

表 7-7　部分水果中矿物质含量　单位：10mg/g

水果	镁	磷	钾
橘子	10.2	15.8	175
苹果	3.6	5.4	96
葡萄	5.8	12.8	200
樱桃	16.2	13.3	250
香蕉	25.4	16.4	373
梨	6.5	9.3	129
菠萝	3.9	3.0	142

食用菌是可食用的大型真菌类，如蘑菇、羊肚菌、鸡油菌、香菇、平菇、草菇、银耳、黑木耳、金针菇、茯苓、竹荪、灵芝等。食用菌的营养价值和药用价值都很高，从矿物质来说，食用菌含丰富的钙、磷、铁。

海藻是广泛分布于海洋中的藻类的总称。主要有绿藻、红藻和褐藻。其中，供食用的绿藻为绿紫菜，红藻为紫菜、石花菜，褐藻为海带等，海藻类最主要的营养价值是富含矿物质，其含量可达干物质的10%~30%。海藻中钠、镁、钙、钾的含量都较高，海藻选择性积蓄海水中的钾、钙，因此是人体重要的钾、钙供给源。海藻中的碘是人体必需的微量矿物元素，以海带中含量最多。海藻中的硒、锌含量也较高。

四、 矿物质的生物有效性

1. 生物有效性的提出

食品中矿物质的存在形式会影响其生物可利用性。影响矿物质生物可利用性的关键是它被人体小肠吸收入血的效率，也称为生物有效性。所谓生物有效性，是指食物中的某种营养成分在经过消化吸收之后在人体内的利用率，包括吸收率、转化成活性形式的比例以及在代谢中发挥的功能。以可溶性盐或与蛋白质、酶等大分子结合存在的矿物质元素较易被吸收。食物成分的氧化还原性、其他营养素的摄入量、金属离子间的相互作用以及人体的生理状态都会影响矿物质的吸收效率。

矿物质的生物有效性——教学视频

思考：每天都吃钙片的人为什么还可能缺钙？

2. 影响矿物质生物有效性的因素

（1）食品的可消化性　一些难以被人体消化吸收的大分子与矿物质形成螯合物会使矿物质的吸收率下降，例如，许多膳食纤维类物质会影响铁、锌、钙等矿物质的吸收。

（2）矿物质的物理状态和化学状态　由于矿物质消化与吸收需要水，所以矿物质的生物有效性与其物理状态相关。例如，多原子离子的磷酸盐和碳酸盐难被吸收，而钾、钠、氯等元素的化合物吸收率较高。矿物质的化学形式同样影响其生物有效性，同一矿物质元素处于不同的化学形式，其生物有效性不同。例如，亚铁离子比铁离子更易被机体利用，血红素中铁的生物可利用率远高于无机铁离子，与酶蛋白结合的锌更易被吸收和利用。

（3）与其他营养物质相互作用　蛋白质、脂肪、维生素等营养成分的摄入量也会影响到矿物质的吸收效果。目前已经发现。维生素 C 的摄入水平与铁的吸收有关，维生素 C 可将亚铁离子还原成铁离子，促进铁的吸收；维生素 D 对钙吸收的影响就更重要；蛋白质摄入量不足时钙质的吸收较低，而脂肪摄入过量时也会影响钙的吸收等。

（4）螯合作用　金属离子可以与不同的配位体作用，形成配合物或螯合物。在食品体系中螯合物的作用是非常重要的，因为不仅可以提高或降低矿物质的生物有效性，而且可以发挥其他作用，如防止铁、铜的助氧化作用。充当配位体的物质如果能使矿物质的溶解性提高，往往会促进它的吸收。例如，EDTA 可以促进铁的吸收。如果配位体与金属离子形成螯合物后溶解度降低，则会妨碍吸收。例如，多价阳离子与草酸、植酸等所形成的螯合物溶解性小，是铁、钙、锌等矿物质吸收的障碍。

（5）加工方法　食品加工也会影响到矿物质在体内的生物可利用性。例如，饼干在焙烤后使面粉中强化的亚铁离子转变成铁离子，降低铁的生物有效性。添加维生素 C 或除去植酸盐均可提高铁的生物可利用性。

（6）人体的生理状态　人体对矿物质的吸收通过自身调节以达到维持机体环境相对稳定，在缺乏某种矿物质时，其吸收率提高，在供应充足时，吸收率下降。例如，缺铁者对食物中铁的吸收增加。此外，疾病、年龄、性别等也会影响矿物质的生物可利用性。例如，消化系统疾病可影响矿物质的吸收，胃酸分泌不足阻碍铁和钙的吸收；老人对矿物质的吸收与利用率较低；女性对铁的吸收量较男性大。

五、　常量矿物元素功能与生物有效性

1. 钙（Ca）

钙是人体必需的矿物质元素之一，体内 99% 的钙存在于骨骼和牙齿中。钙对

血液凝固、维持神经肌肉的兴奋性、细胞的黏着、神经兴奋与冲动的传递、细胞膜功能的维持、酶促反应的激活以及某些激素的分泌都起着决定性的影响，钙还能激活抗体，对免疫功能有促进作用。

钙的功能和生物有效性——教学视频

正常情况下，膳食中钙的吸收率为 20%~30%。钙的吸收与利用受很多因素的影响。例如，含草酸或植酸多的食物不利于钙的吸收，膳食中过多的脂肪、蛋白质会降低钙的吸收利用、食物中的钙磷比等，从而影响钙元素的生物有效件。各种食物中，乳与乳制品是人体最埋想的钙源。此外，豆与豆制品、绿色蔬菜、虾、鱼和坚果等也是钙的良好来源。

应用　钙能应用于果蔬的加工与贮藏

在果蔬加工中，为了提高组织硬度，往往会加入一些钙盐，这会使制品钙的含量提高。由于钙能与带负电荷的大分子形成凝胶，如低甲氧基果胶、大豆蛋白、酪蛋白等，加入罐用配汤可提高罐装蔬菜的坚硬性。因此，钙盐在食品工业中广泛用作质构改良剂。

2. 磷（P）

磷也是人体必需的营养素之一。机体内 80%的磷与钙结合存在于骨骼和牙齿中。磷是核酸、磷脂、辅酶的组成部分，参与碳水化合物和脂肪的吸收与代谢，还是构成脑神经组织和脑脊髓的主要成分，对儿童的生长发育特别重要。

磷的功能和生物有效性——教学视频

磷的吸收率远高于钙，约有 70%以上可被机体吸收，维生素 D 可促进磷的吸收，当体内缺乏维生素 D 时，血清中的无机磷酸盐含量下降；食物中的铁或铝过多时，会妨碍磷的吸收。植物性食品中含有大量的磷，但大多数以植酸磷的形式存在（表 7-8），难以被人体消化吸收；通过发酵或浸泡方式将其水解，释放出游离的磷酸盐，从而提高磷的生物利用率。磷主要来源于动物性食品。例如：蛋类、瘦肉、干酪及动物肝、肾等。

表 7-8　干物质食品中植酸磷的含量　单位：%

食品	总磷	植酸磷	食品	总磷	植酸磷
大米	3.5	2.4	豌豆	3.8	1.7
小米	3.5	1.9	大豆	7.1	3.8
玉米	2.8	1.9	燕麦	3.6	2.1
高粱	2.7	1.9	大麦	2.7	2.2

3. 钠（Na）

钠是人体的必需营养素。钠是人体的重要阳离子之一，主要存在于细胞外液中，调节与维持体内水量的恒定，从而维持体液渗透压平衡和酸碱平衡；钠能增强神经肌肉的兴奋性；在肾小管中参与氢离子交换和再吸收；参与细胞的新陈代谢。在食品工业中，钠可激活某些酶如淀粉酶；诱发食品中典型咸味；降低食品的 A_W，抑制微生物生长，起到防腐的作用；作为膨松剂改善食品的质构。

钠的功能与生物有效性——教学视频

钠的主要来源是食盐、酱油、酱咸菜类、腌制肉等。人们一般很少出现钠缺乏症，但当钠摄入过多时会引起高血压。

4. 钾（K）

钾也是人体的必需营养素。钾对维持细胞内外渗透压平衡、酸碱平衡起着重要的作用；钾对心肌营养非常重要，钾缺乏或过高均可引起心律失常。另外，钾可降低血压，补钾对高血压及正常血压者有降压作用。钾可作为食盐的替代品及膨松剂。

钾的功能与生物有效性——教学视频

钾的主要食物来源是水果、蔬菜和肉类。人们一般很少出现钾缺乏症。表7-9列出了动物性食品中的钠、钾含量。

表 7-9　动物性食品中钠和钾的含量　单位：mg/100g

食品	钾	钠	食品	钾	钠
猪肉	330	11.0	鸭蛋	60	82.0
猪肝	230	20.0	带鱼	220	112.0
牛肉	330	11.0	鲤鱼	359	44.0
鸡蛋	60	73.0	对虾	150	20.0

5. 镁（Mg）

镁虽然是常量元素中体内总含量较少的一种元素，但具有非常重要的生理功能。镁以磷酸盐、碳酸盐的形式参与构成骨骼和牙齿。镁与钙、磷构成骨盐，与钙在功能上既协同又对抗。当钙不足时镁可部分替代；当镁摄入过多时，又阻止骨骼的正常钙化。镁是细胞内的主要阳离子之一，和钙、钾、钠一起与相应的阴离子协同，维持体内的酸碱平衡和神经肌肉的应激性。镁与神经肌肉活动、内分泌调节作用也密切相关。

镁的功能与生物有效性——教学视频

膳食中的镁来源于粗粮、坚果、豆类和绿色蔬菜，动物性食品含镁较少。一般很少出现镁缺乏症。

任务二 烹饪过程食盐中碘含量变化的测定

任务要求

1. 熟悉样品处理及碘元素检测方法。
2. 理解氧化还原滴定终点判定。
3. 掌握淀粉指示剂溶液配制方法。

知识贮备

碘是人体必需的微量元素之一。在胚胎期、婴幼儿期缺碘，将导致患者终生不同程度的智力障碍。世界卫生组织将碘缺乏危害简称 IDD，为导致人类智力发育落后的最主要原因。现已证实，人脑发育大部分是在胚胎期和婴幼儿期完成的。在智力发育全过程中，如果碘摄入不足，就会在生长发育过程中产生一系列障碍，即使轻微缺碘，也会引起智力的轻度落后并持续终生。而严重的缺碘会对儿童的体格发育造成障碍，即身材矮小，性发育迟缓、智商低下。并可造成早产、死胎、先天畸形、聋、哑、痴呆等，更为常见的为地方性甲状腺肿（即粗脖子病）和地方性克汀病，这些损害统称为碘缺乏病。

碘存在于自然界中，人们主要从饮水、粮食、蔬菜和周围环境中摄取。由于年龄和生理上的差别，4 岁以下的婴幼儿每天需碘量为 70μg，成年人平均每天需 150μg，孕妇和乳母每天则需要 200μg 左右。但我国大部分地区少碘，因此，持续摄入加碘盐可益智、健身、防病。食用加碘盐是将碘酸钾或碘化钾按一定比例（每千克含碘为 35mg±15mg）加入食盐中配制而成的。

本任务模拟了烹饪条件，即在煮沸相同的间隔时间和相同的间隔温度下测定加碘食盐中碘的含量。本实验的间隔时间是 5min，间隔温度是 10℃。

任务实施

1. 任务分组

学生依据任务工作要求和任务具体内容，并结合自身兴趣爱好和对任务了解的基本情况自由组合，2~3 人为一组，开展任务实施。

2. 材料准备

（1）样品　加碘食用盐。

（2）仪器　水浴锅、电炉、滴定管、50mL 容量瓶（7 个）、100mL 容量瓶（1 个）、2mL 移液管（1 个）、10mL 移液管（1 个）、5mL 移液管（1 个）、1mL 刻度吸管（1 个）、2mL 刻度吸管（1 个）、5mL 刻度吸管（1 个）、250mL 烧杯（8 个）。

（3）试剂

①100g/L 碘化钾溶液：称取 10g 碘酸钾溶于 50ml 蒸馏水，用蒸馏水定容至 100mL。

②1mol/L H_2SO_4 溶液：量取分析纯硫酸 54.3mL，缓慢倒入 500mL 蒸馏水中，不断搅拌，待冷却后定容至 1000mL 容量瓶中。

③0.5g/L 淀粉溶液：称取 0.50g 淀粉溶于 500 毫升蒸馏水中，不断搅拌下加热溶解，煮沸 10 分钟，待冷却后定容至 1000mL 容量瓶中。

④0.10mol/L 硫代硫酸钠标准溶液标定：取 20.00mL 已知浓度的高锰酸钾溶液，加 20mL 100g/L 碘化钾及 80mL 1mol/L H_2SO_4 溶液，摇匀，于暗处放置 5min。加 50mL 蒸馏水，用 0.1mol/L 硫代硫酸钠标准溶液滴定，滴到溶液呈淡黄色时，加 1mL 0.5g/L 淀粉指示剂，继续滴定至溶液蓝色消失。

3. 实施步骤

称取加碘食盐→温度对碘含量影响实验→加热时间对碘含量影响实验→结果分析

4. 实施要点

（1）加热温度对加碘食盐碘含量影响

①准确称取 4g 加碘食盐 8 份至 8 个 250mL 小烧杯中，编号。

②分别向其中加入 30mL 蒸馏水进行溶解。加热间隔温度为 10℃，冷却后待用。

③冷却后，向溶液中加入 2mL 100g/L KI 溶液，6 滴 1mol/L H_2SO_4，置于暗处静置 5min 后用 0.10mol/L 的 $Na_2S_2O_3$ 标准溶液进行滴定。至溶液呈浅黄色时，加入 5 滴淀粉溶液（0.5g/L），继续用 $Na_2S_2O_3$ 标准溶液进行滴定至溶液恰好由蓝色变无色为指示终点，计算碘含量。

（2）加热时间对加碘食盐碘含量的影响

①准确称取 4g 加碘食盐 8 份至 8 个 250mL 小烧杯中，编号。

②分别向其中加入 30mL 蒸馏水进行溶解。煮沸间隔时间为 5min，冷却后待用。

③冷却后，向溶液中加入 2mL 100g/L KI 溶液，6 滴 1mol/L H_2SO_4，置于暗处静置 5min 后用 0.10mol/L 的 $Na_2S_2O_3$ 标准溶液进行滴定。至溶液呈浅黄色时，加入 5 滴淀粉溶液（0.5g/L），继续用 $Na_2S_2O_3$ 标准溶液进行滴定至溶液恰好由蓝色变无色为指示终点，计算碘含量。

（3）碘含量计算

$$X_I = \frac{c_{Na_2S_2O_3} \times V_{Na_2S_2O_3} \times M_I}{6 \times m_2} \times 1000$$

式中 X_I——加碘食盐中碘含量，mg/kg；

M_I——碘元素摩尔质量，g/mol；

m_2——加碘食盐样品质量，g；

$c_{Na_2S_2O_3}$——$Na_2S_2O_3$标准溶液的物质的量浓度，mol/L；

$V_{Na_2S_2O_3}$——滴定消耗 $Na_2S_2O_3$标准溶液体积，mL。

5. 实验结果记录与分析

（1）加热温度对加碘食盐碘含量的影响（表 7-10）

表 7-10　　加热温度对加碘食盐碘含量影响实验数据记录表

	不加热	30℃	40℃	50℃	60℃	70℃	80℃	90℃
$V_{Na_2S_2O_3}$/mL								
X_I/（mg/kg）								
数据分析								

（2）加热时间对加碘食盐碘含量的影响（表 7-11）

表 7-11　　加热时间对加碘食盐碘含量影响实验数据记录表

	不加热	5min	10min	15min	20min	25min	30min	35min	40min
$V_{Na_2S_2O_3}$/mL									
X_I/（mg/kg）									
数据分析									

6. 相关提示

（1）规范使用移液管。

（2）所用容量瓶最好标记加入试剂的顺序，不能任意改变。

（3）在模拟烹饪条件下，对加碘食盐中碘的损失进行了实验研究。

考核要点

（扫二维码可获得详细考核信息）

1. 滴定管的使用。

2. 滴定终点判断。

烹饪过程食盐中碘含量变化的测定考核要点

思 考 题

1. 如何有效贮藏加碘食盐，尽量减少碘的损失？

2. 烹饪过程中如何正确使用食盐？

相关知识

一、 微量元素的功能和生物有效性

1. 铁（Fe）

铁是人体必需的微量元素，也是体内含量最多的微量元素。机体内的铁都以结合态存在（表 7-12）。铁是血红素的组成成分之一，铁参与形成的血红蛋白、肌红蛋白，负责人体内氧气和二氧化碳的运输；铁参与细胞色素氧化酶过氧化物酶的合成；铁在骨骼造血细胞中与卟啉结合形成高铁血红素，再与珠蛋白结合形成血红蛋白，以维持正常的造血功能。铁还能促进体内蛋白质的合成，提高机体免疫力。

铁的功能与
生物有效性
——教学视频

表 7-12　　人体内铁的分布

名称	总量/g	含铁量/mg	含铁百分率/%
血红蛋白	900	3100	73
肌红蛋白	40	140	3.3
细胞色素	0.08	3.5	0.08
过氧化氢酶	5.0	4.5	0.11
铁传递蛋白	7.5	3.0	0.07
铁蛋白和血铁黄素	3.0	690	16.4

铁的生物有效性受很多因素影响，例如，食物的种类、铁的存在状态、膳食因素的影响等。人体对食物中铁的吸收率很低，人乳中铁的吸收率最高，可达 49%，动物的含血内脏及肌肉中的血红素铁的吸收率也较高，超过 15%，牛乳、鸡蛋及蔬菜中的铁吸收率较低，不超过 10%。不同化学形式的铁，其生物可利用性也不同（表 7-13）。动物性食品中，铁的吸收率较高，而植物性食品中铁的吸收率较低。

表 7-13　　不同化学形式铁的生物有效性　　单位：%

化学形式	相对生物有效性	化学形式	相对生物有效性
硫酸亚铁	100	焦磷酸铁	45
柠檬酸铁铵	107	还原铁（Fe^{2+}）	37
硫酸铁铵	99	氧化铁（Fe^{3+}）	4
葡萄糖酸亚铁	97	碳酸亚铁	2

动物性食品如肝脏、肌肉、蛋黄中富含铁，植物性食品如豆腐、苋菜等中含铁量稍高，其他含铁较低，且大多数与植酸结合难以被吸收与利用。

2. 锌（Zn）

锌主要分布在肝、肾、肌肉、骨骼和皮肤（包括头发）中。锌是体内多种酶的组成成分或酶的激活剂，参与 DNA、RNA、蛋白质和碳水化合物的代谢，能够影响智力，促进机体生长发育，加速创伤组织愈合。锌与胰岛素、前列腺素、促性腺素等激素的活性有关；锌具有提高机体免疫力的功能，与人的视力及暗适应能力关系密切。

食品中微量元素铁含量的测定——动画视频

锌的生物有效性受很多因素的影响。钙、植酸盐和食物纤维都能降低锌的吸收；蛋白质中的氨基酸能促进锌的吸收；铁和锌的比例为 1∶1 时对锌的吸收影响不大，但铁锌比太高时则影响锌的吸收。

动物性食品中锌的含量较高，肉中锌的含量为 20~60mg/kg，且动物蛋白质分解后产生的氨基酸能促进锌的吸收，吸收率可达 50%。除谷类的胚芽外，植物性食品中锌含量较低（如小麦含 20~30mg/kg），且大多与植酸结合为不溶于水的化合物，不易被吸收与利用。水果和蔬菜中含锌量很低，大约 2mg/kg。有机锌的生物利用率高于无机锌。

锌的功能与生物有效性——教学视频

3. 碘（I）

碘是必需微量元素之一。在机体内的主要作用是合成甲状腺素。碘可以活化体内的酶，调节机体的能量代谢，促进生长发育，参与 RNA 的诱导作用及蛋白质的合成。机体缺碘会产生甲状腺肿，幼儿缺碘会导致呆小病，孕妇缺碘会引起早产、流产、死胎、胎儿先天性畸形等。

植物性食物可提供人体所需碘的 59%，动物性食物可提供人体所需碘的 33%，其余来自饮用水。海带及各类海产品是碘的丰富来源（表 7-14）。另外，牛肉、动物肝脏、乳制品、鸡蛋等食物中也含有少量碘。一些含碘食品（如海带）长时间的淋洗和浸泡会导致碘的大量流失。内陆陆地区常出现缺碘症状，沿海地区很少缺碘。一般可通过营养强化碘的方法预防和治疗碘缺乏症。目前，通常使用强化碘盐即在食盐中添加碘化钾或碘酸钾使每克食盐中碘量达 70μg。

碘的功能与生物有效性——教学视频

表 7-14　部分食品中碘的含量　单位：μg/kg

食品	含量	食品	含量
海带（干）	240000	干贝	1200

续表

食品	含量	食品	含量
紫菜（干）	18000	淡菜	1200
鱼肝（干）	480	海参（干）	6000
蚶（干）	2400	海蜇（干）	1320
蛏干	1900		

4. 铜（Cu）

人体中的铜大多数以结合状态存在，如血浆中90%的铜与蛋白质结合以铜蓝蛋白的形式存在。铜可维持正常的造血功能，促进铁的吸收。铜能加速血红蛋白及卟啉的合成，促使幼稚红细胞成熟并释放。铜是体内许多酶的组成成分，在生物氧化过程和代谢过程中有重要作用。铜可维持中枢神经系统的完整性，与毛发的生长和色素的沉着有关，促进体内释放许多激素如促甲状腺激素、促黄体激素、促肾上腺皮质激素等，影响肾上腺皮质类固醇和儿茶酚胺的合成，并与机体的免疫有关。

铜主要在小肠被吸收，吸收率约为40%。食物中大量的铁、锌、植酸盐、纤维素和维生素C均可干扰铜的吸收和利用，食品中氨基酸有利于铜的吸收，坚果类和动物肝脏等含铜丰富，牛乳、面包中含量较低。

5. 硒（Se）

硒的功能与生物有效性——教学视频

硒是1837年由瑞典科学家Berzelius发现的第一种非金属元素。长期以来，人们一直认为它是有毒物质，直到1957年研究发现硒是机体重要的必需微量元素。硒是谷胱甘肽过氧化物酶的重要组成成分，发挥抗氧化作用，保护细胞膜结构的完整性和正常功能的发挥。硒的抗氧化功能是通过GSH-Px来实现的。硒能加强维生素E的抗氧化作用，但维生素E主要防止不饱和脂肪酸氧化生成氢过氧化物（ROOH），而硒使氢过氧化物（ROOH）迅速分解成醇和水。硒还具有促进免疫球蛋白生成和保护吞噬细胞完整的作用。

硒主要是在小肠吸收，人体对食物中的硒的吸收良好，吸收率为50%～100%。硒的生物利用率与硒在食物中的存在形式有关（表7-15），最活泼的是亚硒酸盐，但它化学性质最不稳定。许多硒化合物有挥发性，在加工中有损失。例如，脱脂乳粉干燥时大约损失5%的硒。维生素E、维生素C、维生素A可促进硒的吸收，铜、铁、锌等会降低硒的利用率。

表7-15　无机化合物中硒的生物利用率　单位:%

化合物	硒元素价态	利用率	化合物	硒元素价态	利用率
硒化钠	-2	44	亚硒酸钠	4	100
硒	0	3	硒酸钠	6	74

硒的食物来源主要是动物内脏，其次是海产品、淡水鱼、肉类、蔬菜和水果。硒摄入过量可中毒，主要表现为头发变干、变脆、易断裂和脱落；肢端麻木、抽搐，甚至偏瘫；少数病人有神经症状，严重时可死亡。

硒的缺乏和中毒与地理环境有关。黑龙江省克山县一带是严重缺硒的地区，土壤中的含硒量仅为0.06mg/kg，这些地区的人易患白肌病或大骨节病；而陕西的紫阳和湖北恩施部分地区为高硒区，硒的含量变化为0.08～45.5mg/kg，平均为9.7mg/kg，常会出现硒中毒现象。

拓展知识　抗癌之王——硒

科学界研究发现，血硒水平的高低与癌的发生息息相关。

大量的调查资料说明，一个地区食物和土壤中硒含量的高低与癌症的发病率有直接关系。例如，此地区的食物和土壤中的硒含量高，癌症的发病率和死亡率就低；反之，这个地区的癌症发病率和死亡率就高。硒除了是抗癌之王，还有以下功能：

微量元素硒
——动画视频

（1）增强免疫力　有机硒能清除体内自由基，排除体内毒素，抗氧化，能有效抑制过氧化脂质的产生，防止血凝块，清除胆固醇，增强人体免疫功能。

（2）防止糖尿病　硒是构成谷胱甘肽过氧化物酶的活性成分，它能防止胰岛细胞氧化破坏，使其功能正常，促进糖分代谢，降低血糖和尿糖，改善糖尿病患者的症状。

（3）防止白内障　硒可保护视网膜，增强玻璃体的光洁度，提高视力，有防止白内障的作用。

（4）防止心脑血管疾病　硒是维持心脏正常功能的重要元素，对心脏肌体有保护和修复的作用。人体血硒水平的降低，会导致体内清除自由基的功能减退，造成有害物质沉积增多，血压升高、血管壁变厚、血管弹性降低、血流速度变慢，送氧功能下降，从而诱发心脑血管疾病的发病率升高。科学补硒对预防心脑血管疾病、高血压、动脉硬化等都有较好的作用。

（5）防止克山病、大骨节病、关节炎　缺硒是克山病、大骨节病、两种地方性疾病的主要病因，补硒能防止骨髓端病变，促进修复，而在蛋白质合成中促进二硫键对抗金属元素解毒。对这两种地方性疾病和关节炎患者都有很好的预防和治疗作用。

（6）解毒、排毒　硒与金属的结合力很强，能抵抗镉对肾、生殖腺和中枢神经的毒害，硒与体内的汞、锡、铊、铅等重金属结合，形成金属硒蛋白复合物而解毒排毒。

(7) 防治肝病、保护肝脏　我国医学专家于树玉历经16年的肝癌高发区流行病学调查中发现，肝癌高发区的居民血液中的硒含量均低于肝癌低发区，肝癌的发病率与血硒水平呈负相关。在江苏启东县居民中进行补硒预防癌症研究发现，补硒可使肝癌发生比例下降，使有肝癌家史者发病率下降。

二、 食品加工中矿物质的变化

许多因素会影响到食品中矿物质的组成。食品中矿物质的损失常常不是由化学反应引起的，而是通过矿物质的丢失或与其他物质形成一种不适宜于人体吸收利用的化学形态而损失。

1. 碾磨加工对矿物质的影响

谷物是矿物质的重要来源之一，谷物的矿物质主要存在于胚芽和表皮中，碾磨是造成谷物中矿物质损失的主要因素。食品碾磨得越精细，矿物质损失就越多，所以经常在谷物食品中添加一些微量元素来补充加工过程中一些矿物质的损失，但不同矿物质的损失率不尽相同。表7-16列出了碾磨对小麦中一些矿物质含量的影响。

研磨加工对食品中矿物质的影响——教学视频

表 7-16　碾磨对小麦矿物质含量的影响

矿物质	含量/（mg/kg）				相对损失率/%
	全麦	面粉	麦胚	麦麸	
铁	43	10.5	67	47~78	76
锌	35	8	101	54~130	77
锰	46	6.5	137	64~119	86
铜	5	2	7	7~17	60
硒	0.6	0.5	1.1	0.5~0.8	16

2. 预处理对食品中矿物质含量的影响

食品加工中一些原料的预处理对食品中矿物质含量有一定的影响。食品加工中食品原料最初的整理和清洗会直接带来矿物质的大量损失，如水果的去皮、蔬菜的去叶等。清洗、泡发等处理也会由于在水中的溶解而使矿物质大量损失。例如，海带是碘的良好来源，但海带食用前，人们习惯于用大量水、长时间浸泡，造成碘的大量损失。

预处理对食品中矿物质的影响——教学视频

3. 烹调对食品中矿物质含量的影响

一般情况下，烹调总体上会引起矿物质含量的减少。食品在烫漂或蒸煮等烹调过程中，遇水引起矿物质的流失，其损失多少与矿物质的溶解度有关（表 7-17）。

烹饪对食品中矿物质的影响——教学视频

表 7-17　　菠菜烫漂处理后矿物质的损失

矿物质	含量/%		损失率/%
	未烫漂	烫漂后	
钾	6.9	3.0	56
钠	0.5	0.3	43
钙	2.2	2.3	0
镁	0.3	0.2	36
磷	0.6	0.4	36
硝酸盐	2.5	0.8	70

长时间煮沸牛乳会造成钙、镁等矿物质的严重损失，豌豆煮熟后矿物质损失也非常显著。在家庭烹调中还需注意，一些食品的不合理搭配也可能降低某些矿物质的生物可利用性。比如，含钙较多的食品与含草酸较多的食品同煮时，大部分的钙会形成沉淀而不利于人体吸收。

4. 罐装对食品中矿物质含量的影响

罐头食品中锡含量的增加就与食品罐头镀锡有关。罐头食品中的酸与金属器壁反应，生产氢气和金属盐，则食品中的铁和锡离子的浓度明显上升，但这类反应严重时会产生“胀罐”和出现硫化黑斑。

5. 食品中其他物质的存在对矿物质含量的影响

由于食品中其他物质的存在与矿物质相互作用导致其生物可利用性的下降，也是矿物质损失的重要原因。一些多价阴离子，如草酸、植酸等广泛存在于植物性食品中，可与二价金属离子如铁、钙等形成难溶性盐，降低了被机体吸收利用的程度，所以它们对矿物质的生物可利用性有很大影响。

罐藏对食品中矿物质的影响——教学视频

食品加工中也可能会使某些矿物质含量增加。影响因素主要是食品加工设备、用水和添加物等。例如，牛乳中镍含量很低，但经过不锈钢设备处理后镍的含量明显上升；加工用水如果是硬水，则会提高制品中钙、镁的含量；肉类罐头等肉制品在制作过程中添加磷酸盐以改良产品品质，同时会引起磷含量的提高。

拓展知识

食品在加工和贮藏过程中往往造成矿物质的损失。因此，为了维护人体的健康，提高食品的营养价值，根据需要有必要进行矿物质的营养强化。需要符合一定的要求与规范，对此，我国有关部门专门制定了食品营养强化剂使用标准。

根据营养强化的目的不同，食品中矿物质的强化主要有3种形式：

(1) 矿物质的恢复　添加矿物质使其在食品中的含量恢复到加工前的水平。

(2) 矿物质的强化　添加某种矿物质使该食品成为该种矿物质的丰富来源。

(3) 矿物质的增补　选择性地添加某种矿物质使其达到规定的营养标准要求。

在食品中经常被强化的矿物质有钙、铁、锌、碘。例如，加碘盐就是矿物质营养强化。

项目小结

本项目以面包中钙含量的测定和烹饪过程食盐中碘含量变化的测定两个工作任务驱动引入项目学习。通过实训任务的测定过程训练，提升实操技能水平，并有针对性地学习了矿物质的分类、矿物质的生理功能、生物有效性概念、影响矿物质生物有效性的因素、常见矿物质元素的功能、食品加工中矿物质的变化等相关知识。依据食品中矿物质评价的一般原则与方法，对食品中矿物质进行判断，若超出正常范围，说明食品生产中使用了不符合标准的原料或食品添加剂，或食品在加工、储运过程中受到了污染。

项目思考

1. 食物中的矿物质如何分类？人体必需的微量元素有哪些？
2. 影响食品矿物质生物有效性的因素有哪些？
3. 食品加工中可以采取哪些途径控制矿物质流失？

项目八

食品的色香味

学习目标

【知识目标】

1. 熟悉食品色素的概念、分类和性质。

2. 熟悉食品呈味物质的呈味机理、常用呈味物质的性能及相互影响。

3. 熟识常见食品天然色素的化学结构、呈色物质相互作用及其安全使用规定。

【技能目标】

1. 能够合理使用色素并能进行色素拼色。

2. 具备测定基本味阈能力并能进行调味。

【素质目标】

1. 了解食品色素选用原则和休闲食品生产相关法律法规，深刻理解食品添加剂安全使用的重要性，深植食品安全重于泰山的安全观，树立社会责任感和使命感。

2. 根据配色原理，设计色素二次拼色实验，激发对未知世界的探索和对科学的尊重，培养细心细致、协同创新的工匠精神。

3. 按照分组，分别寻找目前应用较为广泛的天然色素相关知识，并设计开发一款天然、安全色素，培养创新意识和探索精神。

项目导入

食品评价的直观标准是“色、香、味”。食品的色、香、味能使人们在感官上有愉快的享受，是食品在摄入后刺激人的感官而产生的各种感觉的综合，这些感官的综合效果就是食品的风味，食品在制作过程中，由于天然食材中的呈色、呈味及嗅感等成分遇热容易分解，因此一般做熟后颜色都不是十分亮丽，原有的香气也会减弱。片面追求食品的色、香、味，必然会产生忽略食品质量和安全的后果。

任 务 色素拼色

任务要求

1. 掌握基本色、二次色、三次色的不同色谱。
2. 拼色的基本方法。

知识贮备

红、黄、蓝是所有色彩中的基本色，由这3种基本色可配制出不同的色调。在食品工业中，色调的选择要符合人们的心理和习惯上对食品颜色的要求，即选择符合自然色泽的颜色，如橘子汁要选橙黄色、杨梅要选红色等，还可根据不同的需要，选择2种或3种色素配成不同的色调。

1. 色调配制基本方法

由基本色配制成二次色，或由二次色配制成三次色，其过程表示如图8-1所示：

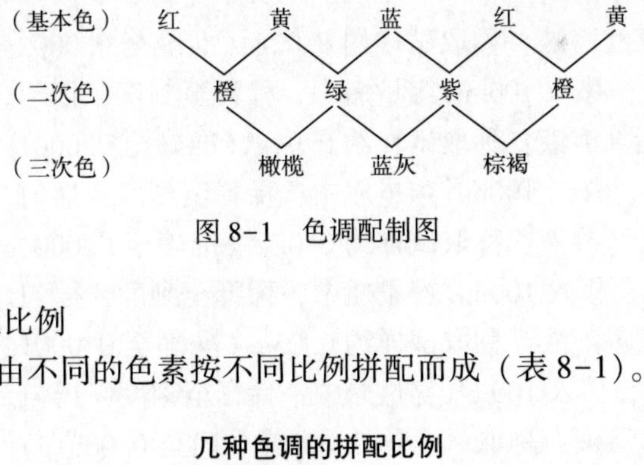

图8-1 色调配制图

2. 色调的拼配比例

不同的色调可由不同的色素按不同比例拼配而成（表8-1）。

表8-1 几种色调的拼配比例 单位：%

色调	苋菜红	胭脂红	柠檬黄	日落黄	靛蓝	亮蓝
橘红		40	60			
大红	50	50				
杨梅红	60	40				
番茄红	93			7		
草莓红	73			27		
蛋黄	2		93	5		
绿色			72			28

续表

色调	苋菜红	胭脂红	柠檬黄	日落黄	靛蓝	亮蓝
苹果绿			45		55	
紫色	68					32
葡萄紫	40				60	
巧克力	36		48		16	

另外，各种食用合成色素溶解在不同的溶剂中可能产生不同的色调和颜色强度。尤其是 2 种食用合成色素拼色时，情况更为显著。

任务实施

1. 任务分组

学生依据任务工作要求和任务具体内容，并结合自身兴趣爱好和对任务了解的基本情况自由组合，2~3 人为一组，开展任务实施。

2. 材料准备

（1）仪器　试管、试管架、25mL 滴管、吸量管（1mL、2mL、5mL、10mL）。

（2）试剂

①无水乙醇（分析纯）。

②0. 2g/L 苋菜红溶液：称取试样约 0. 02g（准确至 0. 0002g）溶于新煮沸并已冷却到室温的水中，移入 100mL 容量瓶中，稀释至刻度，摇匀。

③0. 2g/L 胭脂红溶液：称取试样约 0. 02g（准确至 0. 0001g）溶于新煮沸并已冷却到室温的水中，移入 100mL 容量瓶中，稀释至刻度，摇匀。

④0. 2g/L 日落黄溶液：称取试样约 0. 02g（准确至 0. 0001g）溶于新煮沸并已冷却到室温的水中，移入 100mL 容量瓶中，稀释至刻度，摇匀。

⑤0. 5g/L 柠檬黄溶液：称取试样约 0. 05g（准确至 0. 0001g）溶于新煮沸并已冷却到室温的水中，移入 100mL 容量瓶中，稀释至刻度，摇匀。

⑥0. 2g/L 亮蓝溶液：称取试样约 0. 02g（准确至 0. 0001g）溶于新煮沸并已冷却到室温的水中，移入 100mL 容量瓶中，稀释至刻度，摇匀。

⑦0. 1g/L 靛蓝溶液：称取试样约 0. 02g（准确至 0. 0001g）溶于无水乙醇，混匀后移入 100mL 容量瓶中，稀释至刻度，摇匀。

3. 实施步骤

基本色配制→配制二次色→配制三次色→葡萄酒色调调制→蛋黄色调调制→巧克力色调调制→溶剂影响验证→实验结果

4. 实施要点

（1）基本色配制二次色

取 6 支洁净、干燥的试管，依次排列于试管架上，按表 8-2 要求加入试剂，并记录滴数。加入试剂后摇匀，仔细观察 3 种二次色的颜色。

表 8-2　基本色配制二次色的操作与记录　单位：mL

试管	胭脂红溶液体积	靛蓝溶液体积	柠檬黄溶液体积
1	5	逐滴加入使呈紫色	0
2	5	0	逐滴加入使呈橙色
3	逐滴加入使呈紫色	5	0
4	0	5	逐滴加入使呈绿色
5	逐滴加入使呈橙色	0	5
6	0	逐滴加入使呈绿色	5

（2）二次色配制三次色

按上述方法再配制成橄榄、蓝灰、棕褐三次色，并记录滴数。配完后仔细观察三次色的颜色。

（3）不同色调的配制

①葡萄酒色调调制

取 1 支洁净干燥的试管，加入 0. 2g/L 苋菜红溶液 7. 5mL，加入 0. 2g/L 柠檬黄溶液 2. 0mL（0. 5g/L 柠檬黄溶液稀释制得），再逐滴加入 0. 2g/L 亮蓝溶液使成葡萄酒色调，记录滴数。

②蛋黄色调调制

取 1 支洁净干燥的试管，加入 0. 2g/L 柠檬黄溶液 9. 3mL，加入 0. 2g/L 日落黄溶液 0. 5mL，再逐滴加入 0. 2g/L 苋菜红溶液使成蛋黄色调，记录滴数。

③巧克力色调调制

取 1 支洁净干燥的试管，加入 0. 1g/L 柠檬黄溶液 4. 8mL，加入 0. 1g/L 苋菜红溶液 3. 6mL，再逐滴加入 0. 1g/L 靛蓝溶液使成巧克力色调，记录滴数。

④自选一种色调进行调制

（4）不同溶剂对色调的影响

①将上述 3 支试管的溶液（葡萄酒色调、蛋黄色调、巧克力色调）分别移取 5. 0mL 依次注入另外 3 支洁净干燥的试管中，于试管上依次排序。

②在前 3 支试管中分别加入 5. 0mL 蒸馏水，摇匀。在后 3 支试管中分别加入 5. 0mL 无水乙醇，摇匀。一一对应仔细观察色调和颜色强度的变化。

5. 结果与计算

据记录的滴数换算成体积，粗略算出二次色的 3 种色调的拼配比例（表 8-3）。

表 8-3　色素拼色实验数据记录表

试管	胭脂红溶液体积/mL	靛蓝溶液体积/mL	柠檬黄溶液体积/mL	拼配比例
1	5	逐滴加入使呈紫色	0	
2	5	0	逐滴加入使呈橙色	
3	逐滴加入使呈紫色	5	0	
4	0	5	逐滴加入使呈绿色	
5	逐滴加入使呈橙色	0	5	
6	0	逐滴加入使呈绿色	5	

6. 相关提示

（1）试剂的移取、滴加均用吸量管。

（2）色素溶液配制要相对准确，避免接触金属。

考核要点

（扫二维码可获得详细考核信息）

1. 色素溶液配制。

2. 不同色调滴定结果准确性。

色素拼色考核要点

思考题

1. 色素拼色的基本方法是什么？

2. 生产中食用合成色素调色应注意什么问题？

相关知识

物质的颜色是因为其能够选择性地吸收和反射不同波长的可见光，其被反射的光作用在人的视觉器官上而产生的感觉。食品中能够吸收和反射可见光波进而使食品呈现各种颜色的物质统称为食品色素，包括食品原料中固有的天然色素、食品加工中由原料成分转化产生的有色物质和外加的食品着色剂。

一、概述

1. 色素的化学组成

食品色素一般都是有机化合物，其分子结构往往由发色基团和助色基团组成。凡是在紫外线及可见光区域内（200～800nm）具有吸收峰的基团都称为发色基团。例如，—C ═C—、—C ═O、—CHO、—COOH、—NH、—N ═O、—NO_2、—C═S 等。当这些含有发色基团的化合物吸收可见光时该化合物便呈现与被吸收光互补的颜色（表 8-4）。色素中还有些基团如—OH、—OR、—NH_2、

—NR_2、—SH、—Cl、—Br 等，它们的吸收波段在紫外区，本身并不产生颜色但与发色基团连接时，可使色素的吸收波长向长波方向迁移而产生颜色，这类基团被称为助色基团。不同色素的颜色差异和变化主要取决于发色基团和助色基团。

表 8-4　　不同波长光的颜色及其互补色　　单位：nm

光波长	颜色	互补色	光波长	颜色	互补色
400	紫色	黄绿色	530	黄绿色	紫色
425	蓝青色	黄色	550	黄色	蓝青色
450	青色	橙黄色	590	橙黄色	青色
490	青绿色	红色	640	红色	青绿色
510	绿色	紫色	730	紫色	绿色

2. 食品的色泽

食品的色泽是决定食品品质和可接受性的重要因素。美丽而符合人们心理要求的食品颜色是优质食品的一个重要特征，相反不正常、不自然、不均匀的食品颜色常被认为是劣质，变质或工艺不良的直观标志。

食品的色泽主要由其所含的色素决定。例如，肉及肉制品的色泽主要由肌红蛋白及其衍生物决定，绿叶蔬菜的色泽主要由叶绿素及其衍生物决定。在食品贮藏加工中，常常遇到食品色泽变化的情况，有时向好的方向变化。例如，水果成熟时颜色变得更加美丽，烤好的面包具有褐黄色。但更多的时候是向不好的方向变化，例如，苹果切开后切面发生褐变，绿色蔬菜经烹调后变为褐绿色，生肉在存放中失去新鲜的红色而变褐色。食品色变现象大多数为食品色素的化学变化所致，因此，认识不同食品色素的稳定性、变化条件对于控制食品色泽具有重要意义。

3. 食品加工中食品色泽的控制措施

食品加工中食品色泽控制通常包括护色和染色。从控制影响色素稳定性内外因素的原则出发，护色就是要选择具有适当成熟的原料，力求有效、温和、快速加工食品，尽量在加工和贮藏中保证色素少经水流失、少接触氧气、避光、避免过强的酸性或碱性条件、避免过度加热、避免与金属设备直接接触和利用适当的护色剂处理等。染色是获得和保持食品理想色彩的另一类常用方法。由于食品着色剂可通过组合调色而产生各种美丽的颜色，同时一部分食品着色剂的稳定性比食品固有色素的稳定性更高。因此，在食品加工中应用起来十分便利。然而，从营养和安全的角度考虑食品染色并无必要，过量使用还会产生毒副作用，因此，运用这种工艺时，必须遵照食品安全法规和食品添加剂使用标准，严防滥用着色剂。

4. 食品色素的分类

食品色素按来源不同分为天然色素和人工合成色素两大类。天然色素根据其来源不同分为植物色素，如叶绿素、类胡萝卜素、花青素等；动物色素，如猪肉的红色色素血红素及虾、蟹的虾青素、虾红素等；微生物色素，如红曲色素。按色素化学结构的不同可分为四吡咯衍生物，如叶绿素、血红素；异戊二烯衍生物，如类胡萝卜素、辣椒红素；多酚类衍生物，如花青素和花黄素；酮类衍生物，如红曲色素、姜黄素；醌类衍生物，如虫胶色素、胭脂虫红等；按色素的溶解性质不同可分为水溶性色素如花青素、黄酮类化合物，脂溶性色素如叶绿素、类胡萝卜素。

人工合成色素根据其分子中是否含有—N═N—发色团结构，可分为偶氮类色素和非偶氮类色素。例如，胭脂红和柠檬黄等属于偶氮类色素，而赤藓红和亮蓝属于非偶氮类色素。

食品着色剂按来源可分为人工合成着色剂和天然着色剂。常用的天然着色剂有辣椒红、甜菜红、高粱红、姜黄、栀子黄、胡萝卜素、可可色素、焦糖色素等。天然着色剂色彩易受金属离子、水质、pH、氧化、光照、温度的影响，一般较难分散，染色剂、着色剂间的相容性较差，且价格较高。《食品安全国家标准　食品添加剂使用标准》（GB 2760—2014）列入的合成色素有胭脂红、苋菜红、日落黄、赤藓红、柠檬黄、新红、靛蓝、亮蓝等。与天然色素相比，合成色素颜色更加鲜艳，不易褪色，且价格较低。

二、 天然色素

1. 叶绿素

（1）结构和性质　叶绿素是绿色植物的主要色素，存在于叶绿体中类囊体的片层膜上，在植物光合作用中进行光能的捕获和转换。叶绿素由脱镁叶绿素母环、叶绿酸、叶绿醇、甲醇、二价镁等部分构成。高等植物中的叶绿素有 a 和 b 两种类型，其区别仅在于 3 位碳原子上的取代基（R）不同。取代基（R）是甲基时为叶绿素 a（蓝绿色），是醛基时为叶绿素 b（黄绿色），二者的比例一般为 3∶1。

叶绿素不溶于水，易溶于乙醇、乙醚、丙酮等有机溶剂，不耐热和光。

思考：蔬菜经过加工、贮藏后，为什么颜色会发生改变？

在食品加工贮藏中叶绿素会发生多种反应，生成不同的衍生物，主要为脱镁叶绿素、脱植叶绿素、焦脱镁叶绿素、脱镁脱植叶绿素、焦脱镁脱植叶绿素。其中，脱镁叶绿素是叶绿素结构中的镁离子被两个质子取代，颜色为橄榄绿色，依然是脂溶性的。脱植叶绿素是叶绿素结构中植醇由羟基取代，生成水溶性的脱植叶绿素，仍然为绿色。焦脱镁叶绿素的结构中除镁离子被取代外，甲酯基也脱去，同时该环的酮基也转为烯醇式，颜色比脱镁叶绿素更暗。脱镁脱植叶绿素是叶绿素结构中同时脱去镁离子和植醇而形成的衍生物，颜色为橄榄绿，为水溶性色素。

焦脱镁脱植叶绿素是焦脱镁叶绿素结构中植醇由羟基取代而产生的衍生物，颜色比脱镁叶绿素更暗。脱镁脱植叶绿素结构中镁离子还可以被二价锌或铜离子取代而形成衍生物，这类物质仍具有绿色，且其绿色比叶绿素更鲜艳、更稳定，在食品中广泛应用为水溶性绿色着色剂。

叶绿素 a 和叶绿素 b 及其衍生物在波长 600~700nm（红光）和波长 400~500nm（蓝光）有尖锐的吸收峰，可依此鉴定它们。

（2）在食品加工与贮藏中的变化

①酶促变化：在植物衰老和贮藏过程中，酶能引起叶绿素的分解破坏。这种酶促变化可分为直接作用和间接作用两类。直接作用以叶绿素为底物的只有叶绿素酶，它是酯酶的一种，催化叶绿素中植醇酯键水解而产生脱植叶绿素。脱镁叶绿素也是叶绿素酶的底物，酶促反应产物是脱镁脱植叶绿素。叶绿素酶的最适温度为 60~82℃，80℃以上其活性下降，100℃时完全失活。

起间接作用的酶有蛋白酶、脂酶、脂氧合酶、过氧化物酶、果胶酯酶等。蛋白酶和脂酶通过分解叶绿素脂蛋白质复合体，使叶绿素失去脂蛋白的保护而更易遭到破坏。脂氧合酶和过氧化物酶可催化相应的底物氧化，其间产生的物质会引起叶绿素的氧化分解。果胶酯酶的作用是将果胶水解为果胶酸，从而提高了质子浓度，使叶绿素脱镁而被破坏。

②酸和热引起的变化：绿色蔬菜经烹饪或热烫处理后，颜色加深，这可能是由于原存于细胞间隙的气体被加热逐出，或者由于叶绿体中不同成分的分布情况受热变动的缘故，这些物理变化造成光线在蔬菜中的折射与反射的情况变化，从而引起热感变化。

在加热或热处理过程中，叶绿素蛋白质复合体中蛋白质变性导致叶绿素与蛋白质分离，生成游离的叶绿素。游离的叶绿素非常不稳定，对光、热和酶都很敏感；同时植物在受热过程中组织细胞被破坏，致使氢离子穿过细胞膜的通透性增加，脂肪水解为脂肪酸，蛋白质分解产生硫化氢和脱羧产生的二氧化碳等都可导致体系的 pH 降低。

pH 是决定脱镁反应速度的一个重要因素。在 pH 9.0 时，叶绿素很耐热；在 pH 3.0 时，非常不稳定。植物组织在加热期间，其 pH 大约会下降 1 个单位，这对叶绿素的降解影响很大。在加热中，由于酸的作用，叶绿素发生脱镁反应，生成脱镁叶绿素，并进一步生成焦脱镁叶绿素，食品的绿色显著向橄榄绿到褐色转变，并且这种转变在水溶液中不可逆。在酸和热作用下，叶绿素 a 比叶绿素 b 更易发生上述变化，因为叶绿素 b 的卟啉环内的正电荷相对更加稳定，从而增加了脱镁的困难。

③光解：在活体绿色植物中，叶绿素既可发挥光合作用，又不发生光分解。但在加工贮藏过程中，叶绿素经常会受到光和氧化作用，导致不可逆地褪色。单线态氧和羟基自由基是反应活性中间体，它们在有氧光照下产生，一旦产生就与

叶绿素和吡咯链作用，进一步产生过氧基和其他自由基，最终造成卟啉环与吡咯链分解和颜色退去。

（3）护色方法　对于在加工与贮藏如何保持蔬菜绿色的问题已有过大量的研究，目前常用护色的方法有以下几种。

思考：快餐食品中的绿色蔬菜为什么能保持较长时间的绿色？

①中和酸护绿：提高罐装蔬菜的 pH 是一种有效的护绿方法。采用加入适量氧化钙和磷酸二氢钠来保持热烫液 pH 接近 7.0，或采用碳酸镁与磷酸钠调节 pH 的方法都有护绿效果，但它们都有促进组织软化和产生碱味的副作用。将氢氧化钙或氢氧化镁用于热烫液既可提高 pH，又有一定的保脆作用，但这种方法未取得商业成功，由于组织内部的酸并不能得到有效而长期的中和，一般在两个月以内，罐装蔬菜的绿色仍会失去。

采用含 5%氢氧化镁的乙基纤维素材料，涂抹在罐装容器内壁，可使氢氧化镁缓慢释放到食品中以保持 pH 8.0 很长一段时间，这样就可以保持绿色长期不变。该方法缺点是引起谷胺酰胺和天冬酰胺部分水解而产生氨味，引起脂肪水解而产生酸败气味。在青豆中还可能引起鸟粪石——磷酸镁和磷酸胺复合结晶的产生。

②高温瞬时杀菌：高温瞬时杀菌不但能使维生素和风味更好保留，也能显著减轻植物性食品在商业杀菌中发生的绿色破坏程度。但经过约两个月的贮藏后，这种护绿效果已被贮藏中食品 pH 自然下降造成的叶绿素脱镁效果所抵消。

③绿色再生：将锌离子添加于蔬菜的热烫液中，也是一种有效的护绿方法，其原理是叶绿素的脱镁衍生物可以螯合锌离子，生成叶绿素衍生物锌配合物（主要是脱镁叶绿素锌和焦脱镁叶绿素锌）。这种方法是用锌离子浓度约为万分之几，并将 pH 控制在 6.0 左右，在略高于 60℃以上进行热处理。为了提高锌离子在细胞膜中的渗透性，还可在处理液中适量加入具有表面活性的阴离子化合物。这种方法用于罐装蔬菜加工可产生比较满意的效果。铜离子也有类似的护绿效果。

④其他护绿方法：气调保鲜技术使绿色得以保护，这属于生理护色。当水分活度很低时，即使有酸存在，氢离子转移并非接触叶绿素的机会相对减少，它难以置换叶绿素和叶绿素衍生物中的镁离子；同时，由于水分活度较低，微生物的生长及酶的活性也被抑制。因此，脱水蔬菜能较长期的保持绿色。在贮藏绿色植物性食品时，避光、除氧可防止叶绿素的光氧化褪色。因此，正确选择包装材料、护绿方法以及与适当使用抗氧化剂相结合，就能长期保持食品的绿色。

2. 血红素

（1）结构与性质　血红素是存在于动物血液和肌肉中的主要色素，是血红蛋白和肌红蛋白的辅基。在肌肉中主要以肌红蛋白的形式存在，在血液中主要以血红蛋白的形式存在，蛋白质部分称为球蛋白，由 153 个氨基酸残基组成。血红素是一种卟啉类化合物，卟啉中心亚铁离子有 6 个配位键，其中 4 个分别与卟啉环的 4

个氮原子配位结合，1 个与球蛋白的第 93 位上的组氨酸残基上的咪唑基氮原子配位结合，第 6 个配位可与任何一种能提供电子对的原子结合。

肌红蛋白是由一条肽链组成的球状蛋白质与一分子血红素组成的，而血红蛋白由两条肽链（α 链）及两条肽链（β 链）组成的四聚体，分别与四分子血红素结合而成。在活体动物中，血红蛋白和肌红蛋白发挥着氧气转运和储备的功能。

血红蛋白和肌红蛋白是构成动物肌肉红色的主要色素，牲畜在屠宰放血，血红蛋白排放干净之后，酮体 90% 以上肌肉中是肌红蛋白。肌肉中的肌红蛋白酶随着年龄不同而不同，小牛肉不如老牛肉含量高。肌肉中还有少量其他色素，如细胞色素、黄素蛋白和维生素 B_{12}，由于含量很少，所以新鲜肌肉的颜色主要由肌红蛋白决定，呈紫红色。

（2）在食品加工与贮藏中的变化　在肉品的加工与贮藏中，肌红蛋白会转化为多种衍生物，包括氧合肌红蛋白、高铁肌红蛋白、氧化氮肌红蛋白、氧化氮高铁肌红蛋白、肌色原、高铁肌色原、氧化氮肌色原、亚硝酰高铁肌红蛋白、亚硝酰高铁血红素、硫肌红蛋白和胆绿蛋白。这些衍生物的颜色各异，氧合肌红蛋白为鲜红，高铁肌红蛋白为褐色，氧化氮肌红蛋白和氧化氮肌色原为粉红色，氧化氮高铁肌红蛋白为深红，肌色原为暗红，高铁肌色原为褐色，亚硝酰高铁肌红蛋白为红褐色，最后三种物质为绿色。

动物屠宰放血后，对肌肉组织的供氧停止，新鲜肉中的肌红蛋白则保持还原状态，肌肉的颜色呈稍暗的紫红色。当酮体分割后，鲜肉与空气接触，还原态的肌红蛋白向两种不同的方向转变，部分肌红蛋白与氧气发生氧合反应，生成鲜红色的氧合肌红蛋白，产生人们熟悉的鲜肉色；部分肌红蛋白与氧气发生氧化反应，生成褐色的高铁肌红蛋白。随着分割肉在空气中放置时间的延长，肉色越来越转向褐红色，说明后一种反应逐渐占了主导。这两种反应可用图 8-2 来表示。

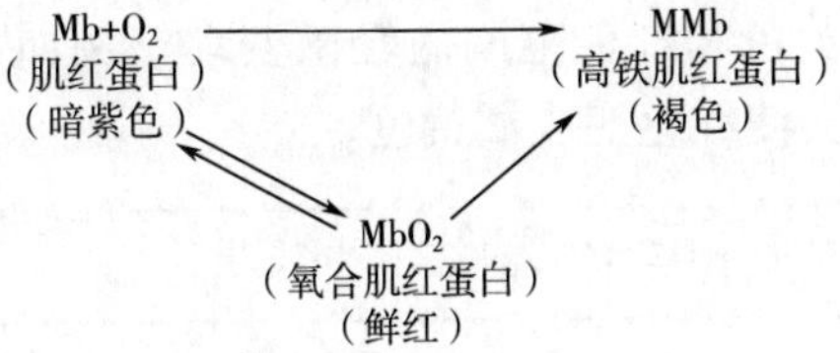

图 8-2　肌红蛋白的相互转化

上述反应处于动态平衡之中。这种平衡移动受氧气分压的影响强烈。氧气分压高时有利于氧合肌红蛋白的生成，氧气分压低时有利于高铁肌红蛋白的生成。

鲜肉在热加工时，由于温度升高以及氧分压降低，肌红蛋白的球蛋白部分变性，亚铁离子被氧化成三价铁离子。产生高铁肌色原，熟肉的色泽呈褐色。当其内部有还原性物质存在时，亚铁离子可能被还原成铁离子，产生暗红色的肌色原。

火腿、香肠等肉类腌制品的加工中经常使用硝酸盐或亚硝酸盐作为发色剂，结果使肉中原来的色素转变为氧化氮肌红蛋白和氧化氮肌色原。所以肉制品的颜色更加鲜艳诱人，并且对加热和氧化表现出更大的耐性。图 8-2 中三种色素的中心铁离子的第六配位体都是氧化氮的衍生物和这些产物的衍生物。同时，可见光可促使氧化氮肌红蛋白和氧化氮肌色原，重新分解为肌红蛋白和肌色原。并被继续氧化为高铁肌红蛋白和高铁肌色原，这就是腌肉制品见光褐变的原因。

实践中，一些物质可以促进发色，例如，乳酸可促进亚硝酸的生成，抗坏血酸可促进亚硝酸盐转化为氧化氮。发色剂本身的用量也必须严格控制，因过量使用时不但产生绿色物质，还会产生致癌物。

肉类在贮存时偶尔发生变绿现象，除了过量使用发色剂外，还与微生物污染大量生长繁殖有关。微生物生长繁殖产生过氧化氢、硫化氢，二者与肌红蛋白的血红素中的高铁或亚铁反应分别生成胆绿蛋白和硫肌红蛋白，致使肉的颜色变为绿色。

3. 类胡萝卜素

（1）结构与性质　类胡萝卜又称为多烯色素，广泛分布于生物界中，蔬菜和红色、黄色、橙色的水果及根茎类作物是富含类胡萝卜素的食品，卵黄、虾壳等动物材料中也富含类胡萝卜素。一般说，富含叶绿素的植物组织也富含类胡萝卜素，因为叶绿素和有色体都是类胡萝卜素含量较丰富的细胞器。类胡萝卜素可以以游离态溶于细胞的脂质中，也能与碳水化合物、蛋白质或脂类形成结合态存在，或与脂肪酸形成酯。

类胡萝卜素按结构可归为两大类：一类是称为胡萝卜素的纯碳氢化合物，包括胡萝卜素及番茄红素；另一类是结构中含有羟基、环氧基、醛基、酮基等含氧基团的叶黄素类，如叶黄素、玉米黄素、辣椒红素、虾黄素等。

类胡萝卜素是脂溶性色素，胡萝卜素类微溶于甲醇和乙醇，易溶于石油醚；叶黄素类却易溶于甲醇或乙醇。类胡萝卜素在酸、热和光作用下很易发生顺反异构化。所以，颜色常在黄色和红色范围内轻微变动。例如，加热胡萝卜使金黄色变成黄色，加热西红柿会使红色变成橘黄色。

思考：如何控制脱水食品中类胡萝卜素的损失？

（2）在食品加工与贮藏中的变化　一般来说，食品加工过程对类胡萝卜素的影响很小。类胡萝卜素耐 pH 变化，对热较稳定，在锌、铜、锡、铝、铁等金属存在下也不易破坏。但在脱水食品中类胡萝卜素的稳定性较差，能被迅速氧化褪色。首先是处于类胡萝卜素结构两端的烯键被氧化，造成两端的环状结构开环并产生羰基。进一步的氧化可发生在任何一个双键上，产生分子质量较小的含氧化合物，例如，紫罗酮（具有紫罗兰花气味），过度氧化时，完全失去颜色。

脂氧化酶和一些酶类可加速类胡萝卜的氧化降解，他们催化底物氧化时会产生具有高度氧化的中间体能加速类胡萝卜素的氧化分解。食品加工中，热烫处理可钝化降解类胡萝卜素的酶类。在食品加工中，类胡萝卜素通常不会严重降解。例如，土豆碱性去皮仅引起类胡萝卜素的轻微降解和异构化。胡萝卜果脯熬制时红黄色很稳定，低温和冷冻下类胡萝卜素也很少变化。

类胡萝卜素与蛋白质形成的复合物，比游离的类胡萝卜素更稳定。

拓展知识　虾蟹烹熟呈砖红色

虾黄素是存在于虾、蟹、牡蛎及某些昆虫体内的一种类胡萝卜素。在活体组织中，虾黄素与蛋白质结合，呈蓝青色。当久存或煮熟后，蛋白质变性与色素分离，同时，虾黄素发生氧化，呈红色。

4. 花青素

(1) 结构和性质　花青素是多酚类化合物中一个最富色彩的子类，曾经被归类为类黄酮，多以糖苷（称为花色苷）的形式存在于植物细胞液中，是植物最重要的水溶性色素之一，构成花、果实、茎和叶五彩缤纷的美丽色彩，包括蓝、紫、紫罗兰、洋红、红和橙色等。

已知花青素有20多种，食物中重要的有6种，即天竺葵色素、矢车菊色素、飞燕草色素、芍药色素、牵牛色素和锦葵色素。自然状态的花青素都以糖苷形式存在，很少有游离的花青素存在。与花青素成苷的糖主要有葡萄糖、鼠李糖、半乳糖、木糖、阿拉伯糖及由这些单糖构成的均匀或不均匀双糖、三糖。

各种花青素或各种花色苷的颜色出现差异主要是由取代基的数量和种类的不同而引起。作为助色团，取代基增加时，吸收波长增加，作为电子供体，不同助色团的助色效应的强弱决定于其供电子能力。甲氧基比羟基供电子能力强，糖基和甲氧基的供电子能力相近，但可能表现出空阻效应。

(2) 在食品加工与贮藏中的变化　花青素和花青苷的化学稳定性不高，在食品加工和贮藏中经常因化学作用而变色。影响变色反应因素包括pH、温度、光照、氧、氧化剂、金属离子酶等。

①pH的影响：花青素的颜色随pH变化而变化。这是因为在花青素母核的吡喃环上氧原子为四价，具有碱性，而酚羟基上的氢可以解离，具有酸性。因此，在不同pH下花青素有不同结构，呈现不同色彩。

②温度和光照的影响：温度和光照会影响花青苷的稳定性，加速花青苷的降解变色。温度影响的程度受到环境氧含量、花色苷种类以及pH等的影响。一般来说，含羟基多的花青素和花色苷的热稳定性不如含甲氧基或含糖苷基多的花青素和花色苷。

③氧气、水分活度和抗坏血酸的影响：花青素高度不饱和的结构对氧气颇为敏感，例如，葡萄汁趁热灌装并且装得满一些，瓶装葡萄汁由紫色向褐色的转变会延缓。如果改用充氮灌装或减压灌装，变色速度将更慢。这些现象说明氧气对花青素或花色苷具有破坏作用。

拓展知识　为什么枫叶是红的？

树叶的绿色来自叶绿素。树叶中除含有大量的叶绿素外，还含有叶黄素、花青素、糖分等其他色素及营养成分。进入秋季天气渐凉，气温下降，叶绿素的合成受到阻碍，树叶中的叶绿素减少，叶黄素、胡萝卜素、花青素就会表现出来。如果是花青素表现出来，就是非常鲜艳的红色，叶黄素表现出来就是黄色。

花青素在酸性环境中才会出现红色，遇碱便呈现蓝色。枫树、黄栌树等少量植物叶子中的细胞液是酸性的，这些树种会随着秋天的降临，花青素增多，树叶逐渐由绿变红。

水分活度对花色苷稳定性的影响机理尚无多少研究资料，但研究以证实，在水分活度为0.63~0.79，花色苷的稳定性相对最高。

在含有抗坏血酸和花色苷的果汁中发现，这两种物质含量会同步减少。这是因为抗坏血酸在被氧化时可产生 H_2O_2，H_2O_2对2-苯基苯并吡喃阳离子的2位碳进行亲核进攻，裂开吡喃环而产生无色的酯和香豆素衍生物，这些产物还可进一步降解或聚合，最终在果汁中产生褐色沉淀。因此，促进或抑制抗坏血酸和花色苷氧化降解的条件相同。

④二氧化硫的影响：水果在加工时常添加亚硫酸盐或二氧化硫，使其中的花青素褪色成微黄色或无色。其原因是二氧化硫与花青素发生加成反应，生成无色的化合物。若将二氧化硫加热除去，原来的颜色可以部分恢复。因此，在加工含有花青素的食品时一定要进行护色处理。

⑤金属元素的影响：花色苷可与钙、镁、锰、铁、铝等金属元素形成配合物，产物通常为暗灰色、紫色、蓝色等深色色素，使食品失去吸引力。因此，含花色苷的果蔬加工和罐藏时尽可能避免与上述金属制品接触，最好用涂料罐、玻璃罐和不锈钢器皿包装。

⑥糖及糖的降解产物的影响：高浓度糖存在下，水分活度降低，花色苷生成拟碱式结构的速度减慢，故花色苷的颜色较稳定得到保护。低浓度糖存在下（如果汁），花色苷的降解或变色加速，生成褐色物质。果糖、阿拉伯糖、乳糖和山梨糖的这种作用比葡萄糖、蔗糖和麦芽糖更强。升高温度和有氧气存在将使反应速度加快。这种反应的机理尚未充分阐明。

⑦花色苷的水解：花色苷的水解方式有酸水解和酶水解：一般在100℃ 1mol/L的盐酸溶液中，花色苷在0.5~1h内就会完全水解生成相应的花青素和糖，酸度越高，水解的速度越快。

花色苷的降解与酶有关。糖苷水解酶和多酚氧化酶是已知的可引起花色苷加速降解的酶。糖苷水解酶能将花色苷水解为稳定性差的花青素，花青素的稳定性小于花色苷，所以这种酶促水解会加速花色苷的降解。多酚氧化酶催化小分子酚类，产生的中间产物邻醌能使花色苷转化为氧化的花色苷及降解产物。

⑧缩合反应的影响：花色苷可与自身或其他有机化合物发生缩合反应，并可与蛋白质、单宁、其他类黄酮和多糖形成较弱的配合物。这一类配合物本身并不显色，但可引起向红效应并使吸光度加大，在加工和贮藏中比较稳定。但也有一些缩合反应会导致褪色，如抗坏血酸、儿茶酚发生缩合反应，生成无色物质。

5. 类黄酮类色素

（1）结构与性质　类黄酮（Flavonoid）包括类黄酮苷和游离的类黄酮苷元，是广泛分布于植物组织细胞中的色素。在花、叶、果中，多以苷的形式存在，而在木质部组织中，多以游离苷元的形式存在。

天然类黄酮多以糖苷的形式存在，未糖苷化的类黄酮不易溶于水，形成糖苷后水溶性加大，所以，水浸提取植物类黄酮时，提取的主要是类黄酮苷。提取苷元时则常用氯仿、乙醚、乙酸乙酯等。类黄酮苷的糖基常包括葡萄糖、半乳糖、阿拉伯糖、木糖、芸香糖、新橙皮糖和葡萄糖酸等。与花色苷类似，类黄酮化合物中也有酰基取代物。已知的类黄酮（包括苷）达 1670 多种，其中有色物 400 多种，多呈淡黄色，少数为橙黄色。

（2）在食品加工与贮藏中的变化　在食品加工中，若水的硬度较高或因使用碳酸钠和碳酸氢钠而使 pH 上升，原本无色的黄烷酮或黄烷酮醇类可转变为有色的查尔酮类。例如，马铃薯、小麦粉、芦笋、荸荠、黄皮洋葱、菜花和甘蓝等在碱性水中烫煮都会出现由白变黄的现象，该变化为可逆变化，可用有机酸加以控制和逆转。在水果蔬菜加工中，用柠檬酸调整预煮水 pH 的目的之一就在于控制黄酮色素的变化。

类黄酮可与多价金属离子形成配合物。例如，与铝离子配合后会增强黄色，与铁离子配合后可呈蓝色、黑色、紫色、棕色等不同颜色。芦笋中的芸香苷遇到铁离子后会产生难看的深色，使芦笋产生深色斑点。相反，芸香苷与锡离子配合时，则生成吸引人的黄色。

类黄酮也属于多酚类物质，酶促褐变中间产物如邻醌或其他氧化剂可氧化类黄酮而产生褐色沉淀。这是果汁久置变褐生成沉淀的原因。

应用　天然色素的功能

（1）花青素不仅可以作为色素，而且也有许多生物活性，不同来源的花青素具有不同的特性。源于葡萄皮的花青素可以降低心脏病的危险，来源于接骨木果的花青素对流感病毒具有抵抗作用，来源于覆盆子的花青素对视力具有良好的保护作用。

（2）叶黄素是来自万寿菊的黄色素，近来人们发现它是一种抗氧化剂，可以对抗斑点退化（一种导致老年人失明的疾病）。

（3）番茄红素不仅是一种鲜艳的红色色素，它还是一种很强的抗氧化剂，可以预防许多种癌症。

（4）姜黄素也具有抗氧化性，同时具有抗炎的特性。

三、 着色剂

1. 着色剂定义

着色剂又称食用色素，是指使食品着色和改善食品色泽的食品添加剂。在食品加工中，着色剂与食品中某些成分作用，而使食品呈现良好的色泽，因此，又称为呈色剂或固色剂。例如，加工彩色水果冰淇淋时添加的苋菜红。

根据着色剂的来源可分为天然着色剂和合成着色剂。前者主要从动植物和微生物中提取，其安全性高、着色色调比较自然，如姜黄素、叶绿素铜钠盐、红曲霉素、类胡萝卜素、甜菜红、辣椒红素、栀子黄等；后者是通过人工合成的方法制得的有机着色剂，也称为人工合成色素，合成的着色剂着色力强、色泽鲜艳、不易褪色、稳定性好、易调色、成本低，所以被广泛使用，但有些人工合成着色剂对人体有害，须严格管理，谨慎使用。

食品着色剂按溶解性还可分为水溶性着色剂和脂溶性着色剂。水溶性的着色剂如人工合成着色剂柠檬黄、胭脂红，天然着色剂甜菜红、花青素、红花黄素等；脂溶性着色剂如β-胡萝卜素、辣椒红素、玉米黄等。

2. 着色剂作用机理

人眼能看到自然光线中波长为400~760nm的可见光，不同波长的光，有不同的颜色。食品所呈现的颜色与食品相应的组分（着色剂）对光吸收的波长相关。例如，选择吸收波长为400~430nm紫光的蔬菜，它呈现的颜色就是其互补色——波长为500~560nm的绿光。

食品的着色剂都是有机物，这些有机物分子中各有一些基团（生色基），当它们能够在紫外区和可见光区内吸光时，食品就会呈现一定的颜色（生色）。

3. 天然食品着色剂

天然食品着色剂是从天然原料中提取的有机物，它们安全性高且资源丰富。近年来天然食品着色剂发展很快，各国许可使用的品种和产量不断增加。以下介绍几种主要的天然食品着色剂。

（1）红曲色素　红曲色素（Monascin）来源于红曲米，是一种由红曲霉菌丝分泌的微生物色素。将红曲霉接种于蒸熟的大米，经培育发酵所得，将发酵产物用乙醇抽提，得液体红曲色素，或者由红曲霉的深层培养液中进一步结晶精制而得。红曲米是中国自古以来传统使用的天然着色剂，安全性高。

红曲色素属于酮类色素，共有6种，分别是红斑素、红曲红素、红曲素、红曲黄素、红斑胺和红曲红胺，而实际应用的主要是前两种。红曲色素呈暗红色，有粉末，液体状或糊状物，可溶于水，色调不随pH变化，热稳定性高，几乎不受金属离子的影响，也不受氧化剂和还原剂的影响，但在太阳光直射下色度降低，对蛋白质染色性好，毒性实验证明安全无毒。广泛用于畜产水产品、豆制品、酿造食品和酒类的着色。我国允许按正常生产需要量添加于食品中，部分产品的红曲米色素使用量：辣椒酱 6~10g/kg，甜酱 4~30g/kg，腐乳 2g/kg，酱鸡、酱鸭 1g/kg。

（2）姜黄素　姜黄素（Curcumin）是生姜科姜黄属植物姜黄的地下根茎中提取的一种黄色素，是一组二酮类色素的混合物，主要成分为姜黄素、脱甲基姜黄素和双脱甲基姜黄素。

姜黄素为橙黄色粉末，几乎不溶于水，溶于乙醇、冰醋酸和碱溶液，具有姜黄特有的香辛气味，味微苦。在中性和酸性溶液中呈黄色，碱性溶液中呈褐红色，对光、氧、热稳定性差，易与铁离子结合而变色，不易被还原。

着色性较好，对蛋白质的着色力强。可以作为肠类制品、罐头、酱卤制品等产品的着色剂，糖果、冰淇淋、果冻等食品的增香着色剂。其使用量按正常生产需要而定，最大使用量为 0.01g/kg。

（3）甜菜红素　甜菜红素（Betalaine）是从藜科植物红甜菜块茎中提取出的一组水溶性色素，以甜菜红素和甜菜黄素及它们的糖苷形式存在于这些植物的液泡中。

甜菜红素溶液在 pH 4.0~7.0 呈红紫色，pH 低于 4.0 或高于 7.0 时，溶液颜色由红色变紫色；pH 超过 10.0 时，甜菜红素水解成甜菜黄素，溶液颜色迅速变黄色。甜菜色素的耐热性不高，在 pH 4.0~5.0 时相对稳定，在中等碱性条件下加热转变为甜菜氨酸和多巴-5-O-葡萄糖苷。该反应可逆，在 pH 降至 4.0~5.0 时可有部分逆转。

甜菜红素不耐氧化，在加热和酸的作用下，在 C_5 位上容易发生差向异构形成异甜菜红素。光、氧、金属离子等可促进其降解。

甜菜红素对食品的着色性好，在 pH 为 3.0~7.0 的食品中使用色泽稳定，在水分活度低的食品中，色泽可持久保持。在我国，可在果味饮料、果汁饮料、配制酒、罐头等食品中按正常生产需要添加甜菜红素。

（4）焦糖色素　焦糖色素（Caramel）即酱色，是蔗糖、饴糖、淀粉水解产物等在高温下发生不完全分解并脱水聚合而形成的红褐色或黑褐色的混合物，是我国食品中应用较广泛的半天然食品着色剂。

焦糖主要有铵盐法和非铵盐法两种生产方法，铵盐法生产的焦糖色素中可能存在4-甲基咪唑，它是一种惊厥剂，慢性毒性试验结果证实它使动物白细胞减少，生长缓慢，所以已不允许使用。非铵盐法生产的焦糖色素比较安全，具有焦糖香味和愉快的苦味，易溶于水，pH 2.6~5.5，光照相当稳定，对酸、盐的稳定性高，红色色度高，但着色力低，我国规定其可用于罐头、糖果、饮料、酱油、醋等食品的着色，用量按正常生产需要添加。

（5）虫胶色素（紫胶红素）　虫胶色素是紫胶虫在其寄生植物上所分泌的紫胶原胶中的一种着色剂。主要着色物质是紫胶酸，有 A、B、C、D、E 共 5 种，以 A 和 B 为主。

虫胶红微溶于水和乙醇。在酸性时，对光和热稳定。色调随 pH 而变化，在 pH 3~5 时为红色，pH 6 时为红至紫色，pH≥7 时为紫红色。易受金属离子（Fe^{3+}）影响变黑。

虫胶色素最适用于不含蛋白质、淀粉的饮料、糖果、果冻类。在食品中的最大使用量为 0.5 g/kg。

（6）红花黄　红花黄是由菊红花的花瓣为原料，利用现代的生物技术提取而成的天然色素。红花黄色素为黄色均匀粉末，易溶于水、稀乙醇，不溶于乙醚、石油醚、油脂等；抗光性好，100℃以下无变化；在酸性水溶液中，效果更好，在 pH 2~7，呈黄色，在碱性溶液中，则呈红色。

红花黄色素在食品中的使用范围与姜黄素相同。此外还可用于冰淇淋。在食品中最大使用量为 0.2g/kg。

（7）叶绿素铜钠盐　叶绿素铜钠盐（Sodium copper chlorophylin）为墨绿色粉末，是以天然的绿色植物组织中提取的叶绿素为原料，经皂化和铜盐作用制成的半合成色素。叶绿素铜钠盐有吸湿性，有氨样臭味，易溶于水，稍溶于乙醇与氯仿，几乎不溶于乙醚和石油醚，水溶液呈蓝绿色，透明，耐光性较叶绿素强。着色坚牢度强，色彩鲜艳，但在酸性食品或含钙食品中使用时产生沉淀，遇硬水也生成不溶性盐而影响着色。

叶绿素铜钠盐不宜加入酸性饮料中，易析出沉淀。我国在冷冻饮品、蔬菜罐头、配制酒、糖果、糕点上彩装、饼干、果冻中可使用叶绿素铜钠盐，最大使用量为 0.5g/kg，每日允许摄入量（ADI）为 0~15mg/kg。

（8）辣椒红　辣椒红是从辣椒属植物的果实中用溶剂提取后去除辣椒素制得，主要着色物质为辣椒红素，其性状类似 β-胡萝卜素，不溶于水，溶于乙醇及油脂，乳化分散性及耐热性、耐酸性均好，耐光性稍差，可用于肉制品的着色，也可用于饮料的着色，使用量可根据"正常生产需要"使用。

由于天然色素一般对人体无害，有些还有一定的营养价值，所以，当前世界各国都向着充分利用天然食用色素的方向发展，凡是对光、热和氧化作用稳定，不易受金属离子或其他化学物质影响的天然色素，只要对人体确定无害，都可考虑应用。设法提取浓缩后使用可弥补色泽不足和色素浓度低的缺点。

4. 合成着色剂

合成着色剂色泽鲜艳，化学性质稳定，着色力强。但一些着色剂的安全性受到怀疑。《食品安全国家标准　食品添加剂使用标准》（GB 2760—2014）规定，我国允许使用的食用人工着色剂有苋菜红、胭脂红、柠檬黄、靛蓝、日落黄、亮蓝、赤藓红、新红。

（1）苋菜红　苋菜红（Amaranth）又名杨梅红、鸡冠花红、蓝光酸性红，为水溶性偶氮类着色剂，C.I. 食用红色 9 号，食用赤色 2 号（日）。苋菜红为红褐色或暗红褐色均匀粉末或颗粒，无臭，耐光、耐热性强（105℃），对柠檬酸、酒石酸稳定，在碱液中则变为暗红色。易溶于水，呈带蓝光的红色溶液，可溶于甘油，微溶于乙醇，不溶于油脂，遇铜、铁易褪色，易被细菌分解，耐氧化、还原性差，不适于发酵食品的应用。有些文章报道它可能致癌、致畸和降低生育能力，但权威机构暂时认为它的安全性较高，可用于含水量高的食品着色。

《食品安全国家标准　食品添加剂使用标准》(GB 2760—2014) 规定，苋菜红用于高糖果汁（味）或果汁（味）饮料、碳酸饮料、配制酒、糖果、糕点上彩装、青梅、山楂制品、渍制小菜，最大使用量为 0.05g/kg；用于红绿丝、绿色樱桃（系装饰用）最大使用量为 0.10g/kg。

（2）胭脂红　胭脂红（Ponceau 4R）又名丽春红 4R，为水溶性偶氮类着色剂，C.I. 食用红色 7 号。红色至深红色均匀粉末或颗粒，溶于水，水溶液呈红色，微溶于乙醇，不溶于其他有机溶剂。耐光、对柠檬酸稳定，但耐热、耐还原性差，遇碱变为褐色。

《食品安全国家标准　食品添加剂使用标准》(GB 2760—2014) 规定，胭脂红，可用于高糖果汁（味）或果汁（味）饮料、碳酸饮料、配制酒，糖果、糕点上彩装、青梅、山楂制品，渍制小菜最大使用量（以胭脂红酸计，g/kg）0.05；用于红绿丝、染色樱桃（系装饰用）最大使用量（以胭脂红酸计，g/kg）0.1；用于豆奶饮料、冰淇淋最大使用量（以胭脂红酸计，g/kg）0.025（残留量 0.01）；用于虾（味）片最大使用量（以胭脂红酸计，g/kg）0.05，糖果包衣最大使用量（以胭脂红酸计，g/kg）0.10。

（3）柠檬黄　柠檬黄（Tartrazine）又名食用色素黄 4 号、酒石黄；偶氮类着色剂，C.I. 食用黄色 4 号。橙黄色至橙色均匀粉末或颗粒。耐光、耐热（105℃）。易溶于水、甘油、乙二醇，微溶于乙醇、油脂。在柠檬酸、酒石酸中稳定，耐氧化性较差，遇碱变红色，还原时退色。

《食品安全国家标准　食品添加剂使用标准》(GB 2760—2014) 规定，柠檬黄最大使用量（以柠檬黄计，g/kg），用于风味发酵乳、调制炼乳（包括加糖炼乳及使用了非乳原料的调制炼乳等）、冷冻饮品食用冰除外等 0.05，果酱 0.5，蜜饯凉果、装饰性果蔬、腌渍的蔬菜、熟制豆类、加工坚果与籽类、可可制品、巧克力、糖果、糕点上彩装、配制酒、饮料类等 0.1。

（4）日落黄　日落黄（Sunset yellow）又名晚霞黄、夕阳黄、橘黄、食用黄色 3 号，为偶氮类色素。日落黄为橙红色粉末或颗粒，无臭。易溶于水、甘油、丙二醇，微溶于乙醇，不溶于油脂。在中性和酸性水溶液中呈橙黄色，遇碱变为红褐色。吸湿性强，耐热性及耐光性强，还原时退色。溶于浓硫酸得橙色液。易着色，坚牢度高。

《食品安全国家标准　食品添加剂使用标准》(GB 2760—2014) 规定，日落黄最大使用量（以日落黄计，g/kg），用于调制乳、风味发酵乳、调制炼乳、含乳饮料 0.05，冷冻饮品 0.09，水果罐头、蜜饯凉果、熟制豆类、加工坚果与籽类、可可制品、巧克力、焙烤食品馅料及表面用挂浆、饮料、配制酒为0.1，用于果冻粉可按冲调倍数增加使用量。日落黄安全性较高，ADI为0~2.5mg/kg。

（5）靛蓝　靛蓝（Indigo carmine）又名靛胭脂，C.I.食用蓝色1号，FD8C蓝色2号、青色2号。深蓝色至深褐色的均匀粉末。微溶于水、乙醇、甘油和丙二醇，不溶于油脂。耐光性、耐热性差，对柠檬酸、酒石酸和碱不稳定。着色力强并有独特色调，对氧化作用都较敏感，易被细菌分解。

《食品安全国家标准　食品添加剂使用标准》（GB 2760—2014）规定，靛蓝最大使用量（g/kg），用于蜜饯、凉果、可可制品、巧克力和巧克力制品、糖果、糕点上彩装、饮料、配制酒为0.1，用于装饰性果蔬为0.2，用于固体饮料按稀释倍数增加使用量即可。ADI为0~5mg/kg。

（6）亮蓝　亮蓝（Brilliant blue）又名C.I.食用蓝色2号，FD8C蓝色1号（美），食用蓝色1号（日）。紫红色均匀粉末或颗粒，有金属光泽。耐光性、耐热性、耐酸性、耐碱性均好，耐还原性也较高，但与金属盐会慢慢沉淀。溶于乙醇、甘油。

《食品安全国家标准　食品添加剂使用标准》（GB 2760—2014）规定亮蓝最大使用量（g/kg），用于风味发酵乳、调制炼乳、饮料、配制酒、凉果、加工坚果与籽类、虾味片、糕点、调味糖浆、果冻等为0.025，可可制品、巧克力及糖果为0.30，用于果冻粉，按冲调倍数增加使用量。具有安全性高，着色力极强的特性。

（7）赤藓红　赤藓红（Erythrosine）又名樱桃红，C.L.食用红色14号，食用赤色3号（日）。非偶氮类着色剂。红色或红褐色颗粒或粉末，无臭，易溶于水，溶于乙醇、丙二醇和甘油，不溶于油脂，耐热性、耐碱性、耐氧化还原性好，耐细菌性和耐光性差，遇酸沉淀，吸湿性差。具有良好的染着性，特别是对蛋白质染着性尤佳。根据其性状，在需高温焙烤食品和碱性及中性食品中着色力较其他合成色素强。

《食品安全国家标准　食品添加剂使用标准》（GB 2760—2014）规定，赤藓红最大使用量（g/kg），用于饮料、碳酸饮料、配制酒、糖果、糕点上彩装、青梅、酱及酱制品、可可制品、巧克力制品为0.05。

（8）新红　新红（New red）为红色粉末，属于水溶性偶氮类色素，易溶于水，水溶液呈红色，微溶于乙醇，不溶于油脂，着色力与苋菜红相似。

《食品安全国家标准　食品添加剂使用标准》（GB 2760—2014）规定，新红最大使用量（g/kg），用于凉果糕点可、可制品、巧克力、饮料、配制酒等为0.05，用于装饰性果蔬为0.1。

（9）铝色淀　上述8种合成的水溶性着色剂通过和氧化铝在一定条件下作用而生成的色素称铝色淀。这些色淀和相应的母体色素除水溶性有别外，适用范围和用量同母体色素。

（10）合成β胡萝卜素　合成β胡萝卜素与天然β胡萝卜素的区别在于所含杂

质不同，我国允许使用符合《食品安全国家标准　食品添加剂使用标准》（GB 2760-2014）规定质量标准的合成β胡萝卜素。

合成β胡萝卜素在低浓度时呈黄色，在高浓度时呈橙红色，产品为紫红色粉末，对光和氧不稳定，铁离子可促进其褪色。我国规定，用于奶油和膨化食品时，最大使用量为0.20g/kg，用于人造奶油与冰淇淋、起酥油与饼干、面包三类食品时，最大使用量分别为0.10g/kg、0.05g/kg、3g/kg。

拓展知识　天然色素的发展

至1995年5月，日本批准使用的天然色素已达97种。日本市场上年需求量在200t以上的是焦糖色素、胭脂树橙色素、红曲色素、栀子黄色素、辣椒红色素和姜黄色素6种天然色素产品，其中焦糖色素的需求量最大，每年消费量达2000t，约占天然色素消费总量的40%。

我国天然食用色素产品中次焦糖色素的产量最大，年产量约占天然食用色素的86%，主要用于国内酿造行业和饮料工业。其次是红曲红、高粱红、栀子黄、萝卜红、叶绿素钠盐、胡萝卜素、可可壳色、姜黄等，主要用于配制酒、糖果、熟肉制品、果冻、冰淇淋、人造蟹肉等食品。

四、　食品的香气

香气是构成食品风味的重要因素之一。食品的香气不仅能增加人们的快感，引起人们的食欲，而且也能促进人体对营养成分的消化和吸收。

人是通过嗅觉识别香气的。食物的挥发性风味成分进入鼻腔刺激嗅觉神经，传至中枢神经，而使人产生了对气味的印象。嗅觉是一种复杂的生理感觉，由于人与人的嗅觉能力存在很大差异，气味物质的浓度对嗅觉也有很大的影响，使得不同的人对相同的气味成分产生的感觉不同。人们喜欢和乐意接受的气味，便被称为香气。

食品的香气是由其所含有的香气物质成分构成的。食品的香气成分非常复杂，在呈香物质中，具有一些特定的原子或原子团，被称为发香原子或发香团。主要的发香原子有P、S、F；发香团有羟基、苯基、羰基、羧基、硝基、醛基、酰胺基、酯、醚、异氰基、内酯等。

1. 植物性食品的香气

（1）水果的香气　很多水果具有浓郁的芳香气味，其主要成分是有机酸酯和萜类。其次是醇、酮、挥发酸等，香气成分随着果实成熟而增多，通过人工催熟的水果，其香气成分的种类及含量要比自然成熟的少。

（2）蔬菜类的香气　各种蔬菜的香气不同而且较淡，但葱、姜、蒜等因含有含硫化合物，在风味酶作用下具有强烈的香辣味。加热后酶失活，含硫化合物产生硫醇使它们带有甜味。萝卜中含有甲基硫醇和黑芥子苷，在酶作用下具有刺激香辣味。

（3）茶叶的香气　茶叶的香气成分是决定茶叶品质好坏的重要因素之一，与茶叶品种、生长条件、采摘季节、成熟度及加工方法均有很大关系。目前通过现代检测技术已鉴定出的茶香成分有 300 多种，而鲜茶叶中原有的芳香物质只有十几种。

2. 肉类香气

肉类的香气物质非常复杂，但几乎所有的熟肉香气成分的化学分类都非常相似。第一，有非常相似的风味前体。除肉中的蛋白质、脂肪、糖外，肉类在保存处理中还产生一些香味原始前体物质，如核酸类、游离核苷酸类、α-氨基酸类、有机酸类等；第二，在烹饪加热条件下产生香气的途径也很相似。

有些肉类具有特殊的气味，主要是由于其脂肪中脂肪酸的组成不同。这些成分加热时，会产生特殊的气味，如羊肉的羊膻味即与其脂肪酸组成有关。另外，肉类中残留的性激素也会使肉类具有各自的特征风味，如熟猪肉有时会出现令人厌恶的气味，就与猪体内固醇类激素有关。

3. 海产品风味

新鲜的鱼和海产品具有淡淡的，但非常特别的气味。其香气来自 C_6、C_8 和 C_4 醛类、酮类和醇类化合物，它们是长链多不饱和脂肪酸经酶促氧化的产物。随着新鲜度的降低，海产品会产生鱼腥味，这主要是鱼体中三甲胺氧化物降解成三甲胺所致。越不新鲜的鱼，腥臭味越重。腐败的鱼由于体内的赖氨酸在细菌作用下逐步分解产生了尸胺、氮杂环已烷、δ-氨基戊酸，使鱼具有浓烈的腥臭味。其中氨基戊酸是河鱼发臭的主要原因。

烹饪和加工过程中，鱼和海产品由于发生了羰氨反应，会产生很多风味化合物，使鱼的风味发生变化。

4. 发酵食品的香气

食品在发酵过程中，通过微生物的代谢作用，使食品原料中的蛋白质、碳水化合物、脂肪物质转变为醇、醛、酮、酸、酯类等物质，使发酵食品产生有特色的香气。例如，己酸乙酯、乳酸乙酯、乙酸乙酯、丁酸乙酯等是许多白酒的主体香气成分；3-甲基醛是构成酱油特征香气的主要成分；乙酸则是醋的主体香气成分。

5. 乳及乳制品的香气

鲜乳含多种脂肪酸，多种蛋白质与盐类，还含有一定量的糖，这些物质都以胶体态或溶液态存在，易发生各神酶促与非酶促反应。鲜乳或乳制品风味的好坏与加工、贮藏等关系密切。鲜乳的主要香气成分有：142 种不同的酸，低碳数的酸对嗅感影响大；有少量低分子醛类、甲基酮、丁二酮等羰基化合物等。

新鲜乳制品如管理不当，易产生不良风味。主要有以下几方面原因：在35℃时容易吸收外界异味；牛乳中的脂酶易水解产生脂肪酸（丁酸）；乳脂肪易发生自氧化产生辛二烯醛与壬二烯醛；日晒牛乳会使牛乳中甲硫氨酸通过光化学反应生成β-甲硫基丙醛，产生牛乳的日晒味；细菌在牛乳中生长繁殖，作用于亮氨酸生成异戊醛，产生麦芽气味；乳粉和炼乳的加工是热加工工艺，各成分之间的非酶褐变反应不可避免，特别是美拉德反应的产物与二次生成物，可使牛乳形成特有风味，另一方面少量脂肪的氧化，也易使乳粉产生不新鲜气味。

食品的香气成分所具有的易挥发性和化学不稳定性，使之容易损失。实际应用中可采用物理吸附作用、形成包含化合物、控制环境条件、添加化学稳定剂和香气增强剂等方法，减缓或阻止香气成分的损失。

五、 味觉

味觉即食品中的呈味物质对舌表面的味蕾产生的刺激。我国大体上将味觉分为酸、甜、苦、咸、鲜、涩、辣等。其中酸、甜、苦、咸四种是基本味觉。

1. 味觉的生理基础

一般人的舌部有味蕾2000~3000个。味蕾由数十个味蕾细胞和支持细胞组成，味觉细胞连接着神经末梢。呈味物质刺激味觉细胞，产生兴奋作用，由味觉神经传人神经中枢，进入大脑皮质，产生味觉。味觉一般在1.5~4.0ms内完成。

不同的味感在味蕾上有不同的结合部位，反映了舌部不同部位有不同敏感区域。舌尖和边缘对咸味较为敏感；而靠腮两边对酸敏感；舌根部则对苦味最敏感。通常把能感受到某种物质的最低质量分数称为阈值。物质的阈值越小，表示其敏感性越强。

2. 基本味觉

（1）酸味　酸味是由于舌黏膜受到氢离子的刺激而产生的味觉。它是无机酸、有机酸和酸性盐所特有的味感。食品中的其他成分可影响酸味，如食盐可增强酸味，糖可以减弱酸味。

酸味给人以爽快刺激，有增进食欲、防腐和促进钙磷等矿物质吸收的作用。食物中的酸味物质主要是有机酸，以水果中含量最丰富，蔬菜中含量相对较少。水果和蔬菜中的有机酸主要是苹果酸、柠檬酸和酒石酸，而乳酸、琥珀酸、醋酸、草酸的含量一般较少。动物性食品原料中可以检出的有机酸比较少，在大多数的鲜肉及肉制品中可以发现游离的乳酸成分。

一般食品加工制品中的酸味物质来自三个方面：原料本身含有的、加工过程中人为加入的（酸味剂）、发酵过程中形成的。食品中常用的酸味剂有十多种，其中具有令人愉快感的有柠檬酸、抗坏血酸、葡萄糖酸和苹果酸，伴有苦味的有DL-苹果酸，伴有涩味的有磷酸、乳酸、酒石酸、偏酒石酸、延胡索酸，带刺激性气味的有乙酸，有鲜味、异味的有谷氨酸、琥珀酸。

（2）甜味　甜味是大多数人喜爱的一种给人快感的味觉。甜味的强弱以甜度表示，一般以蔗糖的甜度标准为100，其他甜味剂的甜度与蔗糖的甜度比较，得到其相对甜度。

甜味物质的甜度受许多因素的影响，其中重要的因素是浓度。一般来讲，浓度越大，甜度越高。甜味物质的甜度还受温度变化的影响，大多数甜味化合物的甜度随温度上升呈下降的趋势。另外，向甜味物质中添加其他物质，也会对甜度产生影响。如添加其他甜味物质，会产生相互提高甜度的作用；添加增稠剂，可以使甜味物质的甜度稍微提高；添加无机盐和酸对甜度的影响，还没有总结出规律性。

食品加工中常添加甜味剂以赋予食品一定的甜味。常用的甜味剂可分为天然甜味剂和合成甜味剂两类。天然甜味剂有：糖及其衍生物糖醇，如蔗糖、葡萄糖、麦芽糖、木糖醇、山梨醇等；非糖天然甜味剂，如甘草苷、甜菊苷等；天然衍生物甜味剂，如天门冬氨酰二肽衍生物（俗称甜味素）。由于人工合成甜味剂对人体或动物机体有不良反应，目前只有少数几种可以使用。糖精钠和甜蜜素（环己基氨基磺酸钠）是我国允许使用的合成甜味剂，但对它们的使用范围有所限制。糖精钠只限制在非婴儿食品范围内，且最大用量为0.15g/kg；甜蜜素主要限用于冷饮、冰淇淋和糕点中，最大使用量为0.25g/kg。

（3）苦味　苦味是一种令人不愉快、不可口且最容易感知的味觉。但苦味又具有比较重要的生理学作用，其主要作用在于可以改变人们的口味感觉，刺激味觉器官，从而调整人们的食欲，改善消化功能。苦味与其他调味品调配得当，还可以形成一些食物的特殊风味。

苦味物质广泛存在于生物界中，如茶叶、咖啡中的茶碱、咖啡碱、新橙皮苷，苦杏仁中的杏仁苷，啤酒花中的α-酸、异α-酸等。新橙皮苷和柚苷这类物质可在酶的作用下分解，其苦味消失。但苦杏仁苷被酶水解时，产生极毒的氢氰酸，所以苦杏仁不能生食，必须煮沸漂洗之后才能食用。

（4）咸味　咸味是一些中性盐类化合物所显示的味觉，对食品的调味十分重要。此外，咸味还是一种助鲜剂。有咸味的无机盐有氯化钠、氯化钾、碘化钠等，氯化钠是公认的具有纯正咸味的物质，其他无机盐多属于非单纯的咸味。食品调味用的咸味剂是食盐，即氯化钠。

3. 风味增效剂

L-谷氨酸钠（MSG），俗称味精，在风味化学上称之为风味增效剂，当它的使用量高于其单独检测的阈值时，能使鲜味增加。当使用量低于其单独检测阈值时，只是增强风味。除MSG外，目前使用较多的风味增效剂还有5′-肌苷酸钠（IMP）和5′-鸟苷酸钠（GMP）及琥珀酸二钠等。此外酵母水解物也是风味增效剂的良好来源。研究发现，MSG和IMP、GMP混合使用时，其鲜味效果显著提高，在味感时间上还能延长鲜味时间，抑制酸味和苦味，使食品更鲜美可口。

4. 涩味与辣味

涩味是口腔黏膜受到化学物质作用，使黏膜蛋白凝固紧缩而形成的一种感觉。涩味主要是由食物中的单宁类、多酚类、草酸、铁盐等物质引起的。常见的可能具有涩味的食物有柿子、石榴、茶叶、咖啡等。柿子的涩味成分主要是无色花青素配糖体，可用温水浸泡、乙烯催熟等方法除去。

辣味是一种具有强烈刺激性的味道。适当的辣味有增进食欲，促进消化分泌的功效，并有杀菌作用。一些主要的辛辣化合物存在于辣椒、黑胡椒及姜中。存在于芥菜中的芥子苷则具有刺激性辣味。代表性的产辣物质是辣椒素、胡椒碱和姜醇。

5. 味感的相互作用

物质呈味的强弱除决定于浓度和温度外，还受到各种物质之间的相互作用和相互影响，这些影响有以下几点。

(1) 对比现象　两种或两种以上的呈味物质适当调配，使其中一种呈味物质的味觉变得更协调可口，称为对比现象。如100g/L的蔗糖水溶液中加入15%的食盐，使蔗糖的甜味更甜爽；味精中加入少量的食盐，使鲜味增强。

(2) 相乘现象　两种具有相同味感的物质共同作用，其味感强度超过两者分别使用时的味感相加，叫相乘作用，也称协同作用。如味精与5′-肌苷酸共同使用，能相互增强鲜味；甘草苷本身的甜度为蔗糖的50倍，但与蔗糖共同使用时，其甜度为蔗糖的100倍。

(3) 消杀现象　一种味感能抑制或减弱另一种物质的味感叫消杀现象。例如：砂糖、柠檬酸、食盐和奎宁之间，若将任何两种物质以适当比例混合时，都会使其中的一种味感比单独存在时减弱，如在10~20g/L的食盐水溶液中，添加70~100g/L的蔗糖溶液，则咸味的强度会减弱，甚至消失。

(4) 变调现象　如刚吃过中药，接着喝白开水，感到水有些甜味，这就称为变调现象。先吃甜食，接着饮酒，感到酒似乎有点苦味，所以，宴席在安排菜肴的顺序上，总是先清淡，再味道稍重，最后安排甜食。这样可使人能充分感受美味佳肴的味道。

除上述情况外，还有很多因素影响食品风味。俗话讲，“饥不择食”，当你处于饥饿状态时，吃啥都感到格外香；当情绪欠佳时，总感到没有胃口，这是心理因素在起作用。

六、 风味物质在食品加工中的变化

1. 风味物质与营养的关系

食品风味物质（主要是食品中的香气成分）形成的基本途径，除了一部分是由微生物作用合成以外，其余都是通过在贮藏加工过程中的酶促反应或者非酶促反应而生成的。这些反应的前提物质绝大多数都是食品中存在的营养成分，如糖类、蛋白质、脂肪以及维生素、矿物质等。因此，从营养的角度上来看，食品在贮藏加工过程中发生风味成分的反应是不利的。这些成分不但使食品营养成分受到损失，尤其人体必需而自身不能合成的氨基酸、脂肪酸和维生素得不到充分利用。而且当反应控制不当时，甚至还会产生抗营养成分或有毒物质，如稠环化合物、黑色素等。

从食品工艺的角度看，食品在加工过程中产生风味物质的反应，既有有利的一面，如增加了食品的多样性和商业价值等，又会产生不利的一面，如降低了食品的营养价值，产生不希望的褐变等。两方面的作用要根据食品的种类和工艺条件的不同来具体分析。

咖啡、茶叶或者酒类、酱等食物，在发酵、烘烤等加工过程中其营养成分和维生素虽然受到了较多的破坏，但同时也形成了一些良好的风味特征，消费者一般不会对其营养状况感到不安，所以这些变化也是有利的。花生、芝麻等食物的烘炒加工中，其营养成分尚未受到较大的破坏之前已经获得了良好的风味，而且这些食物在生鲜之前不大适合食用，因此这种加工受到消费者欢迎。粮食、鱼、肉等食物，必须经过加工才能食用，若加热温度不高，受热时间不长，营养物损失不多，但同时又会产生人们喜爱、熟悉的风味。

烘烤和油炸食品，如面包、饼干、烤鸭、炸油条等，其独特风味虽然受到消费者喜爱，但如果是高温长时间烘烤油炸，会使其营养价值大大降低，尤其是重要的限制氨基酸赖氨酸会明显减少。而对于乳制品的情况不尽相同。美拉德反应对其风味并没有明显影响，却会引起营养成分的严重破坏，尤其是当婴儿以牛乳作为赖氨酸的主要来源时，这种热加工方式是不利的，经过强烈的美拉德反应之后，牛乳的营养价值甚至会降到与大豆油饼相似的程度。水果经加工后，其风味和营养也会遭到很大损失，远远低于鲜果。

2. 食品香气的控制

（1）微生物控制作用　发酵香气主要来自微生物的代谢产物。通过选择和纯化菌种并严格控制工艺条件可以控制香气的产生。例如，发酵乳制品的微生物有3种类型：第一类是只产生乳酸的；第二类是产生柠檬酸和发酵香气的；第三类是产生乳酸和香气的。第三种类型的微生物在氧气充足时能将柠檬酸在代谢过程中产生的α-乙酰乳酸转变为具有发酵乳制品特征香气的丁酮，在缺氧时则生成没有香气的丁二醇。

（2）酶的控制作用　利用酶的活性来控制香气的形式，如添加特定的产香酶或去臭酶。例如，干制的卷心菜中添加黑芥子硫苷酸酶，就能得到和新鲜卷心菜大致相同的香气；特定的脂酶加入乳制品中，使乳脂肪更多地分解出有特征香气的脂肪酸；利用醇脱氢酶和醇氢化酶使大豆中的长链醛类氧化，可除去豆制品中的豆腥味。

(3) 香气的稳定　包合物即在食品微粒表面形成一种水分子能通过而香气成分不能通过的半渗透性薄膜，这种包合物一般是在干燥食品时形成，加水后又能将香气成分释放出来。组成薄膜的物质有纤维素、淀粉、糊精、琼脂、羧甲基纤维素、果胶。

对那些不能通过包合物稳定香气的食品，可以通过物理吸附作用使香气成分与食品成分结合。一般液态食品比固态食品有较大的吸附力，相对分子质量大的物质对香气的吸收性较强。例如，用蛋白质来吸附醇类化合物，用糖吸附醇类、醛类和酮类化合物等。

3. 食品香气的增强

目前主要采用两种途径增强香味，一是加入食用香精或回收的香气物质；二是加入香味增强剂，提高或充实食品的香气，而且也能改善或掩盖一些不愉快的气味。目前，作为食品增香剂的麦芽酚和乙基麦芽酚常添加于焙烤食物、冰淇淋和糖果中，其中麦芽酚的添加量约 110μg/kg。麦芽酚和乙基麦芽酚均为白色晶状粉末，具有焦奶油硬糖的特殊味道，溶于稀释溶液中可发出草莓样芳香。本品是一种广谱的香味增效剂，具有增香、固香、增甜的作用，可配制食用香精、化妆品香精等，广泛用于食品、饮料、酿酒、化妆品、制药等行业。

乙基麦芽酚的挥发性比麦芽酚强，香气更浓，增效作用更显著，约相当于麦芽酚的 6 倍。一般麦芽酚作为食品添加剂，用量为 0.05~0.3mg/kg，而乙基麦芽酚用量为 0.40~100mg/kg。

项目小结

本项目以完成色素拼色工作任务驱动，引入食品色、香、味的相关概念，以食材天然成分入手，分析已有天然色素、呈味和香气物质的化学成分、应用特性及影响食用性能的因素结合现代食品加工技术和国家食品安全标准，熟悉天然色素和允许使用的合成着色剂、呈味剂及香味剂。着重掌握不同食材的呈色、呈香、呈味物质的组成特点，采取合理的加工方法和贮藏手段，兼顾食品的“色、香、味”、营养和安全性。

项目思考

1. 叶绿素在食品加工、贮藏过程中有哪些变化？
2. 酸味与哪些因素有关？
3. 甜味物质在应用时有哪些特点及影响因素？
4. 动物肌肉组织加热时主要香味化合物有哪些？
5. 畜禽肉类的风味物质是什么？

项目九

食品添加剂的性能与控制

学习目标

【知识目标】

1. 熟知各类食品添加剂的定义、分类。

2. 熟知各类食品添加剂的性能特点。

3. 熟悉常用食品添加剂使用范围、应用方法及使用注意事项。

【技能目标】

1. 能够根据需要在食品生产过程中正确使用防腐剂、抗氧化剂、漂白剂和增稠剂。

2. 能够进行食品中苯甲酸及苯甲酸钠的测定。

3. 能运用气相色谱法测定过氧化苯甲酰。

4. 能测定乳化剂在乳饮料中的乳化稳定能力。

【素质目标】

1. 通过分组介绍各种调味剂的性状性能、风味、特点及安全使用建议，在酸味剂与甜味剂有拮抗作用下，控制糖酸比可以有效调节食品风味，体现社会中矛盾的统一与斗争，充分理解矛盾双方相互对立、相互依存、相互促进现象，培养细心细致、协同创新的工匠精神。

2. 通过对食品防腐剂的使用了解和学习，认识到在规定使用量范围内添加防腐剂可以取到从量变到质变的效果，达到防腐保鲜的结果。领悟到社会实践过程中，事物的积累存在量的界限，超出量的界限，将发生质变，形成新事物，也可能造成物极必反的效应，树立环保意识和安全生产意识。

3. 通过生活中强化碘食盐和强化铁酱油等案例分析，充分认识到实践是检验真理的唯一标准，养成精益求精、认真负责的科学态度。

项目导入

2011年3月1日，卫生部等部门发布公告，过氧化苯甲酰、过氧化钙不在食品添加剂目录中，自2011年5月1日起，禁止在面粉生产中添加这两种物质。事实上，过氧化苯甲酰过去被列为“面粉增白剂”用以提高些面粉的白度，破坏的是面粉营养成分，并且稍过量添加就可能氧化后成为苯甲酸，而苯甲酸是一种防腐剂，对人体并不安全。食品添加剂超量、超范围使用，会给食品带来不安全的隐患。

正确合理使用食品添加剂，能满足人们对食品的色、香、味、品种、新鲜程度等方面的要求，在提升食品的质量和档次、调整食品的营养结构、改善食品加工条件、延长食品的保质期等方面发挥了重要作用。苏丹红、三聚氰胺、塑化剂不属于允许使用的食品添加剂，不能用于食品生产。

任务 乳饮料加工中乳化剂性能的测试

任务要求

1. 熟悉乳化剂的性能。
2. 能够测试乳化剂的乳化程度。

知识贮备

食品添加剂是人们有意识地一般以少量添加于食品，以改善食品的外观、风味和组织结构或贮存性质的非营养物质。目前我国食品添加剂有23个类别，2000多个品种，包括酸度调节剂、抗结剂、消泡剂、抗氧化剂、漂白剂、膨松剂、着色剂、护色剂、酶制剂、增味剂、营养强化剂、防腐剂、甜味剂、增稠剂、香料等。

食品添加剂，特别是化学合成的食品添加剂大都有一定的毒性，所以使用时要严格控制使用量。食品添加剂的毒性是指其对机体造成损害的能力。毒性除与物质本身的化学结构和理化性质有关外，还与其有效浓度、作用时间、接触途径和部位、物质的相互作用与机体的机能状态等条件有关。因此，不论食品添加剂的毒性强弱、剂量大小，对人体均有一个剂量与效应关系的问题，即物质只有达到一定浓度或剂量水平，才显现毒害作用。

任务实施

1. 任务分组

学生依据任务工作要求和任务具体内容，并结合自身兴趣爱好和对任务了解的基本情况自由组合，2~3人为一组，开展任务实施。

2. 材料准备

（1）仪器　小型均质机、压盖机、常压水浴杀菌器、冰箱、电炉、不锈钢锅、温度计等。

（2）材料　鲜牛乳、单硬脂酸甘油酯、磷脂（以上均为食品级）、四旋盖玻璃瓶（300mL）。

3. 实施步骤

原料选取→样品制备→均质处理→加热杀菌→冷却→空白样品制备→实验结果记录→乳化效果评价

4. 实施要点

（1）样品制备　将2L鲜牛乳用水浴加热至60~70℃，平分成两份；事先称好4g单硬脂酸甘油酯、10g磷脂，单硬脂酸甘油酯用少量热水（或热牛乳）振荡分散，添加到一份热牛乳中，磷脂则直接添加到另一份鲜牛乳中，搅拌均匀。

（2）样品均质处理　分别将两份鲜牛乳于5MPa压力下均质，均质前保持鲜牛乳温度为60℃左右。

（3）样品杀菌、冷却　将均质后的两种鲜牛乳分别用四旋玻璃瓶装瓶，扣盖后于水浴锅中加热至中心温度高于80℃，然后拧紧盖子。继续杀菌15~25min。然后先于55℃水浴中冷却10min，后于冷水浴中冷却至38℃以下。

（4）空白样品制备　参照实施要点（1）~（3）制作空白样，只是鲜牛乳中不添加乳化剂。

（5）乳化效果评价　将所有消毒牛乳样品于4~10℃中冷藏，5d观察1次（主要观察乳液面是否出现脂肪层或乳晕），20d后对各种样品进行品尝，注意口感和风味的区别。

5. 实验结果记录与数据处理（表9-1）

表9-1　乳饮料加工中乳化剂性能测试实验数据记录表

观察的感官指标	样品		
	空白样	单硬脂酸甘油酯	磷脂
出现脂肪层的时间/d			
口感（细腻感）			
风味			

6. 相关问题

（1）不同种类食品添加剂有不同的安全适用范围。

（2）不同种类食品添加剂在不同种类食品中具有不同的安全使用量要求。

考核要点

（扫二维码可获得详细考核信息）

1. 乳化剂均质操作。
2. 杀菌控温操作。
3. 观察与评价。

乳饮料加工中乳化剂性能的测试考核要点

思考题

1. 两种乳化剂在乳饮料中的乳化作用之差别在哪里？
2. 如何选择运用乳化剂？

相关知识

以水、脂肪、蛋白质、糖类等为主要成分的食品是一种多相体系，有些成分互不相溶，无法混合均匀，常出现乳脂析出、焙烤食品变硬、巧克力糖起霜等现象。

一、 食品添加剂的定义

为改善食品品质和色、香、味以及为防腐、保鲜和加工工艺的需要而加入食品中的人工合成或者天然物质称为食品添加剂。食品用香料、胶基糖果中基础剂物质、食品工业用加工助剂也包括在内。

食品添加剂的概述——教学视频

二、 食品添加剂的作用

（1）增加食品的保藏性能，延长保质期，防止微生物引起的腐败和由氧化引起的变质。就目前而言防腐剂的使用具有重要意义，今后会逐步减少其使用。

（2）改善食品的色香味和食品的质构，例如，色素、香精、各种调味品、增稠剂和乳化剂等是开发各种风味方便食品所必不可少的。

（3）有利于食品的加工操作，适应机械化、连续化大生产。如用葡萄糖酸内酯作为豆腐凝固剂，就可以大规模的生产安全、卫生的盒装豆腐。

（4）保持和提高食品的营养价值。如营养强化剂以及近来开发的多种具有功能因子作用的食品添加剂，如具有促进肠道内有益菌生长的低聚糖添加剂。

三、 食品添加剂的安全使用

随着食品工业和化学工业的发展，以及食品添加剂具有增加食品保藏性、改善食品的感观性状、有利于食品加工操作、保持或提高食品的营养价值等作用，使得添加剂在食品中的使用越来越多，出现了大量使用食品添加剂，甚至滥用食品添加剂或使用不符合卫生标准的添加剂的状况，如面粉加工中使用过氧化苯甲酰（面粉增白剂）；将工业用增白剂甲醛次硫酸氢钠（俗称吊白块）用于加工米粉、腐竹、馒头、精细白糖、以达到增白及增重的目的；将生产胱氨酸的废液（俗称毛发水）用于生产配制酱油等，都给食品安全带来了隐患，使人类的健康受到威胁。

食品添加剂的安全问题各国都很重视，为了促进食品添加剂产品质量的提高，保障人民身体的健康，对生产、运输、销售、使用等各个环节加强控制监督和管理，我国制定了有关的法规与标准。与食品添加剂有关的国家标准有 GB 2760—2014《食品安全国家标准　食品添加剂使用标准》、GB 29924—2013《食品安全国家标准　食品添加剂标识通则》、GB 26687—2011《食品安全国家标准　复配食品添加剂通则（含第 1 号修改单）》等。

与食品添加剂有关的法规有《中华人民共和国食品安全法》《食品安全性毒理学评价程序》《食品添加剂卫生管理办法》《食品营养强化剂使用卫生标准实施细则》等。对于食品中的添加剂，最重要的是使用的安全性，其次是色、香、味、形及其工艺效果。因此，对食品添加剂的生产、经营和使用都要求严格遵守有关的法规和条例。尤其应注意以下几点：

（1）应选用 GB 2760—2014《食品安全国家标准 食品添加剂使用标准》中允许使用的食品添加剂，还应符合相应的产品标准；

（2）鉴于有些食品添加剂具有一定的毒性，应尽可能不用或少用，必须使用时，应严格控制使用范围及使用量；

（3）不得以掩盖食品腐败变质或伪造、掺假为目的，为欺骗消费者而使用食品添加剂；

（4）婴幼儿食品、儿童食品除按规定可以加入食品营养强化剂外，不得加入人工甜味剂、色素、香精等不适宜的食品添加剂。

有关食品添加剂的使用范围及最大使用量请查看 GB 2760—2014《食品安全国家标准 食品添加剂使用标准》，各种食品添加剂的性质、使用方法及使用注意事项请查看食品添加剂手册。

四、乳化剂

1. 乳化剂定义

两种互不相溶的液体混合后，其中一种呈微滴状分散于另一种液体中的作用称为乳化。这两种不同的液体成为“相”，在体系中量大的称为连续相，量小的称为分散相。能使互不相溶的两相中的一相均匀地分散于另一相的物质称为乳化剂。乳化剂的分子具有极性端（亲水性）和非极性端（亲油性），它可介于油和水之间，使一相均匀地分散于另一相中形成稳定的乳浊液。食品乳化剂能稳定食品的物理状态，改进食品的组织结构，简化和控制食品的加工过程，使互不相溶的成分形成稳定的混合体系，为开发丰富多彩、性能优良的食品新品种提供了保障。

2. 分类

根据乳化体系中两相的性质，油水乳浊液分为水包油（O/W）及油包水（W/O）两种类型，它们适用的乳化剂也不相同。O/W 型乳浊液宜用亲水性强的水溶性乳化剂，如低酯化度的蔗糖酯、吐温系列乳化剂、聚甘油酯类乳化剂等；W/O 型乳浊液宜用亲油性强的油溶性乳化剂，如脂肪酸甘油酯类乳化剂、山梨醇酯类乳化剂等。

3. 作用机理

乳化剂能使油和水均匀乳化，具有亲水（极性、疏油）基团和疏水（非极性、亲油）基团的特殊分子结构。亲水基团与疏水基团分别处于分子的两端，为不对称结构。

单硬脂酸甘油酯分子中羟基是易溶于水或能被水润湿的亲水基团，而由碳氢组成的长链烃基部分（脂链）能与油脂互溶，两种基团共同存在于同一个分子中；当单硬脂酸甘油酯混于油水不稳定体系中时，立即吸附在油和水之间的界面上，形成许多吸附层和界面膜，降低表面张力，防止油和水的相互排斥，形成稳定的乳化液。

4. 乳化剂在食品加工中的作用

（1）对淀粉的配位作用　大多数乳化剂的分子中具有线型的脂肪酸长链，可与直链淀粉连接成为螺旋状复合物，从而降低淀粉分子的结晶程度，并进入其颗粒内部阻止支链淀粉的凝聚，从而防止淀粉制品的老化。乳化剂在淀粉制品中被吸附在淀粉粒表面，产生水不溶性物质，抑制水分的移动，也抑制了淀粉粒的膨胀，阻止了淀粉粒之间的相互连接；乳化剂的疏水基团进入直链淀粉螺旋结构，形成不溶性复合物，防止了淀粉粒之间再结晶而发生老化，从而具有抗老化、保鲜的功效。

（2）发泡和充气作用　乳化剂中饱和脂肪酸链能稳定液态泡沫，故可用作发泡剂。而具有不饱和脂肪链的乳化剂能抑制泡沫，可在乳品和蛋制品加工中用作消泡剂。

（3）润滑作用　饱和单、双甘油酯对淀粉制品挤压时可获得良好的润滑性。在乳脂糖中加入单、双甘油酯，可降低咀嚼时的强度和阻力。

（4）对体系结晶的影响　在糖果、巧克力等制品中，可通过乳化剂控制固体脂肪结晶的形成、晶型和析出，防止糖果返砂、巧克力“起霜”，防止人造奶油、起酥油、冰淇淋中粗大结晶的形成。

（5）破乳消泡作用　不同的乳化剂具有不同的乳化、破乳作用，而有时这种适当的破乳作用也是必需的，以获得较好的“干燥的”产品。

（6）与蛋白质络合作用　在焙烤制品中可强化面筋网络结构，防止因油水分离所造成的硬化，增加韧性和抗拉力，以保持其柔软性，抑制水分蒸发，增大体积，改善口感。

（7）抗菌保鲜作用　乳化剂可定向吸附于果蔬表面，形成一层保护膜，控制果蔬的呼吸，达到保鲜的目的。

5. 常用乳化剂

（1）单硬脂酸甘油酯　单硬脂酸甘油酯为微黄色的蜡状固体。凝固点不低于56℃，不溶于水，在热水中强烈振荡时可分散在水中。为 W/O 型乳化剂，因本身乳化性很强，也可作为 O/W 型乳化剂。

根据《食品安全国家标准　食品添加剂使用标准》（GB 2760—2014）规定，单硬脂酸甘油酯的使用范围为糖果、巧克力、饴糖，其最大使用量为 6g/kg。适用于制造乳脂糖和奶糖，在制造饴糖时，添加单硬脂酸甘油酯，在熬糖时可降低黏度，并能避免食用时粘牙。

（2）磷脂　磷脂呈半透明的黏稠物质，稍有特异臭味。在空气中或光照下迅速变成黄色逐渐变成不透明的褐色。不溶于水，在水中膨润呈胶体溶液。溶于氯仿、乙醚、石油醚、四氯化碳，有吸湿性。从大豆中制取的磷脂成本低，不易腐败，可大量生产，是食品工业重要的乳化剂。被广泛应用于制造糖果、人造奶油、饼干和糕点等食品。

应用　果汁饮料中的食品添加剂

生产色、香、味、质构俱全的果汁饮料，需要使用多种食品添加剂，具体如下。

（1）甜味剂　常用蛋白糖、甜蜜素等。

（2）酸味剂　常用柠檬酸、酒石酸。

（3）增稠剂　常用海藻酸钠、羧甲基纤维素钠、黄原胶等。

（4）防腐剂　常用苯甲酸、苯甲酸钠和山梨酸、山梨酸钾等。

(5) 抗氧化剂　抗坏血酸、异抗坏血酸、亚硫酸盐类、葡萄糖氧化酶、过氧化氢酶等。

(6) 香精、香料　不同果汁加不同香精、香料。

另外，果实取汁时为了提高出汁率常用果胶酶；澄清果汁要用澄清剂；混浊果汁要用乳化剂等。

(3) 蔗糖脂肪酸酯　适用于乳化剂的蔗糖脂肪为1、2、3个脂肪酸（软脂酸或硬脂酸）的蔗糖酯，主要为单酯及二酯。为白色至黄色的粉末，或无色至微黄色的黏稠液体或软固体。无臭或稍有特殊的气味，易溶于乙醇、丙酮。在食用乳化剂中它的亲水性较大，适用于O/W型乳浊液，对油脂仅溶解1%以下。加热到145℃以上则分解，120℃以下稳定，在酸性或碱性下加热则被皂化。

广泛用于糕点的乳化、发泡和泡沫的保持，可防止面包老化和饼干等焙烤制品的油脂乳化，可提高油脂起酥作用，还可作为可可、巧克力、牛乳等的分散剂。

实际使用时，可先将蔗糖酯用适量的冷水调和成糊状，再加入所需的水，升温至60~80℃，搅拌溶解，或将蔗糖酯加到适量油中，搅拌令其溶解和分散，再加到制品原料中。另外，蔗糖酯暴露在空气中一般易潮解结块，结块后仍可使用，但不利于保存，因蔗糖酯在50℃以上即开始熔化，故蔗糖酯应密封保存于阴冷干燥处。

五、 增稠剂

1. 增稠剂定义

食品增稠剂是指一类高分子亲水性胶体物质，具有许多亲水性基团，如羟基、羧基和氨基等基团。其具有亲水胶体的一般性质，能与水分发生水化作用，形成相对稳定的均匀分散体系。食品中用的增稠剂大多属多糖类，少数为蛋白质类。

2. 增稠剂的分类

目前，世界上用于食品工业的食品增稠剂有60多种，列入我国添加剂卫生使用标准中有25种。根据增稠剂的来源和加工方式分两大类，即天然和化学合成增稠剂，其中天然增稠剂占大多数（约50种）。

3. 常用增稠剂

(1) 琼脂　琼脂所形成的凝胶是胶类中强度最高的，可以制作许多坚韧而富有弹性的果冻食品。琼脂的另一特性是快速凝固，在水果冻中可防止生产过程中水果浆上浮下沉；用作油饼、面包的透明糖衣时，可减少油饼、面包的吸液软化倾向。

（2）海藻酸盐　海藻酸盐本身不能成胶，但可以通过加入 Ca^{2+} 等来形成凝胶，由于它不易失水收缩，表面不会硬化，因此可以广泛用于需一次或多次冷冻一加热循环的食品中。海藻酸盐与淀粉的黏结力很强，当它用于饼馅中时，可产生一种松脆、不胶黏的口感；用于面条则可大大加强咀嚼力。

（3）卡拉胶　卡拉胶具有稳定酪朊胶束的作用，主要应用于乳类和肉类产品中。如在可可牛乳中悬浮稳定可可粉；在牛乳蒸发过程和冰淇淋中，对胶束和胶团起稳定作用，防止油水分离；在火腿肠中用于黏结稳定。卡拉胶形成的胶凝能在口中溶化，且具有口感好、外观好、光泽发亮的特点。

（4）黄原胶　黄原胶可提高食品的黏度，在-4～93℃黏度变化很小，它的水溶液有极强的假塑性（切变稀化性），因而大量应用于色拉、肉汁、调味汁中，在这些食品中黄原胶还能提供良好的乳化、悬浮稳定性，并保持一定的黏度。黄原胶溶液耐酸碱性（pH 1.5～13）也是十分引人瞩目的，因此在各类碳酸饮料中得到广泛应用。

（5）明胶和果胶　明胶主要应用特点是其凝胶熔点低，在口中可溶化，胶体柔软有弹性，因此常用于奶糖等产品的生产。果胶由于其抗酸性的特点，主要作为酸性食品的胶凝剂。

（6）瓜尔胶　瓜尔胶是已知胶类中增稠效果最好的胶体，吸水能力较强，可用于冰淇淋中，避免冰晶的生成；用于罐头食品中能使肉菜固体部分表面包一层稠厚的肉汁。

（7）海藻酸丙二醇酯　海藻酸丙二醇酯是已知胶体中抗酸性最好的胶体，它在乳酸菌饮品中作为稳定剂使用，效果最好。

（8）CMC　已经开发出抗酸、耐碱、高黏、低黏等系列产品，其水溶液耐起煮沸、冷冻和低温速冻。CMC 也用于增稠、假塑赋形等方面，成本低。

4. 增稠剂使用注意事项

（1）单独使用一种增稠剂，往往得不到理想效果　增稠剂必须同其他几种乳化剂复配使用，发挥协同效应。增稠剂有较好增效作用的配合是：羧甲基纤维素与明胶，卡拉胶、瓜尔豆胶与羧甲基纤维素，琼脂与刺槐豆胶、黄原胶与刺槐豆胶等。增稠剂溶液的黏度与其溶液浓度温度、pH、切变力及溶液体系中的其他成分等因素有关。

（2）使用中注意不同来源不同批号产品性能不同　工业产品常是混合物，其中纯度，分子大小，取代度的高低等都将影响胶的性质。如耐酸性，能否形成凝胶等。

（3）浓度和温度对其黏度的影响　一般随胶浓度的增加而黏度增加，随温度的下降而黏度增加。多数增稠剂在较低浓度时，随浓度增加，溶液的黏度增加；在高浓度时呈现假塑性。切变力对增稠剂溶液黏度一定影响。

（4）特别注意 pH 的影响　酸性多糖在 pH 下降时黏度有所增加，有时发生沉淀或形成凝胶。很多增稠剂在酸性下加热，大分子会水解而失去凝胶和增稠稳定作用。

（5）胶凝的速度对凝胶类产品质量的影响　一般缓慢的胶凝过程可使凝胶表面光滑，持水量高。所以常常通过控制 pH 或多价离子的浓度来控制胶凝的速度，以得到期望性能的产品。

5. 增稠剂在食品加工中的作用

食品增稠剂能改善食品的物理特性，增加食品的黏稠度或形成凝胶，赋予食品黏润、适宜的口感，并且具有提高乳化状和悬浊状的稳定性作用。

世界上通用的增稠剂有40多种，而每种增稠剂常有多种功能，如胶凝剂、乳化剂、成膜剂、持水剂、黏着剂、悬浮剂、上光剂、晶体阻碍剂、泡沫稳定剂、润滑剂、崩解剂、填充剂等。另外，对不同的食品，食品增稠剂还具有以下作用：

（1）改善面团的质构　在许多焙烤食品和方便食品中，添加增稠剂能促使食品中的成分趋于均匀，增加其持水性，从而能有效地改善面团的品质，保持产品的风味，延长产品的保质期。

（2）改善糖果的凝胶性和防止起霜　在糖果的加工中，使用增稠剂能使糖果的柔软性和光滑性得到显著改善。在巧克力的生产中，增稠剂的添加能增加巧克力表面的光滑性和光泽，防止表面起霜。

（3）提高起泡性　蛋糕、面包、啤酒、冰淇淋等生产中加入增稠剂可以提高产品的发泡性，在食品的内部形成许多网状结构。

（4）提高黏合作用　在香肠等产品中加入槐豆胶、鹿角菜胶等增稠剂，使产品的组织结构更稳定、均匀、滑润，并且有强的持水能力。

（5）持水作用　在肉、面粉制品加工中加入增稠剂能起到改良产品质构的作用。

六、膨松剂

1. 膨松剂的概念

在焙烤食品的加工中，为了改善食品品质，常常会加入膨松剂。所谓膨松剂又称疏松剂，是指在焙烤制品中能使制品体积增大、组织疏松的一类物质。在食品加工中加入，能使产品发起形成致密多孔组织，从而使制品膨松、柔软或酥脆。通常在和面时加入，经过加热，膨松剂因化学反应产生二氧化碳，使面团变成多孔的海绵状组织，柔软可口易咀嚼，增加营养，容易消化吸收，并呈现特殊风味。

2. 膨松剂的分类

膨松剂可分化学膨松剂、生物膨松剂、生化膨松剂3类。化学膨松剂分为碱性膨松剂、酸性膨松剂和复合膨松剂等。碱性膨松剂包括碳酸氢钠（钾）、碳酸氢铵、轻质碳酸钙；酸性膨松剂包括硫酸铝钾、硫酸铝铵、磷酸氢钙和酒石酸氢钾等，主要用作复合膨松剂的酸性成分，不能单独作为膨松剂使用。复合膨松剂又称发酵粉、泡打粉，是目前实际应用最多的膨松剂，一般由碳酸盐类、酸性物质和淀粉等几种部分组成。

生物膨松剂就是指酵母，它的机理是由于酵母含有丰富的酶，有很强的发酵能力，在发酵过程中产生大量的二氧化碳和乙醇，使制品疏松多孔，体积增大。

生化膨松剂是酵母与化学膨松剂的合称，是指将活性干酵母与小苏打、碳酸氢铵、发酵粉等混合使用于制品中。两者可互相取长补短，用于制作馒头，可大大缩短制作时间，成品外观饱满，色泽洁白，膨松性好，有弹性，切面气孔均匀，耐咀嚼。

3. 膨松剂的作用

（1）增加食品体积

（2）产生多孔蓬松结构　使食品具有松软酥脆的质感，使消费者感到可口、易嚼。食品入口后唾液可很快渗入食品组织中，带出食品中的可溶性物质，所以可很快尝出食品风味。

（3）帮助消化　膨松食品可加速各种消化液流速、避免营养素的损失，加速消化，吸收率提高，使食品的营养价值更充分地体现出来。

4. 膨松剂的应用

（1）适用范围　膨松剂主要用于面包、蛋糕、饼干、发面制品。

（2）不同膨松剂的使用特点　单一的化学膨松剂具有价格低、保存性好、使用方便等优点。缺点是反应速度较快，不能控制，发气过程只能靠面团的温度来调整，有时无法适应食品工艺要求。生成物不是中性的，如碳酸钠为碱性，它可能与食品中的油脂皂化，产生不良味道，破坏食品中的营养素，并与黄酮酵素反应产生黄斑。

（3）复合膨松剂　复合膨松剂具有持续性释放气体的性能，从而使产品产生理想的酥脆质构。而且复合膨松剂的安全性更高，是生产油炸类方便小食品必不可少的原料之一。

应用　面包生产中常用的食品添加剂

面包生产中使用的添加剂比较多，其中常用的有发酵疏松剂、面团改良剂、食用色素、香精、防腐剂、酵母营养剂等.

（1）发酵疏松剂——酵母　酵母是面包生产中必不可少的原料，其中主要是即发活性干酵母，它是一种发酵速度很快的高活性新式干酵母。使用时不需要用温水活化，方便省时省力。有高糖型和低糖型，一般用量为 0.5%～1.0%，生产时可根据生产工艺方法和气候温度等因素在此范围选用。在面包生产中除了能使面团膨胀、面包体积增大、组织柔软以外，还可以改善风味、提高营养价值等。

(2) 面包改良剂　面包改良剂是指能够改善面团加工性能、提高产品质量的一类添加剂，它是一种混合制剂，一般包括面粉处理剂、乳化剂、酶制剂、食品营养强化剂、pH 调节剂、氧化剂和还原剂等物质。

(3) 食用色素　色素是以着色为目的的食品添加剂，可使面点制品色彩鲜艳悦目，色调和谐宜人，提高食品食欲或商品的价值。食用色素按来源分为天然色素和合成色素，在面包生产中常用的色素有柠檬黄、日落黄、胭脂红，常规用量为 0.01~0.05g/kg。

(4) 香精　香精是提高面包制品香味和香气的主要物质，香精的种类很多，在面包生产中主要用的香精是耐高温的油性香精和粉末香精。如香草色香油、巧克力色香油、牛油香粉、牛乳香粉、香草粉等，在面包中用量一般在 0.04%~0.1%。使用方法可在调制面团时加入。

(5) 防腐剂　在面包生产中常用的防腐剂是丙酸钙，其防霉效果好，而且对酵母影响较少，一般用量为 0.2%~0.5%。其次是使用山梨酸或山梨酸钾，这类防腐剂属于酸性防腐剂，pH 高防腐效果下降，宜在 pH 5~6 使用，所以，用此类防腐剂，一般不宜和碱性化学疏松剂（如泡打粉、小苏打等）混用，山梨酸或山梨酸钾用量为 0.1%~0.2%。

(6) 酵母营养剂　酵母营养剂是保证面团正常、连续发酵或加快面团发酵速度的一类添加剂。主要是提供酵母生长繁殖所需要的营养素。其主要成分有 α-淀粉酶、铵盐和磷酸盐等。

项目小结

本项目以乳饮料加工中乳化剂性能的测试工作任务驱动项目化教学，引入食品添加剂定义、分类、作用、使用原则及现行 GB 2760—2014《食品添加剂使用标准》；明确了防腐剂、抗氧化剂、着色剂、护色剂、漂白剂、乳化剂、增稠剂、膨松剂等类别添加剂的定义、作用机理、影响使用效果因素或注意事项、常见品种、使用标准规定用量与禁止使用品种，提升食品样液制备能力、常规仪器的使用能力，为食品的安全生产和添加剂规范使用提供保证。

项目思考

1. 在食品加工时，应该如何正确使用食品添加剂？使用时应该注意哪些问题？
2. 抗氧剂 BHA、BHT、PG 等复配使用时应该注意哪些事项？
3. 如何有效发挥乳化剂在食品加工中的作用？请举例说明。
4. 常见的漂白剂有哪些？如何保证漂白剂在食品中的安全性？

项目十

食品质量安全与控制

学习目标

【知识目标】

1. 熟悉食品原料中的天然毒素和食品中常见外源性有毒有害物质。
2. 熟悉食品微生物毒素的种类、特点及污染途径。
3. 熟知食品加工有毒有害物质的产生机理与特点。

【技能目标】

1. 具有控制食品微生物毒素污染和抑制有害物质产生的能力。
2. 能够根据有害物质的理化性质和生物特性开展安全检测。

【素质目标】

1. DDT 农药是非常著名的杀虫剂和除草剂，对自然环境造成了不可逆转的破坏，它的危害持久性强，具有显著的“三致”作用。使用农药时要坚持“绿水青山就是金山银山”，坚守道德底线，成为美丽中国的建设者和守护者，树立社会责任感和使命感。

2. 结合 2018 年中国贺建奎基因编辑事件，以辩论赛形式加强对转基因食品的理解。强化“科学伦理”意识，培养科学理性思维与逻辑分析能力。

3. 通过“浙食链”电子追溯体系的开发，正确认识食品安全同生命健康的关系。《中华人民共和国食品安全法》《食品安全国家标准》是食品行业相关规章制度，要求食品从业者必须遵守相关法律、法规，保障公众的健康。

项目导入

“民以食为天、食以安为先”，古人很早之前已认识到饮食安全对人民健康的重要性，饮食是人类社会生存发展的第一需要。现代科学研究表明，影响食品安全性的因素众多，其中微生物、寄生虫、生物毒素、农药残留、兽药残留、重金属离子、食品添加剂、包装材料释出物和放射性核素等较为常见。近年来的“健美猪”“染色馒头”“塑化剂饮料”“地沟油”“金黄色葡萄球菌水饺”等一系列食品安全问题，均由上述因素造成。

任务 火腿中亚硝酸盐含量的测定

任务要求

1. 了解食品中亚硝酸盐的使用标准。
2. 能够使用分光光度计、分析天平。
3. 会测定火腿肠中亚硝酸钠含量及分析结果。

知识贮备

食品在加工过程中产生的有毒物质多数是外源性的，即是因加工工艺的需要而引入到食品中的成分。如腌肉食品制作时需要添加亚硝酸盐，从而导致致癌物质亚硝基化合物的形成；熏制食品由于熏烟而引入致癌物质苯并芘及其他多环芳烃；食品添加剂使用不当转化成有毒成分；高温长时间加热油脂也可使油脂产生有毒的氧化产物。

如食品在腌制过程中，需要加入大量食盐，这会导致此类食物钠盐含量超标，造成常常进食腌制食品者肾脏的负担加重，增高发生高血压的风险。同时，食品在腌制过程中可产生大量的致癌物质亚硝胺，导致鼻咽癌等恶性肿瘤的发病风险增高。此外，由于高浓度的盐分可严重损害胃肠道黏膜，故常进食腌制食品者，胃肠炎症和溃疡的发病率较高。

加工的肉类食品（火腿肠等）中含有一定量的亚硝酸盐，故可能有导致癌症的潜在风险。此外，由于添加防腐剂、增色剂和保色剂等，造成人体肝脏负担加重。还有，火腿等制品大多为高钠食品，大量进食可导致盐分摄入过高，造成血压波动及肾功能损害。

亚硝酸盐采用盐酸萘乙二胺法测定，硝酸盐采用镉柱还原法测定。试样经蛋白质沉淀、除去脂肪后，在弱酸条件下，亚硝酸盐与对氨基苯磺酸重氮化后，再与盐酸萘乙二胺偶合形成紫红色染料，外标法测得亚硝酸盐含量。采用镉柱将硝酸盐还原成亚硝酸盐，测得亚硝酸盐总量，由测得的亚硝酸盐总量减去试样中亚硝酸盐含量，即得试样中硝酸盐含量。

任务实施

1. 任务分组

学生依据任务工作要求和任务具体内容，并结合自身兴趣爱好和对任务了解的基本情况自由组合，2~3 人为一组，开展任务实施。

2. 材料准备

（1）仪器　电子天平（感量为 0.1mg 和 1mg）、组织捣碎机、超声波清洗器、恒温干燥箱、分光光度计、玻棒、漏斗、铁架台、烧杯（50mL、200mL、500mL 各 2 个）、容量瓶（250mL 1 个）、吸管（2mL、5mL、10mL、50mL 各 1 支）、比色管（50mL 10 支）。

（2）试剂

①亚铁氰化钾溶液（106g/L）：称取 106.0g 亚铁氰化钾，用水溶解，并稀释至 1000mL。

②乙酸锌溶液（220g/L）：称取 220.0g 乙酸锌，先加 30mL 冰乙酸溶解，用水稀释至 1000mL。

③饱和硼砂溶液（50g/L）：称取 5.0g 硼酸钠，溶于 100mL 热水中，冷却后备用。

④氨缓冲溶液（pH 9.6~9.7）：量取 30mL 盐酸，加 100mL 水，混匀后加 65mL 氨水，再加水稀释至 1000mL，混匀。调节 pH 至 9.6~9.7。

⑤氨缓冲液的稀释液：量取 50mL pH 9.6~9.7 氨缓冲溶液，加水稀释至 500mL，混匀。

⑥盐酸（0.1mol/L）：量取 8.3mL 浓盐酸，用水稀释至 1000mL。

⑦盐酸（2mol/L）：量取 167mL 浓盐酸，用水稀释至 1000mL。

⑧盐酸（6mol/L）：量取 50mL 浓盐酸，用水稀释至 100mL。

⑨对氨基苯磺酸溶液（4g/L）：称取 0.4g 对氨基苯磺酸，溶于 100mL 20%盐酸中，混匀，置棕色瓶中，避光保存。

⑩盐酸萘乙二胺溶液（2g/L）：称取 0.2g 盐酸萘乙二胺，溶于 100mL 水中，混匀，置棕色瓶中，避光保存。

⑪硫酸铜溶液（20g/L）：称取 20g 硫酸铜，加水溶解，并稀释至 1000mL。

⑫硫酸镉溶液（40g/L）：称取 40g 硫酸镉，加水溶解，并稀释至 1000mL。

⑬乙酸溶液（3%）：量取冰乙酸 3mL 于 100mL 容量瓶中，以水稀释至刻度，混匀。

⑭亚硝酸钠（$NaNO_2$，CAS 号：7632-00-0）：基准试剂或采用具有标准物质证书的亚硝酸盐标准溶液。

⑮亚硝酸钠标准溶液（200μg/mL，以亚硝酸钠计）：准确称取 0.1000g 于 110~120℃干燥恒重的亚硝酸钠，加水溶解，移入 500mL 容量瓶中，加水稀释至刻

度，混匀。

⑯亚硝酸钠标准使用液（5.0μg/mL）：临用前，吸取2.50mL亚硝酸钠标准溶液，置于100mL容瓶中，加水稀释至刻度。

3. 实施步骤

试样的预处理→提取→亚硝酸盐测定→含量计算

4. 实施要点

（1）试样的预处理

①用四分法取适量或取全部，用食物粉碎机制成匀浆，备用。

②称取试样匀浆5g（精确至0.001g），置于150mL具塞锥形瓶中，加入80mL水，超声提取30 min，每隔5 min振摇1次，保持固相完全分散。于75 ℃水浴中放置5min，取出放置至室温，定量转移至100mL容量瓶中，加水稀释至刻度，混匀。溶液经滤纸过滤后，取部分溶液于10000r/min离心15min，上清液备用。

（2）提取

称取5g（精确至0.001g）匀浆试样（如制备过程中加水，应按加水量折算），置于250mL具塞锥形瓶中，加12.5mL 50g/L饱和硼砂溶液，加入70 ℃左右的水约150mL，混匀，于沸水浴中加热15min，取出置冷水浴中冷却，并放置至室温。定量转移上述提取液至200mL容量瓶中，加入5mL 106g/L亚铁氰化钾溶液，摇匀，再加入5mL 220g/L乙酸锌溶液，以沉淀蛋白质。加水至刻度，摇匀，放置30min，除去上层脂肪，上清液用滤纸过滤，弃去初滤液30mL，滤液备用。

（3）样品测定

吸取40.0mL上述滤液于50mL带塞比色管中，另吸取0mL、0.20mL、0.40mL、0.60mL、0.80mL、1.00mL、1.50mL、2.00mL、2.50 mL亚硝酸钠标准使用液（相当于0.0μg、1.0μg、2.0μg、3.0μg、4.0μg、5.0μg、7.5μg、10.0μg、12.5μg亚硝酸钠），分别置于50mL带塞比色管中。于标准管与试样管中分别加入2mL 4g/L对氨基苯磺酸溶液，混匀，静置3~5min后各加入1mL 2g/L盐酸萘乙二胺溶液，加水至刻度，混匀，静置15min，用1cm比色杯，以零管调节零点，于波长538nm处测吸光度，绘制标准曲线比较。同时做试剂空白。

（4）数据记录与结果处理

$$X_1(\text{mg/kg}) = \frac{m_2 \times V_0 \times 1000}{m_3 \times V_1 \times 1000}$$

式中 X_1——试样中亚硝酸钠的含量，mg/kg；

m_2——测定用样液中亚硝酸钠的质量，μg；

1000——转换系数；

m_3——试样质量，g；

V_1——测定用样液体积，mL；

V_0——试样处理液总体积，mL。

5. 实验结果记录与分析（表 10-1）

表 10-1　　火腿中亚硝酸盐含量的测定实验数据记录表

序号	V_1/mL	V_0/mL	m_2/μg	m_3/g	X_1/（mg/kg）
1					
2					
3					

6. 相关问题

（1）如何有效从食品原料中去除有毒有害物质，以保证食品的安全性。

（2）标准曲线绘制中，如何确定浓度点间隔和范围值，以保证测定值的准确性。

考核要点

（扫二维码可获得详细考核信息）

1. 样品制备中水浴、冷却、沉淀、定容及过滤操作。
2. 分光光度计使用及标准曲线绘制。
3. 记录、计算及评价。

火腿中亚硝酸盐含量的测定考核要点

思 考 题

1. 处理火腿时加入亚铁氰化钾和乙酸锌溶液的作用有哪些？
2. 制作标准曲线时，加入试剂的顺序可否任意改变？为什么？
3. 使用分光光度计时应注意哪些事项？
4. 对比本任务中量取的各种试剂，采用何种量器？为什么？

相关知识

一、食品添加剂引起的毒害

在食品生产加工过程中，为了保持食品的营养成分与质量、改善食品的感官质量、提高产品的贮存性能，适当使用一些食品添加剂是有必要的。在一定范围内使用一定剂量的添加剂，对人体无害，但如果滥用，也可能引起各种形式的毒害作用，如慢性中毒、致畸、致癌、致突变等。

食品添加剂引起的毒害——教学视频

1. 食品添加剂引起毒害作用的主要原因

（1）某些食品添加剂的化学及生化转化产物有毒性　如腌肉制品的发色剂硝

酸盐、亚硝酸盐与食品中的胺在适宜条件下生成亚硝基胺化合物；偶氮染料色素转化为游离胺；环己胺糖精在体内代谢转化为环已胺等。

（2）食品添加剂中的某些杂质有毒性　如糖精中的邻甲苯磺酰胺、氨法生产的焦糖色素中的4-甲基咪唑等。

（3）营养性添加剂过量的毒性效应　食品加工中常加入些营养物质作为强化剂如维生素类。例如维生素A摄食过多发生慢性中毒现象，主要症状为无食欲、头痛、视力模糊、失眠、脱发、肩背有红疹、皮肤干燥脱屑、唇裂出血、鼻出血、牙龈发红、贫血等症状。儿童出现骨骼干骺端突变角增加，成年人约有接近半数病例有脑脊液压力增高和脑乳突状突起的假肿瘤，而婴儿则主要根据囟门突出作诊断。

维生素D也可以引起血清钙增加，总胆固醇增高、骨髓钙质过度沉积。维生素D摄食过多会造成婴儿食欲缺乏、呕吐、烦躁、便秘、体重下降、生长停滞。

其他维生素也有多种都存在过量中毒的现象。

（4）添加剂使一些人产生变态反应　已知有添加柠檬黄合成色素的饮料引起支气管哮喘、荨麻疹、血管性浮肿的报告。糖精也有引起皮肤瘙痒、日光过敏皮炎等症状的报告。很多香料也可引起变态反应，如鼻炎、咳嗽、喉头浮肿、支气管哮喘、便秘、浮肿性关节炎等。

2. 常见食品添加剂的毒性

（1）防腐剂苯甲酸钠　急性毒性较弱，但在人体胃肠道的酸性环境下可转化为毒性较强的苯甲酸。

（2）抗氧化剂丁基羟基茴香醚（BHA）　近年来的研究表明，BHA可导致试验动物胃肠道上皮细胞损伤；其癌症发生机理尚未被确切了解，需要更进一步的研究。

（3）合成甜味剂糖精钠　急性毒性不强，但近年的研究表明，其与钠离子和试验动物的高蛋白尿有关；甘草素的苷元即甘草次酸具有细胞毒性，长时间大量食用（100g/d）可导致严重的高血压和心脏肥大，尤其对老年人及心血管疾病和肾脏病患者，易导致高血压和充血性心脏病。

（4）食用色素苋菜红　是一类偶氮色素，这类物质大多具有一定的致癌性，还有报道称苋菜红具有胚胎毒性，可致畸胎的发生。

（5）食品香料　食用香料种类繁多，目前有超过3000种合成香料用于食品中，但其慢性毒性没有得到很好的研究。例如，香兰素大多为合成产品，其急性毒性不强，但有嗜神经性，可产生麻醉作用。

二、食品加工中产生的有害物质

食品中的有害物质
——教学视频

1. 硝酸盐类及亚硝胺的形成

（1）硝酸盐及亚硝酸盐的生理毒性作用　食物中硝酸盐

及亚硝酸盐的来源一是腌肉制品中作为发色剂；二是施肥过度由土壤中转移到蔬菜中。两者都属生理毒性盐类，亚硝酸盐更甚于硝酸盐，而在生物化学条件下，硝酸盐很易还原为亚硝酸盐。

亚硝酸盐的急性毒性作用会导致高铁血红蛋白症，即亚硝酸盐使血红蛋白的亚铁离子被氧化为高铁离子，血氧运输严重受阻。这种症状特别容易在婴儿中发生，这是因为婴儿肠道内酸度较低，并且缺乏使血红素的高铁离子还原为亚铁离子的心肌黄酶。

硝酸盐及亚硝酸盐的慢性毒性作用有①致甲状腺肿：硝酸盐浓度较高时干扰正常的碘代谢，导致甲状腺代偿性增大；②导致维生素 A 摄入不足：K 期摄入过量亚硝酸盐导致维生素 A 的氧化破坏并阻碍胡萝卜素转化为维生素 A；③与仲胺或叔胺结合成亚硝基化合物，其中许多都有强烈的致癌作用。

（2）亚硝基化合物的形成及其毒性　亚硝酸盐在生物体内可与胺类生成亚硝基化合物。

亚硝胺类是周身性毒素，亚硝胺类则兼有周身性及局部性毒性作用。主要受害器官是肝及肺。亚硝基化合物对动物有致癌性，亚硝酰胺是终末致癌物；而亚硝胺则需要在体内活化后转变为具有致癌性的代谢物。其中二甲基亚硝胺及二乙基亚硝胺是最强烈的致癌剂。二甲基亚硝胺对鼠的长期作用阈值为 lmg/（kg 体重 · d），二乙基亚硝胺为 0.75mg/（kg 体重 · d）。

1960 年，在挪威发生了羊群摄食了以亚硝酸盐为防腐剂的鱼粉补充饲料，发生羊群成批因肝癌而死亡，从而启发了对人类食物中的亚硝胺的研究。随后在腌肉、腌鱼、牛乳、干酪、泡菜、面粉、酒、蘑菇等食物中均发现有亚硝基化合物存在。因此，控制食物中硝酸盐及亚硝酸盐的含量就成了食品科学技术工作者关心的一个课题。当然，如同食物中其他的嫌忌成分一样，绝对地无硝酸盐类是不可能的，也不必要，因为人体对特定的成分都有一定的耐受性，况且，亚硝盐酸在肉制品中对肉毒梭状芽孢杆菌还有抑制作用。

许多食用植物如绿叶蔬菜菠菜和芹菜中含硝酸盐较多。施用硝酸盐氮肥过多时会使植株中硝酸盐含量增高，在体内还原为亚硝酸盐。

亚硝基化合物的形成，与反应物浓度、氢离子浓度及胺的种类和有无催化剂存在密切相关。除反应物浓度外，氢离子浓度有着重要影响，一般在酸性条件下最容易反应，如仲胺亚硝基化的最适 pH 为 2.5~3.4。胺的种类与亚硝化程度也有关，一般地仲胺反应速度快，伯胺反应很困难，但在硫氰酸根存在的条件下，伯胺和亚硝酸的反应也很快，而人的唾液中含有大量的硫氢酸根。

2. 稠环芳烃（PAHs）

稠环芳烃是含碳燃料及有机物热解的产物，煤、石油、天然气、木材等不完全燃烧都会产生。由于煤、石油、天然气、木材等大量用作能源燃烧，导致了稠坏芳烃的广泛存在，各种动植物性食品都可能受到稠环芳烃的污染。食品中的脂肪、固醇等成分，在烹调加工时经高温热解或热聚，形成稠环芳烃，这是食品中稠环芳烃的主要来源。稠环芳烃种类繁多，10多种具有强烈的致癌作用，其中研究最详细的是苯并［a］芘。

苯并［a］芘在常温下为浅黄色针状结晶，性质很稳定，易溶于环己烷、己烷、苯、甲苯、二甲苯、丙酮等有机溶剂中，稍溶于乙醇、甲醇。苯并［a］芘常温下不与浓硫酸作用，但能溶于浓硫酸，能与硝酸、过氯酸、氯磺酸起化学反应，可利用这一性质来消除苯并［a］芘。苯并［a］芘在碱性条件下较稳定。苯并［a］芘在有机溶剂中，用波长360nm紫外线照射时，可产生典型的紫色荧光。

稠环芳烃是种强致癌、致突变的化学物质，能透过皮层及脂肪随血液循环分散到身体的各个部分。环境中的稠环芳烃主要引发皮肤癌及肺癌，而食物中的稠环芳烃则主要引发胃癌。

为防止和减少食品中稠环芳烃的污染，应注意改进食品烹调和加工的方式方法，以减少食品成分的热解、热聚，例如，不要直接用火焰烧烤食物；加强种养殖业所用水域及环境的管理和监测；积极采取去毒措施，如油脂可用活性炭吸附去毒，粮谷可通过碾磨加工去毒，日光或紫外线照射也可使食品中的稠环芳烃含量降低。

3. 油脂氧化及加热产物

油脂自动氧化及热变化的许多产物对人体是极其有害的。

（1）油脂自动氧化产物及其毒性　在氧气的存在下，油脂易发生游离基反应，产生各类氢过氧化物和过氧化物，继而进一步分解，产生低分子的醛、酮类物质，在过氧化物分解的同时，也可能聚合生成二聚物、多聚物。脂肪自动氧化不但使油脂营养价值降低，气味恶劣，口味差，而且还会产生毒性物质。

①过氧化物：过氧化物有较强的毒性，可使机体的一些酶，如琥珀酸脱氢酶和细胞色素氧化酶遭到破坏，油脂中的维生素A、维生素D及维生素E等失去活性，并使机体因缺乏必需脂肪酸而出现病症。动物试验表明，过氧化物可引起大白鼠肠炎、腹泻、肝心肾肥大、肝变性、脂肪肝、肝坏死，最后导致死亡。一般认为过氧化物价在100以下不会使动物产生不良症状，考虑到个体体质和摄食量等因素以不超过30为好。

②4-过氧化氢链烯醛：这是油脂氧化进行到氢过氧化物分解产生的二次氧化产物，其毒性比氢过氧化物强，用含有4-过氧化氢链烯醛的油脂饲喂小白鼠，结果2h内死亡。原因是因为其相对分子质量小，更易被肠道吸收，并使酶的失活作用更为显著。

（2）油脂加热产物及其中毒性　油脂在200℃以上高温中长时间加热，易引起热氧化、热聚合、热分解和水解等多种反应，使油脂起泡、发烟、着色、贮存稳定性降低。劣变后的油脂，营养价值降低，并可能产生一些有毒物质。

①甘油酯聚体：这种物质在消化道内会被水解成甘油二酸酯或脂肪酸聚体类

成分。脂肪酸聚体很难再分解，直接被动物体吸收，进而转移到与脂代谢有关的组织，与各种酶形成共聚物，阻碍酶的作用。

②环状化合物：其环状单体毒性极强，二聚体以上的热聚物因不易吸收而毒性较小。

三、 动物性食品原料中的天然毒素

食品原料中的天然毒素——教学视频

动物类食品是人类最主要的食物来源之一，由于其营养丰富，味道鲜美，很受人们欢迎，但是某些动物性食品中含有天然毒素，会引起食用者中毒。

1. 动物组织中的有毒物质

（1）内分泌腺毒素　牲畜腺体所分泌的激素，其性质、功能和人体内的腺体大致相同，提取后可作为医药治疗疾病。但如果摄入过量，就会引起中毒。例如，有人误食未摘除甲状腺的血脖肉引起中毒。甲状腺素的理化性质非常稳定，在600℃以上的高温时才能被破坏，一般的烹饪方法不可能做到去毒无害。防止甲状腺素中毒的有效措施，首先要做好屠宰检疫检验工作，摘除牲畜的甲状腺。另外，因屠宰牲畜时未摘除肾上腺或肾上腺破损髓质软化在摘除时流失，被人误食，使机体内的肾上腺素浓度增高，引起中毒；还有因屠宰牲畜时未摘除淋巴腺，误食引起中毒，特别是鸡、鸭、鹅等的臀尖是淋巴腺集中的地方，贮存着大量的病菌、病毒及3，4-苯并芘等致癌物。

（2）动物肝脏中的毒素　动物肝脏是富含蛋白质、维生素A和叶酸的营养食品，但同时也含有胆固醇及胆酸等对人体不利的成分。牛、羊、山羊和兔等动物肝脏中主要的毒素是胆酸、脱氧胆酸和牛黄胆酸的混合物，以牛黄胆酸的毒性最强，脱氧胆酸次之。毒素可严重损伤人体的肝、肾等组织。猪肝脏中的胆酸含量较少，一般不会产生明显的毒性作用，但食用过多或食用时处理不当也会给人体健康产生一定的危害。因此，食用胆酸含量高的动物肝脏时要尽量清洗干净，用动物胆囊治病时，要遵医嘱少量使用。过量维生素A的摄入也会造成中毒，当成人摄入量超过3000000IU（国际单位）时，就可引起中毒。有报道称，有渔民食用比目鱼肝摄取过量维生素A导致中毒。

2. 鱼类的毒素

（1）组胺　在非冰冻下贮存而导致鱼类的细菌性分解是食用海洋鱼类中毒的主要原因。海洋鱼类腐败变质后，组织中的游离组氨酸在链球菌、沙门氏菌等细菌中的组氨酸脱羧酶作用下产生一定数量的组胺，该物质为强生物活性物质，摄入后使机体发生中毒，其症状主要是人体对组胺的过敏反应。在海产品中，鲭鱼亚目的鱼类（如青花鱼、金枪鱼、蓝鱼和飞鱼等）在捕获后易产生组胺。由于组胺的形成是微生物的作用，最有效的防止措施是在冷冻条件下运输和贮藏，防止鱼类腐败。

（2）雪卡毒素　雪卡鱼（Ciguatera）是指栖息于热带和亚热带海域珊瑚礁附近因食用有毒藻类而被毒化的鱼类的总称。有毒的藻类有毒冈比尔盘藻、凹面原甲藻和原甲藻。有超过400多种的鱼被认为是雪卡鱼，实际含毒的约有数十种，其中包括几种经济上比较重要的海洋鱼类（如梭鱼、黑鲈和真鲷等）。雪卡鱼的种类随海域不同而有所不同，但在外观上与相应的无毒鱼无法区别。已从雪卡鱼中分离到至少4种毒性物质，它们的分子质量和化学性质都不同，其中包括雪卡鱼毒素、刺尾鱼毒素和鹤嘴鱼毒素，但是还没有研究清楚这些化学物的结构。雪卡毒素毒性比河豚毒素强20倍，主要影响人类的胃肠道和神经系统。由于加热或冷冻均不能破坏雪卡鱼毒素的毒性，目前对其预防尚缺乏行之有效的方法。

（3）河豚毒素　河豚中毒是世界上最严重的动物性食物中毒，但河豚味道特别鲜美诱人，自古以来就有“拼死吃河豚”的说法。日本是喜吃河豚鱼的国家，据统计，日本每年由于食用河豚导致中毒的人数多达50人。河豚全球有200多种，大约80种已知含有或怀疑含有河豚毒素。在大多数有毒河豚中，毒素的浓度由高到低依次为卵巢、鱼卵、肝脏、肾脏、眼睛和皮肤，肌肉和血液中含量较少。

河豚毒素是一种生物碱类天然毒素，系无色针状结晶，微溶于水，易溶于稀乙酸，对热稳定，220℃以上才分解，盐腌和热晒均不被破坏，但对碱不稳定。河豚毒素是一种很强的神经毒，主要是抑制神经和肌肉的电信号传导，阻塞肌肉、神经细胞膜的钠离子通道。

3. 贝类毒素

贝类的种类很多，至今已记载的有几十万种，可作食品的贝类约有28种，已知的大多数贝类均含有一定数量的有毒物质，只有在地中海和红海生长的贝类是无毒的，墨西哥湾的贝类也比其他地区固有的那些贝类的毒性低。实际上，贝类自身并不产生毒物，但是当它们通过食物链摄取海藻或与藻类共生时就变得有毒。海藻主要感染蚝、牡蛎、蛤、油蛤、扇贝、紫鲐贝和海扇等贝类软体动物，足以引起人类食物中毒。主要的贝类毒素包括麻痹性贝类毒素（PSP）、腹泻性贝类毒素（DSP）和神经性贝类毒素（NSP）等。

四、植物性食品原料中的有害成分

植物是人类粮食、蔬菜、水果的来源，也是动物赖以生存的饲草和饲料的来源，许多医药和兽药也来自植物。植物种类有30多万种，但用作人类食品的不过数百种，用作饲料的也不过数千种，这主要是由于植物体内的毒素限制了其作为人类食用和畜用资源的价值。研究有毒植物具有多方面的意义，如利用植物毒素制造医药和兽药，开发人类食用和畜用植物新资源等，而对食品安全性来说，研究食用有毒植物，防止天然植物性食物中毒，则具有重要的现实意义。需要指出的是，植物性毒素是指植物体本身产生的对食用者有毒害作用的成分，不包括那些污染的和吸收入植物体内的外源植物，如农药残留和重金属污染物等。

1. 芥子苷

芥子苷即硫代葡萄糖，这是由葡萄糖与非糖部分的苷原通过硫苷键形式连接起来的化合物。主要存在于甘蓝、萝卜、芥菜等十字花科蔬菜及洋葱、管葱及大蒜等植物中的种子中，是构成这些植物辛味成分的硫苷类物质。甘蓝属植物（如油菜、包心菜、菜花、西蓝花和芥菜等）含有一些致甲状腺肿的物质。这些物质的前体是芥子硫苷，有 100 多种，对昆虫、动物和人均具有某种毒性，是这类植物阻止动物啃食的防御性物质。小鼠服用超过一定剂量（150~200mg/kg 体重）的芥子硫苷可引起其甲状腺肥大、生长迟缓、体重减轻及肝细胞损伤。油菜、芥菜、萝卜等植株可食部分中致甲状腺肿原物质很少，而在种子中则可达茎、叶部的 20 倍以上。芥子苷本身无毒，但配糖体在芥子酶作用下可被分解成异硫氰酸酯、异唑烷硫酮、腈类、硫氰酸盐等有毒物质。

甘蓝属食物中抑制甲状腺功能的物质可分为两类：硫氰酸酯和致甲状腺肿大素。致甲状腺肿大素主要抑制甲状腺素的合成，硫氰酸酯和腈类化合物却抑制甲状腺对碘的吸收。在世界的许多地区，甲状腺肿仍然损害着人们的健康，其中地方性甲状腺肿的病例往往起因于碘缺乏和某种食物成分的共同作用，以十字花科的甘蓝属植物为主要膳食成分就是一个重要的致病因素。甘蓝植物的可食部分（茎、叶）一般不会引起甲状腺肿，但如果大量食用这类蔬菜则可能引起甲状腺肿。在某些碘摄取量较低的偏僻山区，以甘蓝植物为食是甲状腺肿发病率高的原因之一。

2. 生氰糖苷

生氰作用是指植物具有合成生氰化合物并能够水解释放出氢氰酸（HCN）的能力。生氰糖苷（Cyanogentic glycosides）是由氰醇衍生物的羟基和 D-葡萄糖缩合形成的糖苷，广泛存在于豆科、蔷薇科、稻科约 1000 种植物中。20 世纪先后从不同植物中分离鉴定出氰苷，如木薯、苦杏仁、桃仁、李子仁、枇杷仁、樱桃仁、杨梅仁、亚麻仁等。由于这些植物可以作为食物和饲料，由此引起的人畜中毒事例屡屡发生生氰糖苷的毒性甚强，对人的致死量为 18mg/kg 体重，毒性主要是氢氰酸和醛类化合物的毒性。氢氰酸被吸收后，可以使细胞的呼吸链中断，使机体内窒息，同时可以麻痹呼吸中枢和血管运动中枢引起急性中毒。氢氰酸的最小致死口服剂量为 0. 5~3. 5mg/kg 体重。生氰糖苷引起的慢性氰化物中毒现象也比较常见，例如，热带神经性共济失调症（TAN）和热带性弱视均与当地以木薯为主食有关。在含氰苷的果仁中毒以苦杏仁引起的中毒最为常见，苦杏仁中的苦杏仁苷含量比甜杏仁高 20~30 倍。苦杏仁苷的致死量约为 1g，小孩吃约 6 粒，成人吃约 10 粒苦杏仁就能引起中毒；小孩吃 10~20 粒，成人吃 40~60 粒就可致死。生氰糖苷有较好的水溶性，水浸可去除产氰食物的大部分毒性。

3. 蚕豆病和山黧豆中毒

（1）蚕豆病（Favism）是食用蚕豆而引起的急性溶血性贫血症，是我国和地中海地区居民特有的食物中毒现象。

（2）山黧豆是蝶形花科香豌豆属（也称作山黧豆属）的一年生植物，营养价值高，且易栽培，在我国的西北、东北和西南的干旱地区都有种植，特别是渭北高原一带，种植山黧豆一般较豌豆增产20%左右。因此，有人用山黧豆代替豌豆作为粮食，从而引起中毒。山黧豆中毒（Lahyrism）是食用山黧豆属的豆类如野豌豆、鹰嘴豆和卡巴豆（Garbanzo）而引起的食物中毒现象，有两种表现形式：骨病性山黧豆中毒和神经性山黧豆中毒。此病在印度等亚洲国家的贫瘠山区仍有流行。

4. 外源凝集素和过敏原

（1）外源凝集素（Lectins） 又称植物红细胞凝集素（Hemagglutinin），是植物合成的一类对红细胞有凝集作用的糖蛋白，由结合多个糖分子的蛋白质亚基组成，含碳水化合物4%~10%，多数凝集素的分子质量为100~150ku，为天然的红细胞抗原。广泛存在于800多种植物（主要是豆科植物）的种子和荚果中，其中有许多种是人类重要的食物原料，如大豆、菜豆、豌豆、小扁豆、蚕豆和花生等。研究发现，凝集素的毒性主要表现在它可以对肠细胞的生理功能产生明显的不良影响，最为严重的是损害胃肠细胞从胃肠道中吸收蛋白质、糖类等营养成分的功能，从而导致营养素缺乏，抑制生长，严重时可引起死亡。去除红细胞凝集素的最简单有效的方法就是高压蒸汽加热，30min可以达到去除目的。

（2）过敏原 食品过敏往往被一般消费者表述为对某一特定食物难以解释的不良反应。但从严格意义上讲，“过敏”是指接触（摄取）某种外源化学物后所引起的免疫学上的反应，这种外源物质就称为过敏原（Allergen）。由食品成分导致的免疫反应主要是由免疫球蛋白E（IgE）介导的速发过敏反应。从理论上讲，食品中的任何一种蛋白质都可以使特殊人群的免疫系统产生IgE抗体，从而产生过敏反应。但实际上仅有较少的几种食品成分是过敏原，这些食品包括牛乳、鸡蛋、虾和海洋鱼类等动物性食品，以及花生、大豆、菜豆和马铃薯等植物性食品。过敏原大多是分子质量较小的蛋白质，它们的分子质量为10~70ku。植物性食品的过敏原往往是谷物和豆类种子中的所谓“清蛋白”，许多过敏原仍未能从种子中纯化和鉴定出来，如花生的过敏原。

5. 消化酶抑制剂

许多植物的种子和荚果中存在动物消化酶的抑制剂。例如，胰蛋白酶抑制剂、胰凝乳蛋白酶抑制剂和α-淀粉酶抑制剂。这类物质实质上是植物为繁衍后代，防止动物啃食的防御性物质。豆类和谷类是含有消化酶抑制剂最多的物质，其他如马铃薯、茄子、洋葱等也含有此类物质。

目前，已从多种豆类（大豆、菜豆和花生等）及蔬菜种子中纯化出各种胰蛋白酶及胰凝乳蛋白酶的抑制剂。多数豆类种子的蛋白酶抑制剂占其蛋白总量的8%~10%，占可溶性蛋白量的15%~25%。由于许多胰蛋白酶抑制剂具有很强的耐热性，因此，经热处理的植物蛋白制成品，特别是含植物蛋白配方的婴儿食品也存在安全性问题。α-淀粉酶抑制剂主要存在于大麦、小麦、玉米、高粱等禾本科作物的种子中，是一种耐热的小分子质量蛋白质，绝大多数豆类种子同时也含有α-淀粉酶抑制剂。

研究表明，蛋白酶抑制剂的毒性包括两个方面：一方面，抑制酶的活性，降低了食物蛋白质的水解和吸收，从而导致胃肠的不良反应和症状的产生，同时也影响动物生长；另一方面，它可刺激胰腺增加其分泌活性，作用机制为通过负反馈作用来实现。这样就增加了内源性蛋白质、氨基酸的损失。去除蛋白酶抑制剂有效、最简单的方法就是高温加热钝化。采用常温蒸汽加热处理 30min、0.1MPa 压力加热 10~25min，即可破坏大豆中的胰蛋白酶抑制剂。

6. 生物碱糖苷

生物碱是一类含氮的有机化合物，有类似碱的性质，可与酸结合成盐，大多具有复杂的环状结构，且氮素包含在环内。生物碱的种类很多，已知的生物碱有 2000 种以上，分布于 100 多个科的植物中，如罂粟科、茄科、毛茛科、豆科、夹竹桃科等。存在于食用植物中的主要是龙葵碱（Solanine）、秋水仙碱（Colchicine）及吡咯烷生物碱等。

龙葵碱是一类胆固醇类生物碱，又名茄苷、龙葵毒素、马铃薯毒素，不溶于水、乙醚、氯仿，能溶于乙醇。龙葵碱广泛存在于马铃薯、番茄及茄子等茄科植物中。龙葵碱糖苷有较强的毒性，主要通过抑制胆碱酯酶的活性造成乙酰胆碱不能被清除而引起中毒反应。马铃薯中的龙葵碱主要集中在其芽眼、表皮和绿色部分。发芽、表皮变青和光照均可大大提高马铃薯中的龙葵碱糖苷含量，可增加数十种之多。

秋水仙碱因最初从百合科植物秋水仙中提取出来，也称秋水仙素。纯秋水仙碱呈黄色针状结晶，易溶于水、乙醇和氯仿。味苦，有毒。目前，国内报告的中毒病人以进食含秋水仙碱的鲜黄花菜（又名金针菜）为多，且为群体中毒事件；未经加工的鲜黄花菜含有秋水仙碱，秋水仙碱本身无毒，但吃后在体内会氧化成毒性很大的二秋水仙碱。据试验推算，只要吃 3mg 秋水仙碱就足以使人恶心、呕吐、头痛、腹痛，吃的量再大可出现尿血或便血，20mg 可致人死亡。干品黄花菜是经蒸煮加工的，秋水仙碱会被溶出，故而无毒。

7. 血管活性胺

许多动植物来源的食品中含有各种生物活性胺。肉和鱼类制品败坏后产生腐胺（Putrescine）和尸胺（Cadaverine），而某些植物如香蕉和鳄梨本身含有天然的生物活性胺，如多巴胺（Dopamine）和酪胺（Tyramine）。这些外源多胺对动物血管系统有明显的影响，故称血管活性胺。

多巴胺又称儿茶酚胺（Catecholamines），是重要的肾上腺素型神经细胞释放的神经递质。该物质可直接收缩动脉血管，明显提高血压，故又称增压胺。酪胺可将多巴胺从贮存颗粒中解离出来，使之重新参与血压的升高调节。

一般而言，外源血管活性胺对人的血压没有什么影响。因为它可被人体内的单胺氧化酶（Monoamine Oxidase，MAO）和其他酶迅速代谢。但当MAO被抑制时，外源血管活性胺可使人出现严重的高血压反应，包括高血压发作和偏头疼，严重者可导致颅内出血和死亡。这种情况可能出现在服用MAO抑制性药物的精神压抑患者身上。此外，啤酒中也含有较多的酪胺，糖尿病、高血压、胃溃疡和肾病患者往往因为饮用啤酒而导致高血压的急性发作。其他含有酪胺的植物性食品也可引起相似的反应。

8. 天然诱变剂

目前，已从许多高等和低等植物中发现多种具有致突变和致癌性的代谢物，最典型的例子是苏铁植物中的苏铁素（甲基氮化甲氧糖苷）。以苏铁果实为主食的居民，肝癌、胆囊癌的发病率非常高。另一个例子是东南亚地区，有吃槟榔习惯的居民口腔癌发病率非常高，槟榔果中所含的糖苷也有较强的致突变和致癌能力。

（1）咖啡碱（Caffeine） 又称咖啡因，存在于咖啡豆、茶叶和可可豆等中，是其主要兴奋成分。动物试验表明，咖啡碱有致突变和致癌作用，但在人体中并未发现有以上任何关系，唯一明确的是咖啡碱对胎儿有致畸作用，因此最好禁止孕妇食用含咖啡碱的食品。

（2）黄樟素（Safrole） 黄樟素是许多食用天然香精（如黄樟精油、八角精油和樟脑油）的主要成分。此外，腐烂的生姜中含有较多的黄樟素。黄樟精油常被用作啤酒和其他酒的风味添加成分。美国食品药品管理局（FDA）的研究显示，黄樟素是白鼠和老鼠的致肝癌物质，在美国不再允许黄樟素作为食品添加剂。

五、 微生物污染及其他污染产生的毒素

污染物质是在摄食之前进入食品中的外源性物质，即污染物质是除人为有意识地加入的外源性物质外，其他进入食品中的物质组分。食品中的污染物质，主要有通过微生物污染、环境中化学物污染而进入食品中的成分。

1. 化学毒素

（1）农药的污染 农药可以通过不同的途径污染食品，如施用农药后对作物或食品的直接污染；施用农药同时或以后对空气、水体、土壤的污染造成动植物内含有农药残留，间接污染食品；经过食物链或生物富集作用污染食品，如从水中农药→浮游生物→水产动物→高浓度农药残留食品，这种富集系数藻类达500倍，鱼贝类可达2000~3000倍，而食鱼的水鸟在10万倍以上；运输及贮存过程中由于和农药混放造成食品污染。

（2）兽药的污染 兽药主要来自动物性食品原料，特别是存在于肉制品、乳制品和鱼制品。为预防和治疗家畜家禽、水产养殖鱼等发生疾病而大量投入抗生素、磺胺类药物、呋喃类药物以及激素制品、驱虫药等，造成药物残留于动物

组织中，尤其在饲养后期，屠杀前施用药物，这种残留更为严重，为了食品保鲜有时加入抗生素等抑制微生物繁殖，结果造成不同程度的药物残留。因此，兽药残留引起了普遍关注，并认为兽药残留将是今后食品安全性问题主要内容之一。

（3）有害重金属的污染　这里重金属主要是指镉、汞、铅。随食物进入的有害重金属，多数在体内产生蓄积性，它们除了以原有形式存在外，还可以转变成有高度毒性的化合物危害健康。

①镉（Cd）：一般食物中均能检出镉，含量为 0.004～5mg/kg，但镉有生物富集作用而在某些食品中达到很高的浓度，一般而言，海产食品、动物性食品（尤其是肾脏）含量很高。包装材料和容器也含有镉，因为镉盐鲜艳且耐高温，是玻璃、陶瓷容器上色的好材料，也用作金属合金和镀层的成分，以及塑料稳定剂，因此这类包装材料和容器可对食品造成污染，尤其是当存在酸性食品时，可使镉大量融出，导致中毒。1946～1955 年日本富山县神通川矿场废水中镉污染大米，导致当地食用者慢性镉中毒患上骨痛病，其中死亡 128 人。

②铅（Pb）：我国 1990 年全膳食研究表明，膳食中的铅主要来自谷物和蔬菜。食品中的铅还来自接触食品的管道、容器、包装材料、涂料等，例如，铅合金、马口铁、陶瓷、搪瓷、锡壶等另外油墨、颜料以及聚氯乙烯中所含铅稳定剂均可导致食品的铅污染。以前加工皮蛋时如加入的黄丹粉（氧化铅）也会造成铅污染。铅会损害人体的造血系统、神经系统和肾。

③汞（Hg）：除职业接触外，进入人体的汞主要来源于受污染的食物，其中又以鱼贝类食品的甲基汞污染对人体的危害最大。受污染的江河湖海中的无机汞；尤其是底层污泥通过某些微生物作用可转化为毒性大的有机汞（主要是甲基汞），通过生物富集而在鱼体内达到很高的浓度，日本水俣病的污染食物鱼贝中含汞量为 20～40mg/kg，为生活水域汞浓度的数万倍。有机汞在消化道吸收率很高，甲基汞 90%以上可被吸收，主要是神经系统损伤。

（4）非金属砷的污染　含砷（As）化合物有广泛的应用，在农业上可作为除草剂、杀虫剂、杀菌剂、灭鼠药和各种防腐剂。使用过量或使用时间距收获期太近等原因导致作物砷含量明显增加，例如，水稻孕穗期施用有机砷农药后收获的稻米，其砷残留可为 3～10mg/kg，而正常含砷不超过 1mg/kg。急性砷中毒主要为胃肠炎症状，严重者可导致中枢神经系统麻痹而死亡；慢性中毒主要为神经衰弱综合征。

2. 霉菌毒素

霉菌毒素（Mycotoxins）通常是指丝状真菌产生的毒素。霉菌种类很多，所以产生的毒素也很多。目前，已知的霉菌毒素约有 200 种，其中有相当部分具有较强的致癌和致畸性。

（1）黄曲霉毒素　黄曲霉菌是空气和土壤中存在的非常普通的微生物，在有氧、温度高（30～33℃）和潮湿（相对湿度 89%～90%）的条件下容易生长，从而容易造成贮存的花生、大米、小麦、大麦、棉籽和大豆等多种谷物的污染变质，其中，又以花生和玉米的污染最为严重。

黄曲霉毒素的急性毒性主要表现为肝毒性，黄曲霉毒素在 Ames 实验和仓鼠细胞体外转化实验中均表现为强致癌性，它对大鼠和人均有明显的致癌作用。黄曲霉毒素是目前所知致癌性最强的化学物质，不仅能诱导鱼类、禽类、各种实验动物和灵长类动物的实验肿瘤，而且其致癌强度也非常大，并导致多种癌症。黄曲霉毒素对人的致癌性虽然缺乏直接的证据，但大量的流行病学调查均证实，黄曲霉毒素的高水平摄入与人类肝癌的发病率密切相关。在黄曲霉毒素高污染区，应大力改进农作物的干燥和贮存方法，这样能有效地防止真菌污染和黄曲霉毒素的产生，对降低肝癌的发病率也是非常重要的。

（2）镰孢菌类毒素　全世界小麦、玉米产区每年都受镰孢菌不同程度的侵染，并产生镰孢菌毒素（fusarin），俗称镰刀菌素致使粮食（小麦、玉米）不但减产，而且食用受污染的粮食或饲料，可引起人畜中毒，严重危害人的健康。镰孢菌毒素是真菌毒素的一大类，它主要是镰孢菌属产毒菌株产生的非蛋白质和非类固醇的次生代谢产物。

（3）其他曲霉和青霉毒素

①杂色曲霉素：杂色曲霉素（sterigmatocystin）是一类结构类似的化合物，它主要由杂色曲霉和构巢曲霉等真菌产生。其急性毒性不强，慢性毒性主要表现为肝和肾中毒，但该物质有较强的致癌性。

②赭曲霉素：赭曲霉素（ochratoxin）的产毒菌株有赭曲霉和硫色曲霉等。其急性毒性较强，与黄曲霉毒素相当，虽然已发现赭曲霉素具有致畸性，但到目前为止，未发现其具有致癌和致突变作用。在肝癌高发区的谷物中可分离出赭曲霉素，但与人类肝癌的关系尚待进一步研究。

③岛青霉素和黄天精：稻谷在收获后如未及时脱粒干燥就堆放很容易引起发霉。发霉谷粒脱粒后即形成"黄变米"或"沤黄米"，这主要是由于岛青霉污染所致。流行病学调查发现，肝癌发病率和居民过多食用霉变的大米有关。吃黄变米的人会引起中毒（肝坏死、肝昏迷）和肝硬化。岛青霉素和黄天精均有较强的致癌性，其中黄天精的结构和黄曲霉毒素相似，毒性和致癌性也与黄曲霉毒素相当。

3. 细菌毒素

食源性细菌能产生许多种类型的毒素，肠毒素（enterotoxin）是一种对肠道细胞有作用的毒素，内毒素（endotoxin）通常是一个已经死亡或者即将死亡的革兰氏阳性细菌所释放的，通常是脂多糖膜的成分。这些毒素是非特异性的，它们会刺激由巨噬细胞导致的炎症性反应。外毒素（exotoxin）是微生物自身合成并分泌的，通常不是微生物整体的组成部分；然而，它们会增加微生物的毒性。

（1）肉毒毒素　肉毒梭菌食物中毒是由肉毒梭菌（*Clostridium botulinum*）产生的毒素，即肉毒毒素所引起。肉毒毒素是一种强烈的神经毒素，抑制神经末梢乙酰胆碱的释放，导致肌肉麻痹和神经功能的障碍，是目前已知的化学毒素和生物毒素中毒性最强的一种，其毒性比氰化钾强 1 万倍，小鼠腹腔注射 LD30 为 0.00625ng，对人的致死量为 10^{-9}mg/kg 体重。引起中毒的食品种类因地区和饮食习惯不同而异。国内以家庭自制植物性发酵品为多见，如臭豆腐、豆腐、面酱等。

（2）产气荚膜梭菌大多数（*Clostridium perfringens*）中毒的宿主，与食用了被污染的烤肉有关（例如，同批大量加热烹煮后在较高温度下长时间地缓慢冷却且不经再加热而直接供餐的畜禽肉类和鱼类）。这些肉在屠宰过程中被动物肠道内容物污染，随后烤制不充分和贮藏条件不当，使得产气荚膜梭菌生长繁殖和产生产气荚膜梭菌肠毒素（CPE）。CPE 首先引起细胞离子通透性改变，大分子（DNA 和 RNA）合成受阻，组织形态学改变，细胞溶解消失，肠绒毛上皮脱落，体液严重损失。

（3）蜡状芽孢杆菌肠毒素　蜡状芽孢杆菌是革兰氏阳性需氧芽孢杆菌，是引起细菌性食物中毒的一种常见的细菌蜡状芽孢杆菌产生的肠毒素。目前认为有两种肠毒素，中毒症状可以分两种类型：第一种由致呕吐型肠毒素引起，此类毒素具有耐热性，小环状肽分子质量（1.2ku），主要在米饭类食品中形成。此种类型中毒在我国多见，常见食用剩米饭引起，潜伏期较短（一般为 0.5~5h），以恶心、呕吐和腹部痉挛性疼痛为主要症状；第二种由致泻肠毒素引起，此类毒素不耐热，此种类型中毒在欧美等国多见，常因食用蛋白质食品及果汁等引起。潜伏期较长（一般为 8~16h），以腹泻及腹部痉挛性疼痛为主要症状。

（4）金黄色葡萄球菌肠毒素　金黄色葡萄球菌是引起食物中毒的常见菌种之一，50%以上的金黄色葡萄球菌可产生肠毒素，并且一个菌株能产生两种以上的肠毒素。多数金黄色葡萄球菌肠毒素在 100℃ 条件下能 30min 不被破坏，并能抵抗胃肠道中蛋白酶的水解作用。引起食物中毒的食品种类很多，主要是乳类及乳制品、肉类、剩饭等食品。一般来说，食物存放的温度越高，产生肠毒素需要的时间越短，肠毒素作用于胃肠黏膜引起炎症变化，出现腹泻，同时刺激迷走神经引起反射性呕吐。

（5）大肠埃希氏菌致病物质　大肠埃希氏菌（*Escherichia coli*）为人类和动物肠道的正常菌群，多不致病。当宿主免疫力下降或细菌侵入肠外组织和器官时，可引起肠外感染。大肠埃希菌中只有少数菌株能直接引起肠道感染，称致病性大肠埃希菌，所引起的肠道感染包括旅行者腹泻、婴儿腹泻、出血性结肠炎等，其发病原因与产生的肠毒素有关。大肠埃希菌产生的肠毒素有两类：不耐热肠毒素和耐热肠毒素。不耐热肠毒素可刺激小肠上皮细胞而致腹泻。耐热肠毒素导致液体平衡紊乱。

项目小结

本项目由火腿中亚硝酸盐含量的测定工作任务驱动项目化教学，引入食品加工中产生毒素的种类、天然食品中毒素、微生物污染及其他污染产生的毒素等基本知识，通过阶段性思考题目引导，提示学习方向，强化了各种毒素的理化特性、对人体健康的损伤及可能采取的控制手段的学习，为食品加工过程的安全性及合理膳食提供重要参考。

项目思考

1. 保证食品安全性有哪些途径？
2. 豆类食物致毒的主要原因是什么？
3. 亚硝胺类对食品污染及预防。
4. 食品原料中的天然毒素有哪些？

化学实验室安全知识

实验室中的个人安全防护用品——动画视频

实验室意外的处理——动画视频

氢氧化钠的安全防护及应急措施——动画视频

泡沫灭火器的正确使用——动画视频

二氧化碳灭火器的正确使用——动画视频

干粉灭火器的正确使用——动画视频

空白试验——动画视频

参考文献

[1]曹凤云．食品应用化学[M]．北京:中国农业大学出版社,2013.

[2]夏延斌．食品化学[M]．北京:中国轻工业出版社,2004.

[3]潘宁．食品生物化学[M]．北京:化学工业出版社,2006.

[4]宁正祥．食品生物化学[M]．广州:华南理工大学出版社,2000.

[5]李晓华．食品应用化学[M]．北京:高等教育出版社,2002.